シリーズ 現代の天文学 [第2版] 第3巻

宇宙論 II ── 宇宙の進化

二間瀬敏史・池内 了・千葉柾司 [編]

日本評論社

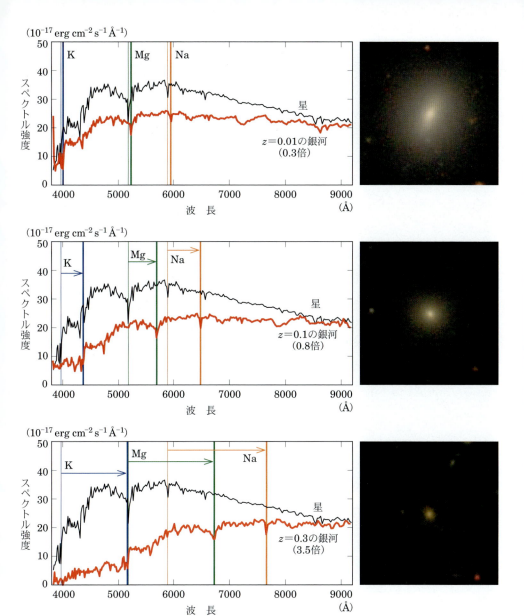

口絵1　赤方偏移を受けた銀河のスペクトルとイメージ（p3, 矢幡和浩氏提供）

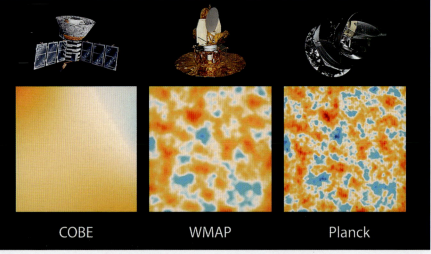

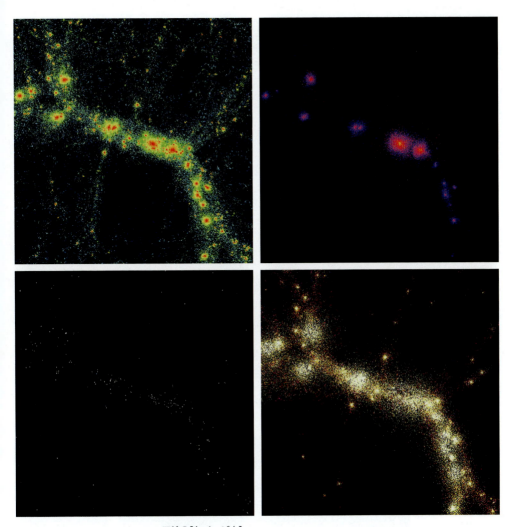

口絵2［左ページ上］
渦巻銀河NGC4526中で爆発したIa型超新星SN 1994d. 図の左下には, もともと何も見えなかったが, 突然, 銀河全体に匹敵するほどの明るさで超新星が現れた（第1章参照, http://hubblesite.org/）

口絵3［左ページ下］
3つの宇宙マイクロ波背景放射（CMB）観測衛星とその角度分解能の進歩. 天球上の10平方度の同じ領域を3つのCMB探査機で観測した際の画像の比較. 角度分解能はそれぞれ大まかには7度, 12分, 5分であり, より細かいCMBの温度パターンが鮮明に観測できるようになってきた進歩の足跡が明らかである（p.37参照, NASA: https://www.nasa.gov/mission_pages/planck/multimedia/pia16874.html）

口絵4［上］
数値シミュレーションによって得られた物質の分布. ダークマター（左上）, 銀河（左下）, 銀河団に付随する高温ガス（右上）, 未検出のダークバリオン（右下）の分布が対比されている（p.47, 吉川耕司氏提供）

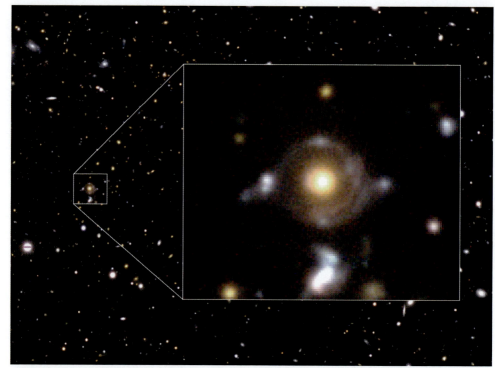

口絵5［上］　すばる望遠鏡超広視野カメラHyper Suprime-Camがとらえた重力レンズ「ホルスの目」．一つのレンズ銀河が異なる赤方偏移の二つの背景銀河を同時に重力レンズ効果でゆがめている（第2章参照，https://www.naoj.org/Pressrelease/2016/07/25/index.html）

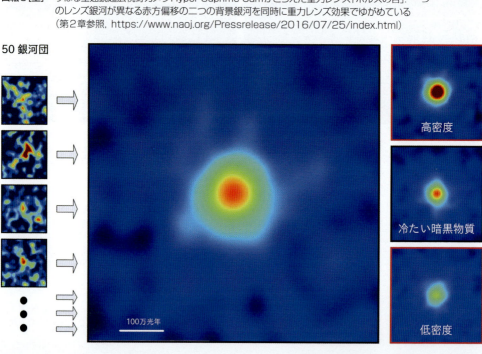

口絵7［上］
ハッブル宇宙望遠鏡がとらえた銀河団Abell 370と背景銀河の重力レンズ現象
（第2章参照，http://hubblesite.org/image/4024/gallery）

口絵6［左］
個々の銀河団のダークマター分布（左），50個の銀河団を平均したダークマター分布（中央），ダークマターモデルによるシミュレーション（右）．冷たいダークマターモデル（右パネル中央）が観測された平均のダークマター分布と一致することがわかる．青→緑→黄→赤の色の順にダークマターの密度が高くなる（p.94-95参照，岡部信広氏提供，NAOJ/ASIAA/School of Physics and Astronomy, University of Birmingham/Kavli IPMU/Astronomical institute, Tohoku University）

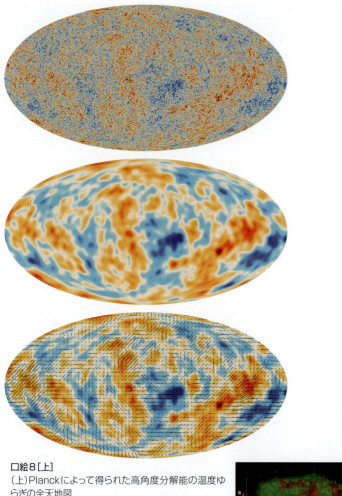

口絵8[上]

(上) Planckによって得られた高角度分解能の温度ゆらぎの全天地図
(中) 角度5度スケールの温度ゆらぎに着目した地図
(下) 温度ゆらぎの地図に偏光の方向を重ねたもの
(第4章参照, ESAのPlanckサイト：http://sci.esa.int/planck/60502-the-cosmic-microwave-background-temperature-and-polarization/)

口絵9[右]

宇宙再電離の6次元放射輸送シミュレーション. 赤方偏移 $z = 15$ から $z = 5$ までの時間変化が示されている (p.279参照, Nakamoto et al. 2001, *MNRAS*, 321, 593)

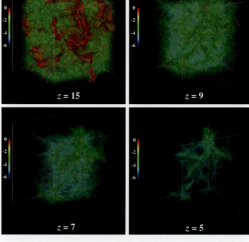

シリーズ第2版刊行によせて

　本シリーズの第1巻が刊行されて10年が経過しましたが，この間も天文学のめざましい発展は続きました．2015年9月14日に，アメリカの重力波望遠鏡LIGOによってブラックホール同士の合体から発せられた重力波が検出されました．これによって人類は，電磁波とニュートリノなどの粒子に加えて，宇宙を観測する第三の手段を獲得しました．太陽系外惑星の探査も進み，今や太陽以外の恒星の周りを回る3500個を越す惑星が知られています．生物の住む惑星はもとより究極の夢である高等文明の探査さえ人類の視野に入ろうとしています．観測された最遠方の銀河の距離は134億光年へと伸びました．宇宙の年齢は138億年ですから，この銀河はビッグバンからわずか4億年後の宇宙にあるのです．また，身近な太陽系の探査でも，冥王星の表面に見られる複数の若い地形や土星の衛星エンケラドス表面からの水の噴き出しなど，驚きの発見が相次いでいます．

　さまざまな最先端の観測装置の建設も盛んでした．チリのアタカマ高原にある日本（東アジア），アメリカ，ヨーロッパの三極が運用する電波干渉計アルマ（ALMA）と，銀河系の星全体の1%にあたる10億個の星の位置を精密に測るヨーロッパのGaia衛星が観測を始めています．今後に向けても，我が国の重力波望遠鏡KAGRA，口径30mの望遠鏡TMT，長波長帯の電波干渉計SKA，ハッブル宇宙望遠鏡の後継機JWSTなどの建設が始まっています．

　このような天文学の発展を反映させるべく，日本天文学会の事業として，本シリーズの第2版化を行うことになりました．第1巻から始めて適切な巻から順次全17巻を2版化して行く予定です．「新版シリーズ現代の天文学」が多くの方々に宇宙への夢を育む座右の教科書として使っていただければ幸いです．

　2017年1月

　　　　　　　　　　　日本天文学会第2版化WG　岡村定矩・茂山俊和

シリーズ刊行によせて

　近年めざましい勢いで発展している天文学は，多くの人々の関心を集めています．これは，観測技術の進歩によって，人類の見ることができる宇宙が大きく広がったためです．宇宙の果てに向かう努力は，ついに129億光年彼方の銀河にまでたどり着きました．この銀河は，ビッグバンからわずか8億年後の姿を見せています．2006年8月に，冥王星を惑星とは異なる天体に分類する「惑星の定義」が国際天文学連合で採択されたのも，太陽系の外縁部の様子が次第に明らかになったことによるものです．

　このような時期に，日本天文学会の創立100周年記念出版事業として，天文学のすべての分野を網羅する教科書「シリーズ現代の天文学」を刊行できることは大きな喜びです．

　このシリーズでは，第一線の研究者が，天文学の基礎を解説するとともに，みずからの体験を含めた最新の研究成果を語ります．できれば意欲のある高校生にも読んでいただきたいと考え，平易な文章で記述することを心がけました．特にシリーズの導入となる第1巻は，天文学を，宇宙-地球-人間という観点から俯瞰して，世界の成り立ちとその中での人類の位置づけを明らかにすることを目指しています．本編である第2-第17巻では，宇宙から太陽まで多岐にわたる天文学の研究対象，研究に必要な基礎知識，天体現象のシミュレーションの基礎と応用，およびさまざまな波長での観測技術が解説されています．

　このシリーズは，「天文学の教科書を出してほしい」という趣旨で，篤志家から日本天文学会に寄せられたご寄付によって可能となりました．このご厚意に深く感謝申し上げるとともに，多くの方々がこのシリーズにより，生き生きとした天文学の「現在」にふれ，宇宙への夢を育んでいただくことを願っています．

2006年11月

編集委員長　岡村定矩

はじめに

　私が宇宙論研究の第一線から離れて 3 年になる．これまで培ってきた経験を活かして科学・技術・社会論に軸足を移したというのが表向きの理由だが，研究の進展が急速すぎてついていけなくなったため，が本当のところである．宇宙論が実証科学として確立し，多くの才能ある若い研究者が参入して実に多様な研究が展開されるようになり，私のようなアイデア勝負をするタイプは置いてきぼりなってしまったのだ．

　本書の内容は，正確に言えば「観測的宇宙論」の分野に属している．観測で得られた事実を基にして宇宙の進化や構造を理論的に考察し，その予言を観測と照合したり，観測事実の再現を試みる，いわば観測と理論が真剣に切り結ぶ分野である．それも，刻々と向上する観測性能は思いがけない遠宇宙の姿を明らかにしており，理論はその最も合理的な解を探すのに 鎬 を削るというスリリングな展開が日々続いている．

　思い返してみれば，観測的宇宙論という分野が産声をあげたのは 1970 年代である．ロケット，人工衛星，大型望遠鏡などが続々開発されて全波長域に観測領域が広がっただけでなく，観測できる宇宙の範囲が一気に拡大したためだ．ちょうどその頃に宇宙論の研究に歩み入った私は，原野を開拓して沃野とするかのような胸の高鳴りを感じて研究に勤しむ毎日であった．まだ新規なアイデアだけでも通用する時期で，爆発仮説に基づく銀河形成論やクェーサーの吸収線の理論を提案したのだった．そのいずれもがアイデア倒れに終わってしまったのだが，少しは研究を刺激する役割を果たせたのではないかと思っている．

　以来，30 有余年が過ぎたのだが，大きく様変わりした側面と本質的に変わっていない側面がある．様変わりした側面は，言うまでもなく，大型銀河サーベイや 8–10 m 級の大望遠鏡を駆使して観測量（より遠くの，より詳細で，より鮮明なデータ）が莫大に増えたことだ．それによって実証的な研究が可能になったのである．宇宙の再加熱時期や初代の銀河形成時期が確定されるのは時間の問題であろう．銀河宇宙の実像が定まりつつあるのだ．観測的宇宙論が天文学を牽引す

る時代となったとも言えるだろう.

　本質的に変わっていない側面とは，一般相対論に基礎を置いた理論形式のことで（むろん，解析手法はよりエレガントに改良され，新たな視点の解析法も開拓されてはいるが），理論家はもちろん観測家もそれを自家薬籠の物としなければ研究が遂行できない状況にある．また，宇宙論は素粒子から銀河集団まですべての物質構造を問題としており，基礎物理学の全分野をマスターしていなければならないことも変わってはいない．実証科学となればいっそう厳密な扱いが要請されることは確実である.

　本書は，これら二つの側面をバランス良く書くことに特に留意している．膨大に集積された観測量を要領よく整理して提示するとともに，その理論的解析手法を丁寧に解説しているからだ．その意味で，理論・観測を問わず，また宇宙論の専門であるかないかを問わず，宇宙に関心がある読者には必携の書と言うことができる．本書を通じて多くの人々が観測的宇宙論に興味を抱くようになってもらえることを期待したい.

2007 年 6 月

池 内 了

［第 2 版にあたって］

　初版が出版されてから 10 年以上経った．この間に当該研究分野にさまざまな進展があった．大きなものとして，WMAP に継ぐ宇宙マイクロ波背景放射の観測衛星 Planck が，高い精度で温度ゆらぎの観測を行い，宇宙論パラメータの値に重要な更新をもたらした．日本では，すばる望遠鏡に取りつけられた広視野撮像カメラ Suprime-Cam さらに Hyper Suprime-Cam が活躍し，これまでになく優れた宇宙論観測データを提供した．こういった中で，宇宙論に関わるさまざまな数値が多少なり改訂されてきたが，本書の主たる内容はまったく変わることなく普遍的であることも確認できた．近年の進展も取り入れたこの第 2 版から，多くのことを学んでいただければ幸いである.

2019 年 3 月

千 葉 柾 司

シリーズ第2版刊行によせて　i
シリーズ刊行によせて　iii
はじめに　v

第1章　宇宙の観測　1

1.1　ビッグバン理論を支える観測的証拠　2
1.2　宇宙の大規模構造　18
1.3　高赤方偏移宇宙　25
1.4　宇宙マイクロ波背景放射の温度ゆらぎ　32
1.5　ダークマター　41
1.6　ダークエネルギー　51
1.7　現状のまとめと残された課題　58

第2章　観測的宇宙論の基礎　61

2.1　膨張宇宙のパラメータと基本原理　61
2.2　距離-赤方偏移関係の応用　72
2.3　重力レンズと宇宙論への応用　79
2.4　その他の方法論　98
2.5　宇宙年齢の制限　104

第3章　構造形成論の基礎　115

3.1　膨張宇宙での重力不安定性　115
3.2　ダークマターとバリオンのゆらぎの成長と減衰　122
3.3　非線形成長と構造形成シミュレーション　142
3.4　ガウシアン密度ゆらぎの統計　154
3.5　銀河分布統計とバイアス　160

第4章 宇宙マイクロ波背景放射の温度ゆらぎ 179
- 4.1 温度ゆらぎの進化と構造 180
- 4.2 偏光 207
- 4.3 観測の成果 216
- 4.4 その後の観測の成果 235

第5章 銀河形成理論 251
- 5.1 銀河形成の条件 251
- 5.2 バリオンの冷却過程 253
- 5.3 宇宙暗黒時代と第1世代天体 262
- 5.4 宇宙再電離と銀河間物質の進化 271
- 5.5 冷たいダークマターと銀河形成論の諸問題 280

参考文献 291
索引 292
執筆者一覧 296

第**I**章

宇宙の観測

　我々の宇宙に対する認識は，宇宙を観測する技術の進歩に支えられながら拡大してきたと言っても過言ではない．人類は，ガリレイ（G. Galilei）が初めて望遠鏡で夜空を見上げてからわずか 400 年あまりの間に，百数十億光年の彼方まで見通すことのできる技術を培ってきた．特に 20 世紀以降，銀河系外の観測が飛躍的に進歩したことで，宇宙全体の進化を探ることが可能となった．これによって宇宙論は，単なる思弁的学問の枠を越えた実証科学へと質的な変貌を遂げたのである．

　観測技術の進歩は，宇宙を見るさまざまな目を我々に提供してきた．もっとも古くから用いられてきた可視光に加えて，今日では，電波・赤外線・紫外線・X 線・γ 線といったほぼすべての波長帯の電磁波を用いて宇宙の観測が行われている．また，宇宙線はもとより，電磁波以外のニュートリノ，重力波なども近い将来有力な観測手段となり得る．これらの異なる観測データを組み合わせることで，天体の性質や宇宙の進化についての多角的な情報を引き出すことが可能となってきた．

　本章では，このような背景のもと，宇宙の進化について現在までに何が分かっているのか，何が未解決の課題として残されているのか，について概観したい．

1.1 ビッグバン理論を支える観測的証拠

　我々の宇宙は，今からおよそ 138 億年前に熱い火の玉とでも言うべき状態から誕生し，その後の膨張とともに温度を下げながら，現在に至る過程で多様な天体の諸階層を生みだしてきたと考えられている（第 2 巻参照）．ビッグバン理論と呼ばれるこの宇宙進化に対する描像は，単なる理論仮説ではなく，以下に述べる宇宙膨張に関するハッブルの法則[*1]，ヘリウムをはじめとする軽元素の存在比，宇宙マイクロ波背景放射，の三つの代表的な観測事実から自然に導かれる帰結である．

1.1.1 ハッブルの法則

　宇宙論の主たる研究対象である系外銀河は，我々の銀河系に対して一般には静止しておらず，何らかの相対運動をしている．この相対速度の視線方向成分 v は，系外銀河の発する輝線（あるいは吸収線）の波長がドップラー効果によって変化することから決定される．すなわち，銀河が我々から遠ざかりつつあれば，その波長は引き伸ばされ，近づいていれば縮んで観測される．もともとは波長 λ をもっていた光が波長 λ' で観測されるとき，我々から遠ざかる向きを速度の正の方向にとると

$$\frac{v}{c} = \frac{\lambda' - \lambda}{\lambda} \equiv z \tag{1.1}$$

という関係が成り立つ．ここで，c は光速であり，$v \ll c$ を仮定している．z は赤方偏移と呼ばれており，これは波長が引き伸ばされる（$\lambda' > \lambda$）と，光は赤くなることに由来している．図 1.1 は，典型的な銀河の波長スペクトルとそのずれの様子を示している．

　1929 年，ハッブル（E. Hubble）は，当時距離が推定できた 20 数個の系外銀河に対して後退速度 v を決定し，距離との関係を調べるうちに，v が銀河までの距離 d に比例する

[*1] 実は，ベルギーのカトリック司祭で宇宙論の研究者でもあったジョルジュ・ルメートルが，1927 年に発表したフランス語の論文のなかですでに式（1.2）を導いている．2018 年に行われた国際天文連合会員間の電子投票を経て，ハッブルの法則をハッブル–ルメートルの法則と呼ぶことが推奨されるようになった．

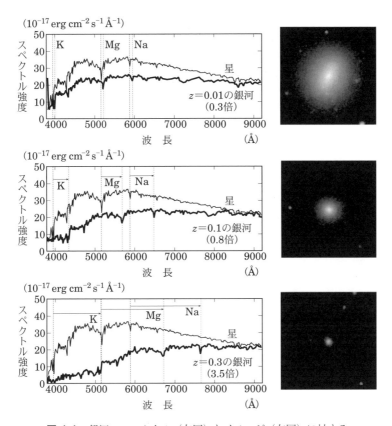

図 1.1 銀河のスペクトル（左図）とイメージ（右図）に対する赤方偏移（上図：$z = 0.01$, 中図：$z = 0.1$, 下図：$z = 0.3$）の影響（口絵1参照）．左図では，太線が赤方偏移を受けた銀河のスペクトル，細線が赤方偏移を受けていない星のスペクトルを表し，代表的な吸収線（K, Mg, Na）の位置が縦線で示してある．比較しやすいように銀河のスペクトル強度の大きさはそれぞれ括弧に示した倍率だけ変更してある．右図の1辺は $60'' \times 60''$ に対応する．赤方偏移の大きな銀河ほど遠方に存在するために，見かけの大きさが小さくなることが見てとれる（矢幡和浩氏提供）．

$$v = H_0 \, d \tag{1.2}$$

との結論に至った．この関係式は「ハッブルの法則」, その比例定数 H_0 は「ハッ

エドウィン・ハッブル（Emilio Segrè Visual Archives）

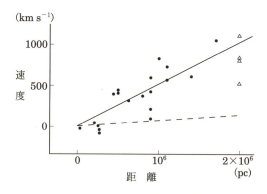

図 1.2 ハッブル図（1）：ハッブルが宇宙膨張を発見した当時のデータ．縦軸は銀河の後退速度，横軸は銀河までの距離を示す．実線は当時のデータをもっとも良く再現する比例関係（$H_0 = 530\,\mathrm{km\,s^{-1}\,Mpc^{-1}}$），破線は現在のデータによる比例関係（$H_0 = 70\,\mathrm{km\,s^{-1}\,Mpc^{-1}}$）を示す（Hubble 1936, *The Realm of the Nebulae* の図を改変）．

ブル定数」（あるいはハッブルパラメータ），と呼ばれている．図 1.2 は，ハッブルがこの法則を発見した当時のデータを示している．そこから推定された H_0 の値 $530\,\mathrm{km\,s^{-1}\,Mpc^{-1}}$ は，現在の測定値に比べて約 8 倍も大きかった．

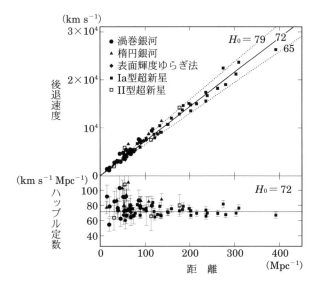

図 **1.3** ハッブル図 (2)：HST の観測に基づくデータの例．上図は銀河の後退速度と距離の関係，下図は上のグラフの傾きから H_0 を求めたものである．これらの結果は，誤差の範囲で式 (1.2) が成立していることを示している (Freedman *et al.* 2001, *ApJ*, 553, 47)．

今日ではこの矛盾は，ハッブルの時代には変光星に二つの異なる種類があることが理解されていなかったこと，およびハッブルが遠方銀河の中の明るい星であると思っていたものが，実際は星の放射によってイオン化されたずっと明るいプラズマ領域であったこと，の 2 点に起因することが分かっている．いずれも実際の星よりも明るいものを星であると勘違いしていたため，それの属する銀河までの距離を小さく推定するという系統誤差が生じてしまった．そのような事情があるにもかかわらず，彼が，式 (1.2) で表される正しい宇宙膨張の関係式を発見できたことはきわめて好運であったとも言えよう．

その後の数々の観測によって式 (1.2) の比例関係は確認されてきた．たとえば，2001 年にはハッブル宇宙望遠鏡 (HST; Hubble Space Telescope) による観測から，$H_0 = 72 \pm 8 \,\mathrm{km\,s^{-1}\,Mpc^{-1}}$ が得られた (図 1.3)．また 2016 年には $H_0 = 73.24 \pm 1.74 \,\mathrm{km\,s^{-1}\,Mpc^{-1}}$ という値が報告されている．

図 1.4 には，ハッブル定数の測定値が時代とともにどのように変遷してきたか

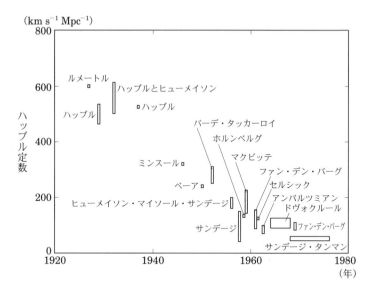

図 1.4 ハッブル定数の測定値の年代ごとの推移．各年代において報告されてきた H_0 の値は，測定の系統誤差の見落としのために，大きく変遷してきた（Trimble 1996, *PASP*, 108, 1073）．

が示されている．もっとも注意すべきは，各測定の段階で報告された誤差よりもはるかに大きな範囲で，値が変化してきたことである．これは，宇宙の観測において，上で述べたような系統誤差の見落しの影響がいかに大きいかを教訓として物語っている．

観測の系統誤差を完全に排除することは不可能だが，結果の信頼性を高めるための有効な手段の一つは，異なる系統誤差を持つ別の測定と比較することである．たとえば，ハッブル定数については，1.4 節で述べる宇宙マイクロ波背景放射（CMB; Cosmic Microwave Background radiation）温度ゆらぎを用いた独立な測定もされている．仮に異なる測定法の間にずれが発見された場合には，観測的系統誤差あるいは未知の物理学を探り出す手がかりが得られる．このように，複数の独立な結果の比較は，観測データを解釈する上でつねに有益である．

さて，ハッブルの法則は，宇宙の進化についてきわめて重要な意義を持っている．我々から見てあらゆる方向で式 (1.2) が成り立つことは，宇宙のどの場所においてもハッブルの法則が成立することを意味する．たとえば，図 1.5 のよう

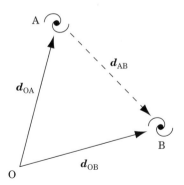

図 1.5 宇宙膨張の概念図．二つの銀河 A と B は，我々 O から遠ざかると同時に，お互いからも遠ざかっており，宇宙のどの地点においてもハッブルの法則は同様に成り立っている．

に二つの銀河 A と B を考えると，我々 O に対する速度と距離の関係は，それぞれベクトルを用いて

$$\boldsymbol{v}_{\mathrm{OA}} = H_0 \boldsymbol{d}_{\mathrm{OA}}, \quad \boldsymbol{v}_{\mathrm{OB}} = H_0 \boldsymbol{d}_{\mathrm{OB}} \tag{1.3}$$

と表される．これより，銀河 A に対する銀河 B の速度と距離の関係は，

$$\boldsymbol{v}_{\mathrm{AB}} = \boldsymbol{v}_{\mathrm{OB}} - \boldsymbol{v}_{\mathrm{OA}} = H_0(\boldsymbol{d}_{\mathrm{OB}} - \boldsymbol{d}_{\mathrm{OA}}) = H_0 \boldsymbol{d}_{\mathrm{AB}} \tag{1.4}$$

となり，銀河 A から見てもやはりハッブルの法則は成り立つ．つまり，宇宙の任意の 2 点は，つねにその間隔に比例した速度で遠ざかっており，我々は何ら特別な場所にいるわけではないのである．

このような現象は，宇宙が全体として一様等方に膨張していると考えることで自然に説明される．実は，1916 年にアインシュタイン（A. Einstein）が発表した一般相対論からは，すでにこのような宇宙の膨張が予言されていた．ただし，アインシュタイン自身は，宇宙が動的であるとする考えを嫌い，時間的に不変な宇宙を実現するために，自らの理論に一部修正を加えたのである（1.6.1 節参照）．このような時代にあって，ハッブルが宇宙膨張を観測的に実証したことは，「宇宙は永遠不変ではなく進化する」という新しい自然観を確立させるきっかけとなった．

ハッブル定数 H_0 は，現在の宇宙の膨張率を表すパラメータであり，時間の逆

8 第 1 章　宇宙の観測

表 **1.1**　赤方偏移と宇宙時刻の対応関係.

赤方偏移 z	宇宙の始まりから の時間 ［年］	現在から過去に 遡った時間 ［年］	備考
0	138 億	0	現在の宇宙
0.023	135 億	3 億	かみのけ座銀河団
0.1	124 億	14 億	
1	58 億	80 億	
3	21 億	117 億	
11	4 億	134 億	今日知られている最遠の銀河
20	2 億	136 億	理論的に予想される 原始銀河形成の時期
100	1600 万	138 億	
1100	37 万	138 億	宇宙の晴れ上がり

宇宙時刻は，現在もっとも標準的と考えられる宇宙モデルでの値を示して
あるが，それぞれ誤差を含むので，表中の値は目安と考えてほしい.

数の次元を持っている．仮に，任意の 2 点が一定の後退速度 v のまま運動した
とすれば，現在から $d/v = H_0^{-1}$ だけ過去に遡れば宇宙全体が 1 点に収縮するこ
とになる．実際には，v は時間に依存するのでこの近似は大雑把であるものの，
ハッブルの法則は，宇宙が有限の過去に始まったことを予想させ，その年齢の目
安として $H_0^{-1} \sim 100h^{-1}$ 億年という値を与える．ここで，h は H_0 を無次元化
したパラメータ

$$h \equiv H_0/(100\,\mathrm{km\,s^{-1}\,Mpc^{-1}}) \tag{1.5}$$

であり，上で述べた HST による観測値は $h = 0.72 \pm 0.08$ に対応する．より正
確には，1.4 節で述べる CMB 温度ゆらぎの観測などに基づいた解析から，現在
の宇宙年齢は 138 億年と見積もられている.

なお，膨張する宇宙では，赤方偏移が大きいほど遠方すなわち過去に対応する.
この性質から，しばしば赤方偏移は宇宙の時刻を表す指標として用いられる.
後々の理解の補助のため，その対応関係のいくつかを表 1.1 にまとめておく.

1.1.2　軽元素の存在量

現在の宇宙に存在する元素は，ある普遍的な存在比を示すことが知られてい
る．たとえば，太陽近傍の元素組成は，図 1.6 に示すように，質量比にして 70%

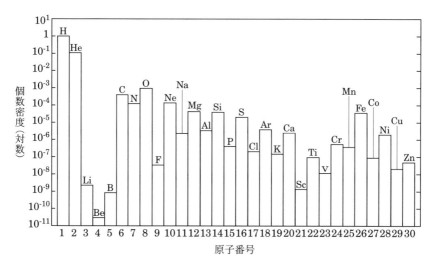

図 1.6 太陽近傍の元素組成．縦軸は，水素の個数密度を 1 とした個数密度の割合を示す（『理科年表』に基づいて作図）．

の水素 H，28% のヘリウム ^{4}He，とそれ以外の重元素からなる．それ以外の場所でも，重元素の比率にはばらつきがあるものの，全元素の約 1/4 がヘリウムであることは共通している．水素以外の元素はすべて，何らかの核融合の過程を経て合成されたはずであるが，なかでもヘリウムだけがこれほど大量かつ普遍的に存在する事実は説明を要する．

元素を合成する場所としてまず考えられるのは，太陽をはじめとする恒星内部である．この場合のヘリウム合成反応の主要な経路は，結果的に

$$4p \longrightarrow {}^4He + 2e^+ + 2\nu_e \tag{1.6}$$

にまとめられ，その際に ^{4}He と 4p との質量差 $4m_p - m_{He}$ に対応したエネルギーが放出される．したがって，星による質量あたりのエネルギー生成効率は $\varepsilon \equiv 1 - m_{He}/(4m_p) \sim 7 \times 10^{-3}$ である．仮に，太陽がもともとはすべて水素からできていたとすると，それが完全にヘリウムに変換されれば $\varepsilon M_\odot c^2$ のエネルギーが解放されるはずである（添字 $\odot$ は太陽を表し，$M_\odot = 1.989 \times 10^{33}$g は太陽質量）．

しかし実際には，太陽での核融合反応は，その光度 $L_\odot \sim 4 \times 10^{33}$ erg s^{-1} に

10 第1章 宇宙の観測

対応する度合で進行するので，宇宙年齢 $\sim H_0^{-1}$ をかけたとしても解放され得るエネルギー総量は高々 $L_\odot H_0^{-1}$ である．つまり，太陽の質量のうちヘリウムに変換され得る割合は

$$\frac{L_\odot H_0^{-1}}{\varepsilon M_\odot c^2} \sim 0.1 h^{-1} \tag{1.7}$$

に過ぎない．同様の評価を銀河系全体について行うと，値はさらに一桁ほど小さくなる．つまり，現在の宇宙に存在するすべてのヘリウムを星起源で説明するのは困難であり，星はすでに大量のヘリウムを含んだガスから形成されたことが結論される．

そこで重要となるのが，宇宙初期における核融合である．現在の宇宙が膨張しているという事実は，過去に遡れば宇宙は高温・高密度の状態にあったことを示唆する．これはいわば熱い火の玉の状態であり，恒星の中心部と同様に核融合反応が進行するための必要条件を満たしている．ただし，宇宙初期では，自由中性子が多数存在している状況で核融合が起こるため，実質的な反応は

$$2p + 2n \longrightarrow {}^4He \tag{1.8}$$

に変更される．式（1.6）との本質的な違いは，弱い相互作用による β 崩壊を伴わないため，はるかに短い時間でヘリウムが合成される点にある．合成が起こるのは，宇宙の温度が 10^9 K 付近にあるわずか数分間に過ぎないが，その時点に存在していた自由中性子はほぼすべて ^{4}He 原子核に取り込まれる．したがって，合成が起こる時点での陽子と中性子との比 $n_p/n_n \simeq 7$ を用いると，全核子に対する ^{4}He の質量比 Y_p は，

$$Y_p = \frac{2}{1 + n_p/n_n} \sim 0.25 \tag{1.9}$$

と見積られる．

一方，現在観測される ^{4}He 組成比から星の進化による影響を取り除いた値としては 0.23–0.25 が示唆されており，式（1.9）はこれをほぼ再現している．また，宇宙全体で反応が起きることになるため，ヘリウムの遍在も同時に説明される．

宇宙初期に元素が合成されたとするアイデアは，1940 年代後半にガモフ（G. Gamow）とその共同研究者達によって提唱された．これは，それまで宇宙

ジョージ・ガモフ（Emilio Segrè Visual Archives）

の膨張に関する運動学でしかなかった宇宙論に，原子核物理を背景とする物質科学の観点を織り込んだ，画期的な試みであった．しかし，ガモフ達のアイデアは，当初はあまり理解を得られなかった．実は「ビッグバン」という呼び名も，当時主流であった定常宇宙論の提唱者の一人であるホイル（F. Hoyle）から「そんな荒唐無稽な作り話があるものか！」と揶揄された際の言葉に由来している．

　もともとガモフらは，ヘリウムに限らずすべての元素を一挙に合成しようとしていたが，その後の研究により，それは困難であることが明らかになっている．自然界には質量数 5 および 8 をもつ安定元素は存在せず，重元素の合成にとって障壁が存在するためである．宇宙の温度と密度は，膨張とともに急速に低下するので，この障壁を越えることはできず，せいぜい ^{7}Li までの軽元素しか合成されない．これより重い元素を合成するには，星内部での核反応が不可欠となる．宇宙初期と星内部における元素合成理論の間には，表 1.2（12 ページ）のような違いがある．

　より正確には，ビッグバン時に合成される軽元素の組成比は，宇宙に存在するバリオン[*2]と光子の数密度の比 $\eta = n_b/n_\gamma$，ニュートリノ世代数 N_ν，中性子の寿命 τ_n にも依存する．そこで，観測される軽元素の組成比から逆にこれらのパラメータを決定する試みが長年行われてきた．

表 1.2 二つの元素合成理論の比較.

	ビッグバン元素合成	星元素合成
場所	初期宇宙	恒星内部
時間スケール	分	億年
温度	10 億度	1000 万度
	（時間とともに急速に下がる）	（時間とともにゆっくりと上昇）
密度	$10^{-5}\,\mathrm{g\,cm^{-3}}$	$100\,\mathrm{g\,cm^{-3}}$
生成元素	軽元素	重元素
	（ヘリウム，重水素，リチウム）	（炭素，窒素，酸素，等）

現在では，N_ν と τ_n には素粒子実験から厳しい制限がついており，実質的な未定パラメータは η だけである．観測される D, ^{3}He, ^{4}He, ^{7}Li の組成比を再現する値として $4.9 \times 10^{-10} \leqq \eta \leqq 7.5 \times 10^{-10}$ が得られており（詳しくは，第 2 巻 4 章参照），これは 1.4 節で述べる CMB 温度ゆらぎの観測結果とも整合している．一つのパラメータのみによって複数の軽元素の存在量が同時に説明されること，かつ得られた η の値が独立した測定結果と一致することは，ビッグバン理論を裏づける強い根拠となっている．

なお，光子数密度 n_γ は，CMB のスペクトル（1.1.3 節）から高い精度で決定されるので，上で述べた η についての制限は，宇宙のバリオン密度への制限 $0.018 \leqq \Omega_\mathrm{b} h^2 \leqq 0.027$ に焼き直すことができる．

上記の Ω_b は，無次元化された「密度パラメータ」と呼ばれる量の一種である．一般に密度パラメータは，質量密度 ρ_X をもつ成分 X に対して，

$$\Omega_X = \frac{\rho_X}{\rho_{\mathrm{cr},0}} \tag{1.10}$$

で定義される．ここで，$\rho_{\mathrm{cr},0} = 3H_0^2/(8\pi G) = 1.88 \times 10^{-29} h^2\,\mathrm{g\,cm^{-3}}$ は，現在の宇宙を平坦にするのに必要な質量密度で，臨界密度と呼ばれる（G は重力定数）．たとえば，Ω_γ は光子，Ω_m は非相対論的物質，Ω_Λ は宇宙定数 Λ（$\rho_\Lambda = \Lambda c^2/8\pi G$）のエネルギー量をそれぞれ表す密度パラメータである．さらに，非

---

*2 （11 ページ）地上の物質を構成する素粒子はクォークとレプトンであるが，それらの質量のほとんどは原子核中の核子（陽子と中性子）で占められる．核子はクォーク三つから成る複合粒子でバリオンと呼ばれるため，宇宙論では通常の物質のことを総称して（語弊がある言いかたではあるが）バリオンと呼ぶことが多い．詳しくは 13 ページのコラム参照．

相対論的物質を細分化し，バリオンの密度を Ω_b，電磁波で観測されている物質の密度を Ω_{lum} と表すこともある．平坦な宇宙に対しては，各成分の密度パラメータの総和 Ω_{tot} は 1 となる．

クォークとレプトン

微視的世界を考えたとき，物質の階層構造の最小単位を素粒子とよぶ．たとえば，原子は，原子核と電子からなる．電子はそれ自体が素粒子であるが，原子核は素粒子ではなく陽子と中性子からなる．さらに陽子と中性子は，クォークと呼ばれる素粒子三つからなる複合粒子である．

自然界のすべての現象を突き詰めていくと，それらを支配する基本相互作用（現象の原因となる力と言い換えても良い）は，四つで尽きることが知られている．すなわち，強い力，弱い力，電磁力，重力である．日常意識しているかどうかは別として，電磁力と重力はきわめて馴染み深い存在である．一方，強い力と弱い力はいずれもミクロなスケールのみで重要となるものであるが，それぞれ，クォークを結びつけて陽子や中性子をつくったり，β 崩壊を起こして陽子と中性子を変換したりするなど，電磁力と重力だけでは説明できない基本的な物質構成要素の安定性と関わっている．

表 1.3　素粒子の分類．

	電荷	第 1 世代	第 2 世代	第 3 世代
クォーク	+2/3	u（アップ）	c（チャーム）	t（トップ）
	−1/3	d（ダウン）	s（ストレンジ）	b（ボトム）
レプトン	+1	e（電子）	μ（ミュー）	τ（タウ）
	0	ν_e（電子ニュートリノ）	ν_μ（ミューニュートリノ）	ν_τ（タウニュートリノ）

これに対応して，ミクロな物質は，強い相互作用をするハドロンとそれ以外のレプトン，および，相互作用を媒介するゲージボゾンに分類される．レプトンは素粒子であるが，ハドロンは複合粒子であり，クォークと呼ばれる素粒子によって構成される．さらにハドロンは，クォーク 3 個からなるバリオンと，クォーク 2 個からなるメソンに分けられる．表 1.3 にまとめてあるように，素粒子であるクォークとレプトンはそれぞれ六つの種類が存在する．たとえば，陽子は uud，中性子は udd からなるバリオンであり，π 中間子は u と d の反粒子からなるメソンである．レプトンとクォークはいずれも三つの異なる「世代」と呼ばれる種

類を持つことが知られている.

1.1.3 宇宙マイクロ波背景放射

初期の宇宙が熱い火の玉状態にあったと指摘したガモフらは,さらにその名残である光子が,宇宙膨張とともに温度を下げながら絶対温度にして数度から数十度の黒体放射として現在の宇宙を満たしているはずである,と予言していた.この予言はその後忘れ去られていたが,1965 年,米国ベル研究所のペンジアス(A. Penzias)とウィルソン(R. Wilson)によって実証された.「宇宙マイクロ波背景放射(CMB; Cosmic Microwave Background radiation)」の発見である.この結果,それまでむしろ異端とみなされていたビッグバン理論は急速に市民権を得ていった.

黒体放射とは,熱平衡状態にある放射の呼び名であり,そのスペクトルはプランク分布

$$I_\nu = \frac{2h_{\mathrm{P}}\nu^3}{c^2} \frac{1}{\exp(h_{\mathrm{P}}\nu/k_{\mathrm{B}}T) - 1} \tag{1.11}$$

によって表される.ここで,I_ν は放射強度,$\nu\,(= c/\lambda)$ は周波数,T は温度,h_{P} はプランク定数,k_{B} はボルツマン定数である.放射強度 I_ν の周波数依存性は,温度が与えられれば一意に決まる.周波数 $\nu \sim \nu + d\nu$ を持ち,体積要素 dV に存在する光子数は,$dN = 4\pi I_\nu d\nu dV/(ch_{\mathrm{P}}\nu)$ と表される.

実はペンジアスとウィルソンによる CMB 発見は,偶然の産物であった.彼らは,衛星通信用の電波望遠鏡のノイズ測定を行っていたところ,原因不明の信号があらゆる方向からやってくるのを検出し,後からそれが CMB であることが明らかになったのである.彼らの測定は波長 7.35 cm で行われたが,一つの波長だけのデータでは,検出された信号が黒体放射であるかどうかは分からない.少なくとも二つの波長のデータが,同一温度のプランク分布で説明されなければならない.

約半年後にロール(P. Roll)とウィルキンソン(D. Wilkinson)によって報告された波長 3.2 cm での測定は,見事にこの条件を満たし,CMB が温度 3.0 ±

ペンジアス（左），ウィルソンと彼らが用いた電波望遠鏡（ベル研・ルーセントテクノロジー提供画像）．

0.5 K の等方的な黒体放射であることが示された．皮肉なことに，ウィルキンソンらの方が早い段階から CMB を検出すべく測定を行っていたのだが，結果的にはペンジアスとウィルソンに先を越されてしまったのだった．

　初期の CMB 観測はすべて，黒体放射がピークを持つ波長 ~ 2 mm よりも長波長側（レイリー–ジーンズ領域）においてのみであり，スペクトルの全体像を捉えるには短波長側（ウィーン領域）まで含めた観測が必要である．しかし，そのような観測を地上から行うのは，大気による光の吸収等のために困難であった．それを実現したのが，1989 年に打ち上げられた米国の人工衛星 COBE（COsmic Background Explorer, 図 1.7（16 ページ））である．COBE は，CMB のピークを含む短波長帯におけるスペクトルの精密測定を行い，CMB が温度 2.725 ± 0.001 K の完璧な黒体放射であることを示した．COBE を含めた CMB スペクトル測定の結果が図 1.8（17 ページ））にまとめられている．宇宙論に関する諸観測のうち，もっとも高い信頼度を持つデータであると言える．

　このような黒体放射を，局所的な放射や吸収によって説明することはきわめて

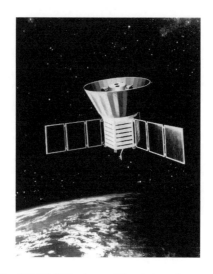

図 1.7　COBE 衛星（http://lambda.gsfc.nasa.gov/product/cobe/）.

困難であり，その起源は必然的に宇宙全体の進化過程に関連づけざるを得ない．ビッグバンによって高温・高密度の状態から宇宙が始まったとすると，はじめ物質は電離していて，多数の自由電子が宇宙空間を飛び回っていたはずである．光子は自由電子と頻繁に散乱するため，放射と物質の間には熱平衡が実現し，この時期の光子は式（1.11）の黒体放射スペクトルを持っていたと考えられる．やがて膨張によって宇宙の温度が約 3000 K 程度まで下がると，物質は中性化し，光子は自由に直進できるようになるので，放射と物質の熱平衡は切れる．この時点で放射のスペクトルは固定され，その後は光子数は保存されたまま，波長が宇宙膨張によって引き伸ばされるだけとなる．

一般に，宇宙の大きさが α 倍になれば，体積 V は α^3 倍になり，光子の波長は α 倍（周波数は $1/\alpha$ 倍）になる．これより，光子数 dN が固定されたまま，$\nu \to \nu' = \nu/\alpha$, $V \to V' = \alpha^3 V$ と変化すると，光子のスペクトルは，

$$I'_{\nu'} = I_\nu \frac{\nu'}{\nu} \frac{d\nu}{d\nu'} \frac{dV'}{dV}$$

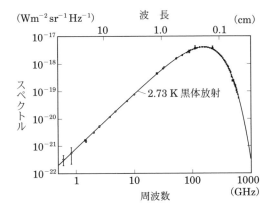

図 1.8 CMB のスペクトル．実線は，観測データをもっとも良く再現する黒体放射スペクトル（Particle Data Group, 2004, *Physics Letters B*, 592, 1）．

$$= \frac{2h_{\mathrm{p}}\nu'^3}{c^2} \frac{1}{\exp(h_p\nu'\alpha/k_{\mathrm{B}}T) - 1} \tag{1.12}$$

と変換される．ここで $T' = T/\alpha$ と置き換えれば式 (1.11) とまったく同形になる．このことは，熱平衡が切れた後であっても，光子はプランク分布を厳密に保ったまま宇宙を満たし続けることを意味する．ただし，熱平衡になければ温度を正確に定義できないので，本来は T' は光子分布を特徴づけるパラメータとしてしか意味を持たない．「′」のついた時期として現在を取れば，式 (1.1) より $\alpha = \nu/\nu' = \lambda'/\lambda = 1 + z$ であるので，

$$T_0 = \frac{T_{\mathrm{dec}}}{1 + z_{\mathrm{dec}}} \tag{1.13}$$

が成立する．ここで，現在の物理量を添字 0，放射と物質の熱平衡が切れた時期（decoupling epoch）における物理量を添字 dec で表した．

実際に観測された CMB のスペクトル（図 1.8）は，プランク分布と見事なまでに一致している．上の議論から明らかなように，CMB の黒体放射は，あくまで過去の高温宇宙の名残りであって，現在の宇宙が熱平衡にあるわけではないことに注意しなければならない．熱平衡が切れた時点での宇宙の温度 $T_{\mathrm{dec}} \simeq 3000\,\mathrm{K}$ と CMB 温度の測定値 $T_0 = 2.725\,\mathrm{K}$ を式 (1.13) に代入すると，$z_{\mathrm{dec}} \simeq$

18 第1章 宇宙の観測

1100 が得られる．また，黒体放射スペクトルは温度にのみ依存するので，温度が測定されれば，現在の宇宙における CMB 光子のエネルギー密度が

$$\varepsilon_\gamma = \frac{4\pi}{c} \int_0^\infty I_\nu d\nu = 4.17 \times 10^{-13} \left(\frac{T_0}{2.725 \text{ K}}\right)^4 \quad [\text{erg cm}^{-3}] \quad (1.14)$$

と決定できる．これを密度パラメータに換算すると

$$\Omega_\gamma = 4.76 \times 10^{-5} \left(\frac{h}{0.72}\right)^{-2} \left(\frac{T_0}{2.725 \text{ K}}\right)^4 \quad (1.15)$$

となる．現在の宇宙における光子のエネルギー密度は，CMB によって大部分が占められている．一方，1.4 節などで見るように，現在の Ω_{tot} は 1 に近い値を取ることが知られている．したがって，現在の宇宙の全エネルギー密度に対する光子の寄与はほぼ無視できる．

1.2 宇宙の大規模構造

1.2.1 天体の階層構造

今日の宇宙に存在する天体は，決して無秩序にばらまかれているのではなく，星，銀河，銀河群，銀河団，超銀河団といった階層構造をなして存在している（表 1.4）．

可視光で輝く物質の大半は星であり，星は銀河に集中している．このため，宇宙全体の物質分布を考える際には，銀河を基本単位とみなすことが多い．ただし，星は銀河の総質量の一部にすぎず，電波や X 線等で観測される星間ガス，赤外線で観測されるダスト，さらには電磁波を放射しないダークマター（詳細

表 1.4 宇宙の階層構造のあらまし．

	半径（cm）	全質量（$M_\odot$）	平均密度（g cm^{-3}）	力学時間（年）
星（主系列星）	10^{10}–10^{13}	0.1–100	10^{-4}–10^2	10^{-5}–10^{-2}
銀河	10^{21}–10^{23}	10^7–10^{12}	10^{-25}	10^8
銀河群	10^{24}	10^{12}–10^{14}	10^{-27}	10^9
銀河団	10^{25}	10^{14}–10^{15}	10^{-27}	10^9
超銀河団	$> 10^{25}$	$> 10^{15}$	10^{-29}	10^{10}

表中の値は，ダークマターの寄与も含めた典型的な桁を示す．

は，1.5 節参照）も銀河には付随していることが明らかになっている．

銀河の多くは，数個から数千個に及ぶ集団を形づくっており，規模の小さいものから順に，銀河群，銀河団，超銀河団と呼び分けられる．これらの区分は必ずしも明確ではないが，多くの銀河群と銀河団には 10^6–10^8 K の高温ガスが拡散せずに付随しているので，ある程度緩和の進んだ系と言える．一方，超銀河団は，ほとんど緩和していない系であり，一様な宇宙からわずかにずれが生じた段階にあると考えられる．銀河群以上の階層の天体群を総称して「大規模構造」と呼ぶ．

表 1.4 に示した天体は，いずれも自らの万有引力によってつなぎとめられた「自己重力系」である．星ではガスの圧力勾配，渦巻銀河では系の回転，銀河群や銀河団では銀河のランダム運動が，それぞれ重力とつりあうことで，形状が保たれている．仮にこれらの抗力がなかった場合，系が重力収縮してつぶれるのにかかる時間スケール（力学時間）は，

$$t_{\mathrm{dyn}} \sim \frac{1}{\sqrt{G\bar{\rho}}} \tag{1.16}$$

で与えられる．ここで，G は重力定数，$\bar{\rho}$ は天体の平均質量密度である．天体が形成されるためには，少なくともこれ以上の時間がかかるはずだ．

表 1.4 に示されているように，一般に規模の大きな天体ほど密度は減少し，力学時間は長くなる傾向にある．着目すべきは，大規模構造の力学時間が宇宙年齢 138 億年とそれほど変わらない点にある．このことは，大規模構造が宇宙年齢の大半をかけて徐々に形成されてきたことを意味する．つまり，現在観測される大規模構造の姿は，自らが形成されてきた過程についての記憶をとどめており，それは宇宙全体の進化とも密接に関わっていると期待される．逆に，力学時間の非常に短い恒星では，そのような記憶は遥か昔にかき消されているであろう．これが，宇宙の生い立ちを解明しようとする宇宙論研究において，大規模構造が重要な指標となる理由である．

1.2.2　銀河サーベイ

大規模構造の存在自体は 1930 年代頃から認識されていたが，その全容が明らかになったのは，1970 年代後半から台頭してきた銀河の赤方偏移サーベイ観測に負うところが大きい（3.5.1 節参照）．これは，天空の広い領域内に存在する銀

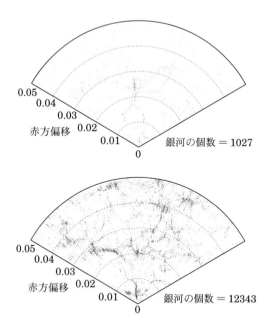

図 1.9 新旧の銀河サーベイデータの比較：上は CfA カタログ (de Lapparent *et al.* 1986, *ApJL*, 302, 1 をもとに作成), 下は SDSS カタログ. いずれも扇形の 1 辺は $z = 0.05$ で, 中心が我々の位置, 黒い点が銀河の位置を表す. 実際に SDSS で観測された範囲ははるかに広いが, 比較のため奥行きは CfA カタログと揃えてある (ただし観測領域の天球面上での位置は異なっている). 描かれている銀河の個数は, それぞれ 1027 個 (上) と 12343 個 (下).

河の距離を一つ一つ測定し, 天球面上での位置関係と合わせることで, 銀河分布の 3 次元地図を描く手法である. ただし, 遠方に存在する多数の銀河の距離を直接測定するのはきわめて困難であるので, 次善の策として, 比較的測定しやすい赤方偏移 (すなわち後退速度) をまず決定し, 式 (1.2) のハッブルの法則を用いて距離を割り出すという方法が取られている.

銀河の地図作りという一見地味な研究の威力が遺憾なく発揮された好例は, 1980 年代に発表された CfA サーベイの成果であろう. 図 1.9 (上) には, このサーベイによって得られた約 1000 個の銀河の赤方偏移空間での位置が示されている. この結果, $z < 0.05$ に存在する銀河の分布がきわめて不均一であるさま

が明らかになった．銀河が集中した高密度領域が銀河団に対応し，それらがフィラメント状に腕を伸ばして互いに連結し，合間にはボイドと呼ばれる空洞領域が存在する．無数の泡が重なり合ったような形をしているので，泡構造とも呼ばれている．

こうしたサーベイ観測はその後も数多く行われてきたが，現在最大規模のものは，スローンデジタルスカイサーベイ（SDSS）である．これは，アメリカの七つの研究機関と日本のグループが開始した国際共同観測である．全天の約4分の1の天域を大型CCDカメラにより五つの波長帯で観測し，そこから選びだした100万個の銀河と10万個のクェーサー（QSO; Quasi Stellar Object）の分光観測を行うことがその主目的である．図1.9（下）には，SDSSによって2004年までに観測された銀河のうち，近傍の約12000個が示されているが，CfAの結果に比べてはるかに泡構造が顕著であることが分かる．ただし，CfAとSDSSで観測された天球面上の方向は異なるので，個々の銀河の位置ではなく，全体的な傾向のみを比較してほしい．

図1.10（22ページ）には，さらに遠方までの地図が描かれている．上図は$z < 0.15$の現在もっとも完全な銀河地図であり，下図はより遠方での分布を調べるために，明るい楕円銀河（LRG; Luminous Red Galaxies）のみを取り出した$z < 0.5$の地図である．LRGは銀河団の中心部によく見つかるので，おおまかには銀河団の広域分布を表すと考えて良い．銀河の不均一な分布は，このような遠方にまでも領域全体に広がって存在しており，我々の近くに偶然見つかったわけではないことが分かる．

1.2.3　データ解釈における注意点

銀河サーベイによって得られた宇宙の地図は，大規模構造がいかに形成されてきたかについての豊かな情報源となるが，実際に観測データを解釈したり，理論と比較したりする際には，いくつか注意すべき点がある．

第1に，観測される銀河分布は，宇宙に存在する物質の分布をある程度反映していると考えられるものの，完全に等価というわけではない．1.5節で詳しく述べるように，宇宙の物質の大半はダークマターによって占められており，それらの分布が電磁波で観測される銀河の分布と一致する保証はないからである．両者

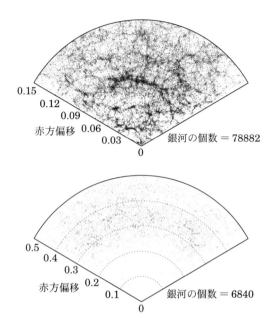

図 1.10 SDSS によって得られた銀河地図．上は $z < 0.15$ の現在もっとも完全な銀河地図で，78882 個の銀河の位置が示されている．下は明るい楕円銀河を取り出して，その 6840 個の分布をより遠方の $z = 0.5$ まで描いた地図．

の違いは「バイアス」と呼ばれる．バイアスについてはまだ解明されていない点が多いが，明るい銀河ほどバイアスが強い（すなわち空間的に密集する傾向が強い），渦巻銀河に比べて楕円銀河の方がバイアスが強い，などいくつかの一般的傾向は知られている．これらの性質を原理的レベルから理解するには，銀河形成の環境依存性を解明することが不可欠であり，精力的に研究が行われている．

　第 2 に，観測される銀河の速度には，ハッブルの法則からのずれである特異速度も含まれる．宇宙の密度が厳密に一様であれば，膨張による後退速度は距離だけの関数になるが，非一様な宇宙では密度の高い領域ほど重力が強くなり，その周辺に存在する銀河を引き寄せるために新たな速度成分が生じる．これは速度空間において観測される構造を，視線方向に押しつぶす効果を生む．また，特定の領域内の銀河が力学平衡に達してランダム運動をしている場合には，逆に視線方向の構造が引き伸ばされる．これらは，ランダムな影響しか与えないと思われが

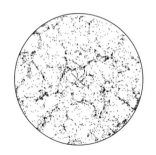
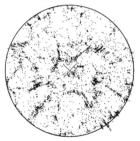

図 1.11 数値シミュレーションによる実空間（左）と赤方偏移空間（右）における物質分布の比較．円の中心が我々の位置に対応する．半径は $150h^{-1}$ Mpc (Taruya et al. 2001, *PASJ*, 53, 155).

ちであるが，実は系統的効果を生むのである．数値シミュレーションによってそれを直接示したのが，図 1.11 である．実際の物質分布（左）に比べ，赤方偏移空間における分布（右）が歪められ，泡構造がより強調される傾向を持つことが明らかである．実際，図 1.9（上）の中央付近に観測されているヒトデ型の構造等も，同様の影響を受けていると考えられる．

第 3 に，観測される銀河は，その領域内に存在する全銀河ではなく，ある一定の観測基準のもとで選び出されたサンプルである．残念ながら，暗い銀河まで含め「すべて」を観測できたかどうかは原理的に知るすべがない．このために生じるデータへの影響を「選択効果」と呼ぶ．サーベイ観測において重要になるのは，観測基準をできるだけ明解なものにした上で，それを満たす天体はすべて網羅し，選択効果を最小限に抑えることである．たとえば SDSS では，r バンドと呼ばれる観測波長帯（赤色にほぼ対応する）での見かけの明るさが，ある一定値以上となるような基準が採用されている．

この他，近傍の銀河サーベイでは影響は小さいが，遠方のクェーサーサーベイなどで重要になる点として，空間の幾何学的性質が非ユークリッド的になる効果や，一枚の地図の中で時刻の違いが生じる（地図の手前ほど現在に近い時刻に対応する）ことなどが挙げられる．これらによって，単純なハッブルの法則にはさまざまな補正が必要となる．

1.2.4 構造形成シナリオに対する意義

上に述べた効果は，いずれも単純な統計処理のみでは取り除くことのできない系統誤差としてデータ解釈に影響を及ぼす．銀河サーベイに限らず宇宙の観測における最大の課題は，このような系統誤差をどこまで補正・除去できるかにあると言える．

そのための有効な手段として，数値シミュレーションによって理論と観測の溝を補間する方法がある．図 1.12 には，その具体例として，SDSS データの観測条件を可能な限り踏襲して人工的に作られた模擬銀河地図が，観測データと比較してある．このシミュレーションでは，作業仮説として冷たいダークマター（CDM; Cold Dark Matter，詳細は 1.5 節参照）が宇宙を満たしているとするモデルを採用し，宇宙初期に存在した小さな密度ゆらぎが重力の作用で増幅していく過程を直接解いている．個々の銀河の形成過程については，現時点では現象論的な取扱いをせざるを得ないが，銀河を「点」とみなし，その大域的な分布に着目する限りにおいては，信頼できる結果を与えると考えられる．比較のため，真中の図には現在もっとも標準的と考えられている宇宙論パラメータの組み合わせ $(\Omega_{\mathrm{m}}, \Omega_\Lambda, h) = (0.3, 0.7, 0.7)$ の場合，下図にはそれを意図的に $(\Omega_{\mathrm{m}}, \Omega_\Lambda, h) = (1, 0, 0.5)$ に変更した場合の結果が並べてある．

観測データ（図 1.12（上））と比較すると，前者の宇宙モデル（中）では観測される銀河分布のパターンが非常によく再現されていることが，一見して明らかである．一方，後者の宇宙モデル（下）では，泡構造がそれほど顕著でなくなり，実データとの一致が悪くなる．このような違いが現れた原因は，宇宙論パラメータの違いによって密度ゆらぎの分布や成長率が変化したためである．また，作業仮説として採用した CDM を他のダークマター候補に変更すると，さらに一致は悪くなる．2 点相関関数（3.5.2 節参照）などを用いてより定量的な解析をしても同様の結論が得られる．この結果は，観測される銀河分布から，宇宙モデルを峻別することが可能であることを意味している．現時点の銀河サーベイデータは，上で述べた標準的な宇宙論パラメータの値と CDM の組み合せを強く支持している．

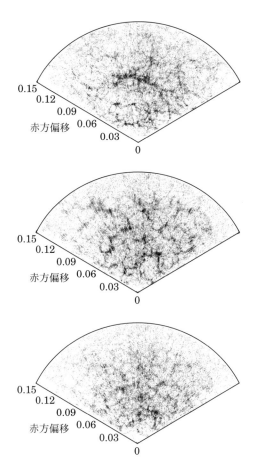

図 **1.12** 数値シミュレーションにより作り出された模擬銀河地図と観測データとの比較．上図が SDSS による観測データ，中図が現在もっとも標準的な宇宙モデル $(\Omega_\mathrm{m}, \Omega_\Lambda, h) = (0.3, 0.7, 0.7)$ でのシミュレーション結果，下図が $(\Omega_\mathrm{m}, \Omega_\Lambda, h) = (1, 0, 0.5)$ の場合のシミュレーション結果をそれぞれ示す．いずれも 1 辺は $z = 0.15$ で，中図と下図の銀河総数は，上図とほぼ一致させてある（日影千秋氏提供）．

1.3 高赤方偏移宇宙

1.3.1 写真乾板から CCD へ

光の速さは有限であるため，遠方の天体から我々に届く光は，それだけ過去の

26 第 1 章 宇宙の観測

情報を我々にもたらす．そのため，遠方宇宙の観測は，我々が認識する宇宙を空間的に広げるだけでなく，過去へ向かって時間的にも拡大させることになる．天文学の歴史は，いかに遠方の天体を観測するかの試行錯誤であったと言っても過言ではない．

1970 年代までの光学観測においては，写真乾板が主役であった．写真乾板上での長時間露出は，肉眼に比べておよそ 100 万倍の感度に対応する．この方法に基づいて，天球面上の $2'.6 \times 2'.6$ の領域を撮影したものが図 1.13（左上）で，黒い染みのようにぼんやりと映っているのが銀河である．撮影された領域の大きさは，右下の図上の満月の右上にある小さな 4 辺形と同じであり，月の直径の約 1/10 に相当する．もちろん，肉眼ではこの領域には何も見えない．

1980 年代以降は，CCD（Charge Coupled Device; 荷電結合素子）の普及によって，天文観測もアナログからデジタルの時代へと移行する．写真乾板が入射光子のせいぜい 2% 程度しか検出できないのに対し，CCD は実に 80% 近くを検出できるので，感度はさらに 100 倍程度向上した．天体の見かけの明るさは，距離の 2 乗に反比例して減少するので，同じ絶対光度を持つ天体に対しては観測できる宇宙の奥行きが約 10 倍に延びたことに対応する．口径 4 m 級の光学望遠鏡に搭載された CCD カメラによって上と同じ領域を撮影した結果が，図 1.13（右上）である．観測される銀河の数が劇的に増加している様子が明らかであろう．しかし，依然として像はぼやけており，銀河の詳細な形状を判別するのは困難である．これは，地上からの観測では，大気の温度ゆらぎが障害となり，解像度がせいぜい $1''$ 程度に制約されてしまうためである．

より鮮明な画像を得るためには，大気圏外から観測を行うことが必要となる．これを実現したのが，1990 年に打ち上げられた口径 2.4 m のハッブル宇宙遠鏡遠鏡（HST; Hubble Space Telescope）である．図 1.13 左下は，HST に搭載された CCD による，上の図二つとまったく同じ領域（HDF; Hubble Deep Field）の画像である．$0''.1$ 以下の解像度によって，さまざまな形状をした銀河の姿が鮮明に映し出されており，検出された銀河の総数は 1500 以上にものぼる．これらの銀河の中には，$z = 5$ を越える遠方に位置するものもあり，誕生後 10 億年足らずの宇宙の姿を今に伝えている．図 1.13 に示された変遷の軌跡は，観測技術の進歩によって，宇宙についての我々の認識がいかに拡大してきたかを端的に物語っている．

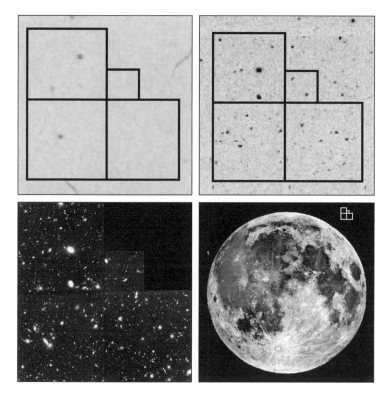

図 1.13 （左上）写真乾板で撮影されたハッブル・ディープ・フィールド（HDF）．（右上）地上望遠鏡（口径 4 m）上の CCD で撮影された HDF．（左下）ハッブル宇宙望遠鏡が撮影した HDF．（右下）満月と HDF の天球上での大きさの比較（デイビッド・クー（D. Koo）氏によるプロットを許可を得て転載）．

1.3.2 すばる望遠鏡が見た深宇宙

宇宙の観測では，画像の鮮明さとともに重要となるのが集光力であり，より多くの光子が検出されれば，それだけ詳細なスペクトル情報が得られることになる．集光力を上げるには，口径の大きな望遠鏡が必要となるが，人工衛星に搭載できる望遠鏡のサイズには制約があるので，地上観測の方が有利になる場合が多い．そこで，目的や対象天体に応じて，衛星と地上機器が使い分けられることになる．

可視光領域では，1990 年代から口径 8–10 m の大型望遠鏡の建設が相次いで

図 1.14　ハワイ・マウナケア山頂のすばる望遠鏡.

進められてきた．日本がハワイに建設したすばる望遠鏡（図 1.14）もその一つであり，単一鏡としては世界最大となる口径 8.2 m の主鏡を有している．

すばる望遠鏡は，その優れた集光力と広い視野を生かして，遠方宇宙の新たな姿を次々と明らかにしている．たとえば，図 1.15 は，今から約 130 億年前（$z \sim 5.7$）の銀河集団の姿である．これは，銀河が発するライマン α 輝線だけを選択的に探査することでまず候補天体を洗い出し，続いて詳細にスペクトルを測定する，という二段階の観測手法によって発見された（5.4 節参照）．近傍では数百から数千に及ぶ銀河が密集するのに対し，この図の右側のパネルには，数個程度の銀河が比較的小規模な集団を形づくっている様子が映し出されている．これは，重力の作用によって小規模な集団が徐々に集積し，現在の大規模構造へと成長していく途中段階にあるためと考えられる（第 4 巻 10 章参照）．

このような銀河集団の候補は，他にも複数見つかっており，少なくとも $z \sim 6$ の宇宙には，すでに多数の銀河が存在し，大規模構造が形成され始めていたことが示唆されている．これらの観測データを構造形成の理論と詳細に比較するためには，高赤方偏移におけるバイアスの起源と進化を解明しなければならないが，現在までのところ 1.2.4 節で述べた CDM モデルとの明らかな矛盾は見つかっていない．

1.3.3　クェーサーサーベイと宇宙再電離

銀河と並んで遠方宇宙を探る有力な手がかりとなるのが，クェーサーと呼ばれる天体である．クェーサーは，通常の銀河の 100 倍にも及ぶ明るさを持つが，非

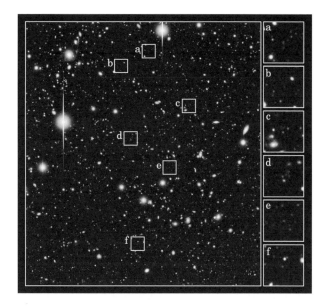

図 **1.15** すばる望遠鏡が発見した $z=5.7$ の銀河集団．領域 a–f を拡大したものが右側のパネル（国立天文台提供．http://subarutelescope.org/Pressrelease/）．

常にコンパクトで，見かけ上星に似ているため，かつては準星とも呼ばれていた．また，クェーサーの中心には 10^7–$10^9 M_\odot$ 程度の巨大ブラックホールが存在すると考えられている．原始銀河と何らかの関係を持つ可能性が高いが，その詳細はまだ明らかにはなっていない．

1.2.2 節で述べた SDSS では，近傍の銀河に加えて，図 1.16（30 ページ）のような高赤方偏移クェーサーの地図も作成されている．これによって，銀河を用いて調べられるよりもはるかに大きな領域にわたって，大規模構造が広がっている様子が明らかになってきた．クェーサーの形成・進化には今なお不明な点が数多く残されているので，得られた分布をもとにそれらについての有益な情報を引き出そうとする研究が進められている．

クェーサーは，それ自身が重要な研究対象であると同時に，そのスペクトルは宇宙空間についての貴重な情報源となる．クェーサーが発した光は，我々のもとに届くまでに，途中の宇宙空間に存在するガスによる吸収を受けている．

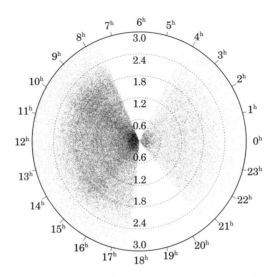

図 1.16 SDSS によって得られたクェーサー地図.中心が我々の位置に対応し,$z<3$ の範囲にある 52724 個のクェーサーの位置が示されている.

ただし,光の波長は赤方偏移によって変化するので,同一の遷移による吸収でも,吸収体の位置によって異なる波長に影響が現れる.たとえば,$z_1 = 3$ に存在する中性水素が自らの静止系で波長 $\lambda_1 = 1216\,\text{Å}$ のライマン α 線を吸収すると,我々のもとに届くまでにその吸収線の位置は波長 $\lambda'_1 = 1216(1+z_1)\,\text{Å} = 4864\,\text{Å}$ に赤方偏移される.また,$z_2 = 5$ に存在する中性水素であれば,同じライマン α 吸収線が,波長 $\lambda'_2 = 1216(1+z_2)\,\text{Å} = 7296\,\text{Å}$ に観測される.つまり,波長ごとに,異なる地点における吸収体の情報を得ることができるのである.このような吸収体を総称して「クェーサー吸収線系」と呼ぶ.

図 1.17 は,SDSS によって新たに発見された四つのクェーサーのスペクトルである.まず,$z = 5.80$ のクェーサーに着目すると,波長 8300 Å 付近に,クェーサー自身が発するライマン α 輝線(吸収線ではない)がピークを持ち,その短波長側が長波長側に比べて深く削られている.これはまさに我々とクェーサーの中間に存在する中性水素によるライマン α 吸収線のために他ならない.ライマン α 吸収線は,8300 Å よりも短波長側に森のように密集しているため,「ライマン α の森」とも呼ばれている.ただし,ごく微量の中性水素によってもライマン α 線

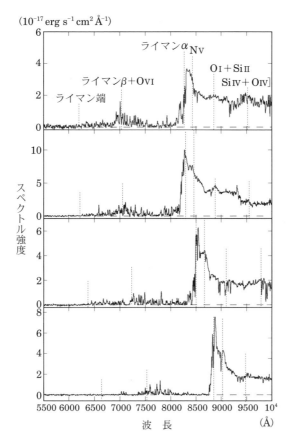

図 1.17 クェーサーのスペクトルに現れた吸収線．上から順に $z = 5.80, 5.82, 5.99, 6.28$ に位置する四つのクェーサーのスペクトルが並べられている．もっとも強い輝線が，クェーサー自身が発した水素ライマン α（静止系での波長 1216 Å）線であり，その短波長側が，銀河間空間での吸収を受けている（Becker et al. 2001, AJ, 122, 2850）．

は強い吸収を示すため，これだけ吸収線が顕著であっても宇宙の中性化率は 1 よりもはるかに小さく，宇宙はほぼ完全に電離されていることを注意しておこう．

このようにして宇宙の電離状態を探る手法は，提唱者の名を取ってガン–ピーターソン検定と呼ばれ，より低赤方偏移のクェーサーについては，1960 年代か

ら試みられてきた．その結果，$z < 5$ の宇宙空間はほぼ完全に電離されていると
いう驚くべき事実が明らかになっていた．これは，$z_{dec} \simeq 1100$ に一度中性化し
た宇宙が，$z = 5$ までの時期に再び電離されたことを意味する．しかしながら，
再電離がいつ起こったのかはまったく不明であった．

再び図 1.17 に目を戻すと，より高赤方偏移に行くにつれて吸収は徐々に強く
なり，$z = 6.28$ のクェーサーのスペクトルでは，ライマン α 輝線の短波長側が
ほぼ完全に吸収されている．この段階でも宇宙はなお電離状態にあるが，過去に
向かって中性化率が徐々に上昇する傾向が見え始めたと解釈できる．このよう
に，宇宙再電離の現場を直接観測できる時代になってきた．

1.3.4 さらに宇宙の果てを探る

とは言え現在見つかっている最遠の天体は，$z \sim 11$ までにとどまっている
（表 1.1）．一方，標準的な構造形成の理論からは，$z \sim 20$ にはすでに小型の銀河
が形成し始めたと予想されるので，両者の間には依然として溝が存在する．ま
た，遠方の宇宙を調べて，宇宙再電離のメカニズムを解明するという大きな課題
も残されている．

そこで，さらに遠方の天体を観測しようとする試みが，活発に進められてい
る．ただし，銀河やクェーサーの有力な指標として従来用いられてきた水素ライ
マン α 線などの観測波長は，$z > 7$ では可視光から外れ，赤外線領域に移動す
る．また，宇宙が再電離する前に現れた天体の場合，水素ライマン α 線は周囲
の中性ガスによって散乱されて観測できない可能性が高いので，別の指標が必要
となる．このように，高赤方偏移の観測では，近傍とは異なる波長帯での技術開
発，観測手法が要求される．実際に，可視光に限らず，赤外線や電波，X 線など
多波長において次世代観測機器の開発計画が進められている．これらの計画に
よって，我々が観測できる宇宙のフロンティアは，今後数十年の間にますます拡
大していくものと期待される．

1.4 宇宙マイクロ波背景放射の温度ゆらぎ

1.4.1 宇宙の晴れ上がり

前節では $z \sim 11$ までの天体がすでに観測されていることを述べたが，それで
はいったい，我々は宇宙をどこまで観測することができるのだろうか？

電磁波による観測が可能であるためには，少なくとも放射源から発せられた光子が我々に届くまでの間，散乱されずに直進できなければならない．たとえば，我々が太陽の表面しか見ることができないのは，太陽内部では光子が頻繁に散乱されて平均自由行程が短いためである．

これとよく似た状況が宇宙の進化の過程でも起こるが，その境界となるのは 1.1.3 節で述べた，放射と物質の熱平衡が切れる時期 $z_{dec} \simeq 1100$ である．これ以前の宇宙は電離したプラズマ状態にあるため，光子は自由電子に散乱されて直進することができない．一方，z_{dec} 以降では，自由電子が急減するため，光子の平均自由行程は十分に長くなって，我々のもとまで届くことが可能となる．言わば，「曇り」から「晴れ」の状態に宇宙が移行するので，この時期は「宇宙の晴れ上がり」とも呼ばれる．

したがって，晴れ上がりの時点での宇宙の姿，すなわち CMB が，電磁波で直接観測できる原理的限界となる．これより遠方（過去）の宇宙の姿を探るためには，電磁波よりもずっと相互作用の弱いニュートリノや重力波を用いなければならない．これらは次世代の天文学の重要な課題である．

1.4.2 温度ゆらぎの発見

CMB の特筆すべき性質の一つに，その等方性がある．1965 年のペンジアスとウィルソンによる発見以来，数々の観測は一貫して CMB が等方的であることを示した．これは，晴れ上がりの時点での宇宙が均一であったことを意味しており，宇宙が大局的には一様等方であるとする宇宙原理の証拠となっている．

しかし次に問題となったのは，「では，非一様性はまったくなかったのか？」という点である．もし過去の宇宙が完全に均一であったとすると，現在の大規模構造をはじめとする非一様な構造の形成はきわめて困難となる．そこで，構造形成の種となるようなわずかな非一様性の痕跡を探す試みが行われたが，なかなか見つからなかった．

この問題に決着をつけたのも 1.1.3 節に述べた COBE（図 1.7）であった．COBE には，FIRAS（Far-Infrared Absolute Spectrometer; 遠赤外絶対分光計），DMR（Differential Microwave Radiometer; 差動型マイクロ波測定器），DIRBE（Diffuse Infared Background Experiment; 拡散赤外背景放射実験装

置）と呼ばれる三つの検出器が搭載されており，このうち黒体放射スペクトルの精密測定を行ったのが FIRAS である．

　一方，DMR は，CMB の平均温度からの「ずれ」を $\sim 10^{-5}$ K の精度で測定するための装置である．そもそも CMB の平均温度（$T_0 = 2.725 \pm 0.001$ K）の絶対値には測定誤差が 10^{-3} K もあるので，これよりも 2 桁小さなずれを測定するのは容易ではない．そこで DMR では，天球面上の異なる 2 点を同時に観測し，それぞれの温度の差を取る「差分検出法」と呼ばれる手法が用いられた．CMB 温度の絶対値には依存しない，相対的な測定である．これによって，2 点に共通して寄与する CMB 平均温度や衛星の熱雑音を巧妙に取り除き，ずれ成分だけを検出することが可能となった．また，三つの異なる周波数（31.5, 53, 90 GHz）で測定を行うことで，CMB とは異なるスペクトルを持つ銀河からの放射を分離しやすいようにも設計されている．

　COBE/DMR によって得られたマイクロ波全天地図が図 1.18 である．差分検出法によってまず現れたのは，ある特定の方向（しし座付近）だけ温度が高く，その反対方向は逆に温度が低くなっている様子であった（図 1.18（上））．これは「2 重極成分」と呼ばれ，太陽系自身の運動によるドップラー効果によって生じると考えられる．測定された温度変化の最大値 3.35×10^{-3} K は，運動速度 $370 \,\mathrm{km\,s^{-1}}$ に対応する．これは，太陽系が，銀河系の回転（$\sim 220 \,\mathrm{km\,s^{-1}}$）や銀河系全体の特異速度（$\sim 600 \,\mathrm{km\,s^{-1}}$）などの総和として，CMB に対してこの速度で運動していると解釈することができる．2 重極成分の存在は，CMB が銀河系内で局所的に生み出されたのではなく，宇宙論的な起源によることの紛れもない証拠でもある．

　2 重極成分を取り除くと，次に目につくのは，中央付近を占める銀河面からの放射である（図 1.18（中））．銀河面を削り，複数の波長のデータを用いてその他の領域からも銀河放射を差し引いた結果（図 1.18（下）），小さな温度のむらが全天を覆っていることが明らかになった．ついに CMB 非等方性が検出されたのである．COBE/DMR の空間分解能は $\sim 7°$ であり，この角度スケールにおける温度ゆらぎの標準偏差は $35 \pm 2 \,\mu$K であった．

　検出された CMB 非等方性は，宇宙の晴れ上がりの時点において，放射のエネルギーがわずかにゆらいでいたことの痕跡である．この時点までは，光子–電子

図 1.18 COBE/DMR が測定した CMB 非等方性の全天地図．（上）差分検出法によって，CMB の平均成分を除いた後の温度分布．（中）太陽系の運動による 2 重極成分を除いた後の温度分布．中央で横方向に帯状に広がっているのが銀河面であり，その領域は CMB とは関係ない．（下）銀河面を削り，銀河からの放射を取り除いた後の温度分布．いずれも，CMB の平均温度よりも高温の領域が薄い色，低温の領域が濃い色で表されている（ただし，銀河面は除く）．また，天球面の全方向を平面に投影しているため，地球表面を世界地図に表すのと同じ原理で楕円形に表示される（Bennett *et al.* 1996, *ApJL*, 464, 1）．

の弾性散乱，電子–陽子のクーロン散乱によって，放射と物質は互いに結合していたため，同時に物質の密度もゆらいでいたと考えられる．つまり，CMB 温度のゆらぎを通じて，現在の構造の起源となるべき密度ゆらぎが見つかったと言え

36 第1章 宇宙の観測

る．この業績に対して，2006年ノーベル物理学賞がマザー（J. Mather）とスムート（G. Smoot）に与えられた．

1.4.3 温度ゆらぎの空間分布

CMB温度ゆらぎが発見されると，そこからどのような情報が引き出せるかが次の課題となる．残念ながら，COBE/DMRの角度分解能（7°）では，詳細な宇宙論的解析を行うには不十分であった．地上望遠鏡や気球等を使った観測が数多く試みられたが，決定的な全天データが得られたのは，2001年に打ち上げられた米国の探査機WMAP（Wilkinson Microwave Anisotropy Probe）によってである．

WMAPは，五つの周波数（23, 33, 41, 61, 94 GHz）において観測を行い，COBEの45倍の感度と33倍の角度分解能（もっとも解像度の良い94 GHzで0.2°）を達成すべく設計されている．COBE/DMRで成功を収めた差分検出法も採用された．温度分布に加え，直線偏光も同時に測定され，情報量は飛躍的に増加した．さらに欧州宇宙機構が2009年に打ち上げたPlanck衛星は，観測の検出精度と角度分解能をさらに向上させ，精密科学としての宇宙論を確立した．図1.19は，COBE，WMAP，Planckの3つのCMB専用観測衛星の比較である．

図1.20（38ページ）に，WMAPのデータによるCMB温度ゆらぎの全天地図を示す．COBEの結果（図1.18）に比べ，格段に解像度が向上していることが一目瞭然である．また，中心付近に見られる銀河面からの放射が高周波数ほど弱くなっていく一方で，その他の温度むらは非常に似通っている．これは，銀河成分が周波数とともに減少するスペクトルを持つのに対し，CMBによる黒体放射成分は全周波数で同じ温度を持つためである．このような特性を利用して，銀河放射の寄与を取り除き，CMB成分を足し上げた結果が，中央に示されている．電磁波で観測可能な最古の宇宙の地図である．

温度ゆらぎの全天地図を定量的に解析するには，2次元球面上での「パワースペクトル」と呼ばれる統計量が広く用いられている．これは，天球面上の各点（角度座標 θ, φ で表す）における温度ゆらぎ $\delta T/T$ を，球面調和関数 $Y_{\ell m}(\theta, \varphi)$ を用いて

$$\frac{\delta T}{T}(\theta, \varphi) = \sum_{\ell=2}^{\infty} \sum_{m=-\ell}^{\ell} a_{\ell m} Y_{\ell m}(\theta, \varphi) \tag{1.17}$$

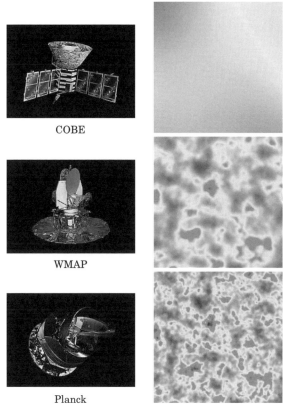

図 **1.19** 3つの CMB 観測衛星とその角度分解能の進歩（口絵3参照）．天球上の10平方度の同じ領域を3つの CMB 探査機で観測した際の画像の比較．角度分解能はそれぞれ大まかには7度，12分，5分であり，より細かい CMB の温度パターンが鮮明に観測できるようになって来た進歩の足跡が明らかである（NASA: https://www.nasa.gov/mission_pages/planck/multimedia/pia16874.html）．

と展開した係数 $a_{\ell m}$ を用いて

$$C_\ell \equiv \frac{1}{2\ell+1} \sum_{m=-\ell}^{\ell} |a_{\ell m}|^2 \tag{1.18}$$

と定義される．天球面上の2点相関関数のルジャンドル変換（局所的に平面で近

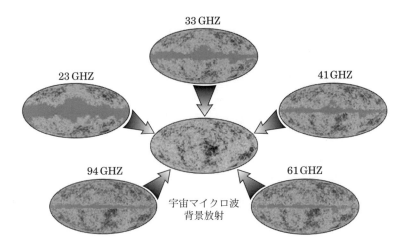

図 1.20　WMAP による CMB 全天地図（http://map.gsfc.nasa.gov/）．2 重極成分のみを除いた 5 バンドでの地図と，それらを組み合わせて銀河成分を除いた地図（中央）（Bennett et al. 2003, ApJS, 148, 1）．

似できる範囲内では，2 次元フーリエ変換に帰着する）とも等価である．ℓ は多重極モーメントの次数を表し，天球面上での角度間隔 θ と $\ell \sim \pi/\theta$ という関係にある．$\ell = 0$（単極成分）は CMB 温度の平均温度を表し，$\ell = 1$（2 重極成分）は太陽系の運動で占められていると考えられるので，通常の解析では除外される．

図 1.21 に，Planck によって得られた C_ℓ を示す．まず目につく特徴として，$\ell \sim 200$ に高いピークが存在するが，これは温度のむらが平均的に $\theta \sim 1°$ の間隔で天球上に分布する傾向があることを示している．その他にも，$\ell \sim 550$ に低いピークを持つこと，$\ell < 10$ でゆるやかに減少すること，などいくつか特徴が挙げられる．詳しくは 4 章に譲るが，これらはいずれも宇宙の幾何学的性質や物質組成，密度ゆらぎの初期分布等を反映しており，宇宙論パラメータの決定において重要な役割を果たす．

1.4.4　温度ゆらぎが明らかにしたこと

CMB 観測の大きな利点の一つに，データ解釈における系統的不定性の小ささがある．少なくとも WMAP や Planck が調べた角度スケールと周波数帯におい

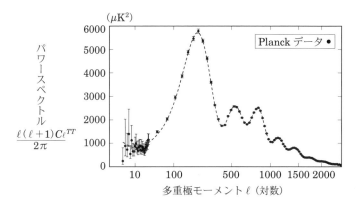

図 1.21 Planck のデータによる CMB 温度ゆらぎパワースペクトル．破線は，観測をもっとも良く再現する理論曲線．

ては，CMB 以外の成分の寄与を取り除くことが比較的容易であり，理論モデルと直接比較ができる．また，ゆらぎの大きさが $\sim 10^{-5}$ と非常に小さいので，そのふるまいを理論的に正確に記述することができる．これは，数々の系統的不定性が介在する銀河サーベイの例（1.2 節）とは対照的である．無論，銀河サーベイでしか得られない情報も数多くあるので，両者が相補的な関係にあることは言うまでもない．

そこで図 1.21 には，理論的に予言されたパワースペクトルがそのまま重ねてプロットしてある．密度ゆらぎの進化過程は，宇宙の幾何学的性質や物質組成等に依存するので，理論曲線にはいくつかのパラメータが含まれることになり，それらは観測データとの比較によって決定される（表 1.5（40 ページ））．ただし，ごく少数のパラメータを調整しただけですべてのデータ点を満足に再現できるかどうかは決して自明ではない．図 1.21 に示された両者の見事な一致は，膨張宇宙における密度ゆらぎの進化理論の正しさを実証していると言える．

表 1.5 は，Planck のデータと理論との比較から直接決定された宇宙論パラメータの一覧である（4.4 節参照）．これらのパラメータをもとにすると，宇宙年齢や晴れ上がりの時刻（表 1.1）なども導かれる．ここで得られたパラメータの値は，HST によるハッブル定数（1.1.1 節，4.4.2 節），軽元素の存在比にもとづくバリオン密度パラメータ（1.1.2 節），Ia 型超新星を用いた宇宙定数パラメータ（1.6.2 節，2.2.2 節）などの，独立な測定値とも比較できる．それらの相互比

表 1.5 宇宙論パラメータ.

記号	測定値	意味
$\Omega_{\mathrm{m}}h^2$	0.1430 ± 0.0011	物質密度パラメータ
$100\Omega_{\mathrm{b}}h^2$	2.237 ± 0.015	バリオン密度パラメータ
$\Omega_{\mathrm{DM}}h^2$	0.1200 ± 0.0012	ダークマター密度パラメータ
Ω_Λ	0.6847 ± 0.0073	無次元宇宙定数パラメータ
H_0	67.36 ± 0.54	ハッブル定数
n	0.9649 ± 0.0042	密度ゆらぎの原始スペクトル指数
τ_e	0.0544 ± 0.0073	宇宙の晴れ上がりから現在までのトムソン散乱に対する光学的厚み

Planck のデータから得られた宇宙論パラメータを，その 68%の信頼領域とともに示す（Planck Collaboration, "Planck 2018 results. VI. Cosmological parameters", arXiv:1807.06209）．ここでは，平坦な宇宙（$\Omega_{\mathrm{tot}} = \Omega_{\mathrm{m}} + \Omega_\Lambda = 1$. また $\Omega_{\mathrm{m}} = \Omega_{\mathrm{DM}} + \Omega_{\mathrm{b}}$ である）が仮定されている．

較を通じて，宇宙論パラメータの値のより信頼度の高い検証が進められている．

CMB データから得られる結論でまず重要なのは，宇宙の組成である．表 1.5 から

$$\Omega_{\mathrm{b}} < \Omega_{\mathrm{m}} < \Omega_{\mathrm{tot}} \tag{1.19}$$

が成立することが分かる．最初の不等号は，宇宙に存在する物質のうちバリオンは一部を占めるに過ぎず，バリオン以外の物質成分が主成分となっていることを意味する．これが「（非バリオン）ダークマター」に対応する．また，次の不等号は，ダークマターを含めた物質の他にも，宇宙のエネルギー密度に寄与する成分がさらに存在することを示している．式（1.15）から明らかなように，現在の宇宙のエネルギー密度に対する光子の寄与は無視できる．そこで，この未知の過剰成分は「ダークエネルギー」と呼ばれている．アインシュタインが導入した宇宙定数（1.6.1 節参照）は，ダークエネルギーの一形態として理解することができる．これらの未知成分の実態については，次節以降でより詳しく解説する．

また，Ω_{tot} が精度良く測定されたことは，宇宙の幾何に加えて，宇宙の時間進化の大枠がほぼ定まったことを意味する．表 1.1 に示したような宇宙時刻がある程度正確に決められるようになったのは，こうした理由による．また，$\Omega_{\mathrm{tot}} =$

1（宇宙の平坦性）と $n_s = 1$（スケール不変な原始ゆらぎスペクトル）がいずれも誤差の範囲内で満たされたことは，宇宙初期に急激な膨張期が存在したとするインフレーション理論（第2巻6章参照）を強く支持する結果である．

さらに，測定された τ_e の値は，CMB 光子の散乱確率にほぼ対応しており，全 CMB 光子の1割近くが我々のもとに届く途中で自由電子によって散乱されたことを意味している．これは，一度晴れ上がった宇宙が再び電離されたことを示唆しており，1.3.3節で述べたガン–ピーターソン検定の結果を強力に裏づけている．再電離がいつ起こったかはまだ正確には分からないが，約6億年後である可能性が高い．また，再電離を引き起こす要因としては，宇宙初期に誕生した星やブラックホールから放射された紫外線光子が有力視されているが，観測的にも理論的にも不明な点が多く残されており，まだ確定していない．

1.5　ダークマター

前節で述べた CMB 温度ゆらぎの観測は，宇宙に存在するダークマターの総量を高い精度で決定したが，実はダークマターの存在は，1930年代から数々の観測データに基づいて指摘されてきた．ダークマターは電磁波を放射・吸収しないため，力学的な方法を用いることでその質量が測定されている．一般に，天体の質量を測定するのは非常に困難な作業であり，個別には系統的不定性が排除できないが，多数の独立した測定が一貫してその存在を示唆してきた事実は注目に値する．本節では，これらのうちの代表的な方法について解説し，ダークマターの実体について現在までに何が分かっているのかを解説する．

1.5.1　銀河に付随するダークマター

銀河に付随するダークマターの強力な証拠は，渦巻銀河の回転曲線である．渦巻銀河は，星やガスが円盤状に回転することで重力に対して支えられているので，円盤の回転速度 V_c からその内側に存在する力学的質量 M が求められる．銀河中心からの距離を r とすると，重力と遠心力とのつりあいより，次式が成り立つ．

$$V_c^2 = \eta \frac{GM}{r}. \tag{1.20}$$

ここで，G は重力定数であり，η は系の形状に依存した係数で1付近の値を取る．

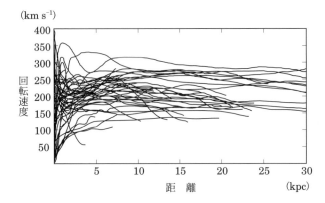

図 1.22 渦巻銀河の回転曲線．横軸は銀河中心からの距離，縦軸は各地点における回転速度を表し，多数の渦巻銀河についての測定結果が重ねられている（Sofue & Rubin 2001, *ARA&A*, 39, 137）．

　回転速度は，渦巻を構成する星やガスを分光観測し，輝線や吸収線のドップラー効果を測定することで求まる．中性水素ガスの 21 cm 線（水素原子の電子スピンと原子核スピンに起因する超微細構造準位間の遷移による輝線）を電波で捕える方法がもっとも一般的である．ガスは星よりも拡がって分布しているため，この方法では星のほとんど存在しない銀河の外縁部までの質量が測定できる．もし銀河質量の大半が星であるとすると，式 (1.20) より，V_c は銀河の外側では，$r^{-1/2}$ に比例して減少することが期待される．しかし，実際に観測された回転速度は，可視光で輝く銀河面の大きさの何倍もの距離までほぼ一定であり，M が r にほぼ比例して増加し続けることを示している（図 1.22）．21 cm 線で観測可能な領域内の力学的質量は，星とガスの総質量の数倍から 20 倍程度にものぼり，一般に暗い銀河ほどダークマターの割合が大きい．

　また，銀河のもう一つの主要形態である楕円銀河にもダークマターは存在している．楕円銀河はほとんど回転をしていない系であり，星はランダムに飛び回ることによって，重力とのつりあいを保っている．したがって，原理的には星の運動から楕円銀河の質量を求めることができるが，実際に観測でこれが可能なのは銀河のごく中心部のみである．幸い楕円銀河には，星や球状星団の他に，温度 10^7 K 程度のガスが付随して X 線で輝いているので，このような高温ガスを閉

 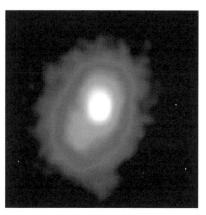

図 1.23　可視光（左）と X 線（右）での銀河団 RX J1347.5–1145 の画像．可視光では銀河，X 線では高温ガスが写っている．いずれも 1 辺の長さは約 600 kpc．左図で，銀河団中心を円状に取り囲むように見える複数の像は，強い重力レンズ効果を受けた背景銀河である（田中壱氏，太田直美氏提供）．

じこめておくことのできる重力の大きさから，その質量が評価できる．球対称の近似のもとで，力学平衡の式は，

$$-\frac{1}{\rho}\frac{dp}{dr} = \frac{GM}{r^2} \tag{1.21}$$

となる．ここで，ρ はガス密度，p は圧力である．左辺は，X 線スペクトルからガス温度と組成，X 線強度からガス密度を求めることによって決まる．この方法から推定された総質量は，星とガスを合わせた質量の 5–10 倍になる．

1.5.2　銀河団に付随するダークマター

　銀河よりさらに大きな階層である銀河団にも，ダークマターが付随することが，少なくとも三つの独立な方法で測定されている．

　まず第 1 は，前述した楕円銀河と同様，X 線観測による方法である．銀河団にも温度 10^7–10^8 K のガスが付随し，X 線で輝いている．図 1.23 には，全天でもっとも X 線光度の大きな銀河団 RX J1347.5–1145 の可視光と X 線における画像を比較してある．興味深いことに，高温ガスの量は銀河の総和の 5 倍以上にもなるので，銀河団は単なる銀河の集団というよりもむしろ巨大なガスの塊

に近い．この高温ガスに対し，球対称，力学平衡を仮定すると，式 (1.21) が適用できる．たとえば，銀河団 RX J1347.5−1145 に対しては，X 線衛星チャンドラ（Chandra）による観測から，半径 $500h^{-1}$ kpc 以内の総質量が $M = (5.7^{+1.9}_{-1.2}) \times 10^{14}h^{-1}M_\odot$ と見積もられている．この値は，同じ領域内に存在する高温ガスと銀河を合わせた質量の約 6 倍である．同様の方法によって，現在までに 100 に及ぶ銀河団の質量が X 線観測から求められているが，そのすべてにおいてダークマターの存在が確認されている．

第 2 は，重力レンズ効果を使う方法である（2.3 節参照）．これは，遠方の天体からの光が，我々に届く途中にある重力場によって，あたかもレンズを通過したかのように曲げられる性質を利用したもので，レンズとなる天体の質量分布を直接探ることを可能にする．基本的に，重力場を生み出す天体の質量が大きくて，遠くに存在するほど強い効果となるので，$\sim 10^{15}M_\odot$ の巨大な質量を持ち，$\sim$ Gpc の遠方にまで存在する銀河団は理想的なレンズとなる．

銀河団が引き起こす重力レンズ効果には，おもに，背後の銀河やクェーサーの像を複数に分離する「強い重力レンズ」と，像を歪ませるだけの「弱い重力レンズ」の二つがある．強い重力レンズは，もっとも正確にレンズ天体の質量を決定できる．しかし，分離された像が現れる角度スケールが，銀河団全体のひろがりよりも小さいため，銀河団の一部分の質量しか測定できない．より広い領域での質量を求めるには，弱い重力レンズの方が適している．弱い重力レンズでは，銀河団背後に存在する多数の銀河の形の歪み方が，場所ごとに相関を持つことを利用して，銀河団の質量分布を再構築する．たとえば，銀河団 RX J1347.5−1145 に対しては，約 3000 個の銀河を用いた統計解析によって総質量が求められており，上で述べた X 線による測定とほぼ一致した結果が報告されている．

第 3 は，銀河団中をランダム運動する銀河の速度分散を用いる方法である．実は，1933 年にツヴィッキー（F. Zwicky）によって初めてダークマターの存在が指摘されたのは，この方法によってであった．銀河団が力学的に十分緩和した系であると仮定すると，系の全運動エネルギー K と全ポテンシャルエネルギー U の間にビリアル定理 $2K + U = 0$ が成り立つ（ビリアル平衡にあると呼ばれる）．これより，式 (1.21) と類似の関係式

$$\sigma^2 = \frac{GM_V}{\kappa R_V} \tag{1.22}$$

が得られる．ここで，σ は銀河団の重心運動に対する銀河の速度分散，M_V と R_V はビリアル定理が成り立っている領域の総質量と半径，κ はこの領域内の密度分布に依存した係数で 2 程度の値をとる．速度分散は，多数の銀河の分光観測によりその視線成分が求められ，通常は運動の等方性を仮定して 3 次元成分を得る．この方法によって推定される総質量も，電磁波で輝く成分の質量を一律に上回っている．

　無論，上の三つの方法はそれぞれ不定性を抱えている．第 1 の X 線による方法の最大の制約は，球対称と力学平衡の仮定である．実際に観測される銀河団には球対称から大きくずれた形をしていたり，衝突など動的進化の兆候を示していて平衡状態にあるとは思えないものがある．第 2 の弱い重力レンズによる方法では，銀河団背後の銀河までの距離についてモデル化が必要であることに加え，視線方向に射影された質量を原理的に測定している点に注意が必要である．第 3 の速度分散を用いた方法も，平衡からのずれ，銀河運動の非等方性などが，不定性の要因となる．このため，異なる方法で算出した質量の値が，互いに 2–3 倍程度ずれている場合もある．

　しかし，強調すべきなのは，これらの不定性は各方法ごとに独立に影響を及ぼすため，系統的に質量を過大評価（しかも，すべて同程度に！）させたとは考えにくいことである．また，各銀河団ごとにも影響の現れ方は異なるので，質量が測定されている銀河団の結果をすべて覆すことは難しい．

1.5.3 　ダークマターの総量

　個々の銀河，および銀河団の力学質量を宇宙全体で足し上げると，宇宙の質量密度に対するこれらの天体の寄与が求められる．ただし，すべての銀河，銀河団の質量を測定することはできないので，実際には，質量が測定されている銀河，銀河団のデータを元に，質量と光度の比を適当に仮定して，光度の和を質量に換算する．この結果，物質密度パラメータの下限 $\Omega_m > 0.1$–0.2 が得られている．近傍での観測から宇宙の物質密度を推定する方法は，この他にも多数あるが，ほぼすべてが $\Omega_m = 0.2$–0.4 を支持しており，CMB 温度ゆらぎによる測定結果（表 1.5）とも整合している．

　一方，現在我々が電磁波で確実に観測できる物質は，銀河の星と銀河団の高温

ガスによって大半が占められていて，その総量は，

$$\Omega_{\text{lum}} = 0.003\text{--}0.01 \tag{1.23}$$

と見積もられている．つまり，宇宙全体で足し合わせても，輝く物質をはるかに上まわる量のダークマターが必要であることが結論される．

1.5.4 ダークマターとダークバリオン

それでは，ダークマターの実体は何であろうか？ もっとも自然なのは，我々の身近にもあるような，陽子，中性子といったバリオンだろう．しかし，式（1.19）が示すように，ダークマターのすべてをバリオンによって説明することは不可能であり，必然的に非バリオン物質を考えざるを得ない．

といっても，バリオン物質のすべてが電磁波で検出されているわけではないことにも注意が必要である．式（1.23）と表 1.5 からは，式（1.19）に加え，

$$\Omega_{\text{lum}} < \Omega_{\text{b}} \tag{1.24}$$

が示唆される．つまり，電磁波で検出されている以上のバリオンが宇宙には潜んでいることになる．この過剰成分をダークマターの一部に含める文献もあるが，最近では混同を避けるために両者を区別し，未検出のバリオン物質をダークバリオン，非バリオン物質をダークマターと呼ぶことが多い．

ダークバリオンには，少なくとも二種類の候補が存在する．その一つは，暗すぎて観測にかからないような天体，すなわち，褐色矮星，白色矮星，中性子星，ブラックホールなどである．もし，これらの天体（総称して MACHO; MAssive Compact Halo Object）が無数に我々の銀河を取り巻いて飛び回っていると，それが背景にある星の視線をたまたま横切る瞬間に，重力レンズ効果を引き起こして星を増光させる．この現象はマイクロレンズと呼ばれ，増光の仕方が時間対称であることと波長に依らないことで通常の変光星とは区別される．現在までのMACHO 探査からは，MACHO が銀河の全ダークマターを説明することはできないものの，ダークバリオンの総量に対してある程度の寄与をし得ることが指摘されている．

より有力なもう一つの候補は，銀河間空間にうすく広がった 10^6–10^7 K の暖かいガスである．大規模構造形成に関する数値流体シミュレーションからは，宇

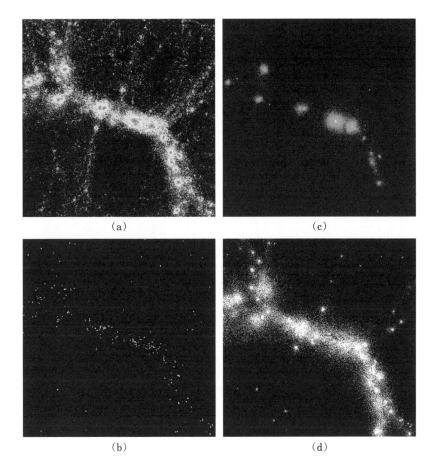

図 1.24 数値シミュレーションによって得られた物質の分布（口絵 4 参照）．ダークマター（a），銀河 (b)，銀河団に付随する高温ガス（c），未検出のダークバリオン（d）の分布が対比されている（吉川耕司氏提供）．

宙のバリオンの大半は，孤立した銀河や銀河団の内部ではなく，それらが重力によって互いに連結した大規模構造の中にあり，重力エネルギーの解放や超新星爆発などによって加熱されていると予想されている．そのような予想の一例が図 1.24 であり，ダークバリオンが銀河や銀河間高温ガスの存在している領域の外側に大量に存在し，フィラメント状をなして広がっていることを示している．こ

のような暖かいガスは，密度が低いために観測が難しいが，将来はX線や紫外線などで検出される可能性が高い．

1.5.5 非バリオンダークマターへの制限

ダークマターは，(a) 光子とほとんど相互作用をしない，(b) 質量を持つ，(c) 宇宙年齢以上の寿命を持つ，(d) 銀河スケール（$\sim 10\,\mathrm{kpc}$）以内に局在できる，という四つの条件を満たす必要がある．これらを満たす非バリオン粒子は，素粒子物理学の標準理論の枠内には存在しないが，標準理論を拡張した理論でその存在が予言されている，質量を持つニュートリノ，超対称性粒子，アクシオン（第2巻5章参照）などが候補になり得る．このうち現時点で存在が確認されているのはニュートリノだけである．ダークマターの実体を特定するには，素粒子実験の進展が不可欠であることは言うまでもないが，宇宙の観測からも，その性質をある程度探ることが可能である．

宇宙の進化の観点からは，ダークマターは，粒子の速度が大きな「熱いダークマター」（HDM; Hot Dark Matter）と，小さな「冷たいダークマター」（CDM; Cold Dark Matter）に分類される．より厳密には，宇宙初期において粒子の生成・消滅が止み，粒子数が固定された段階での平均的速度の大小による分類である．その後，宇宙膨張とともに粒子の運動エネルギーは減少するので，HDMであっても現在の速度が光速に近いわけではない．質量をもつニュートリノはHDMの代表例であり，超対称性粒子やアクシオンはCDMに属する．

ダークマターの種類の違いは，宇宙の構造の進化に決定的な違いをもたらす．HDMの場合には，粒子自身がランダムに動きまわるため，ある一定の大きさの領域内の密度ゆらぎはならされてしまい，天体の形成が阻害される．たとえば，ニュートリノ（添字 ν で表す）に対してこの領域の質量スケールを計算すると，

$$M_\nu \simeq 4 \times 10^{15} \left(\frac{\sum\limits_{i=e,\mu,\tau} m_{\nu,i}}{10\,\mathrm{eV}} \right)^{-2} M_\odot \tag{1.25}$$

となる．右辺の和は，ニュートリノの全世代について取る．ニュートリノ質量 m_ν の値は不定であるが，最近の素粒子実験からは，3世代のニュートリノがいずれも $3\,\mathrm{eV}$ を越える可能性は低い．したがって，上式の右辺の値は，銀河の典

型的な質量（$\sim 10^{12} M_\odot$），銀河団の典型的な質量（$\sim 10^{15} M_\odot$）をいずれも上回る．つまり，ニュートリノがダークマターであるとすれば銀河・銀河団の形成は著しく困難となる．さらに，ニュートリノの質量が小さいことは，そもそも宇宙の物質密度に対して有意な寄与ができないことを意味する．密度パラメータに換算すると，ニュートリノの寄与は，

$$\Omega_\nu \simeq 0.1 h^{-2} \left(\frac{\sum\limits_{i=e,\mu,\tau} m_{\nu,i}}{10\,\mathrm{eV}} \right) \tag{1.26}$$

に過ぎない．これらいずれの観点からも，ニュートリノがダークマターの主要成分である可能性は低い．

一方，CDM の場合は，粒子の運動が無視できるので，小さなスケールにも密度ゆらぎが存在し，構造形成は小さいスケールから大きいスケールへと「ボトムアップ」で進むと考えられる．CDM モデルによって，観測される銀河の地図がうまく説明されることはすでに述べた（1.2 節）が，さらにクェーサー吸収線系（1.3 節）と CMB 温度ゆらぎ（1.4 節）の観測結果も同時に再現されることが明らかになっている．

これを定量的に示すには，密度ゆらぎの 3 次元空間での「パワースペクトル」と呼ばれる統計量を用いるのが便利である．これは宇宙の任意の場所 x と時刻 t における密度ゆらぎ $\delta(x, t) = \rho(x, t)/\bar{\rho}(t) - 1$ の 3 次元フーリエ変換 $\delta_k(t)$ の 2 乗平均値

$$P(k, t) = \langle |\delta_k(t)|^2 \rangle \tag{1.27}$$

で定義される．ここで，$\rho(t)$ は宇宙の平均質量密度，k は波数で実空間での長さスケール x と $k \sim 2\pi/x$ で結びついている．上式の平均 $\langle s \rangle$ はたとえば，宇宙の中から複数の独立した領域を選び出し，おのおのの領域内で計算した物理量を平均する操作であると考えておけば良い．$P(k, t)$ は，各スケールごとにどれだけの密度ゆらぎが平均的に存在するかを表すが，これはダークマターの種類によって大きく左右される．したがって，$P(k, t)$ が観測的に測定されれば，ダークマターの種類に対する厳しい制限が得られることになる．

図 1.25 には，さまざまな観測を用いたパワースペクトルの測定結果がまとめられている．異なる時刻のデータを一つの図上で比較できるように，時間に対す

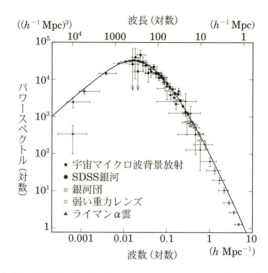

図 1.25 物質密度ゆらぎのパワースペクトル．異なる観測時刻のデータを全て $z=0$ での値に換算した上で描かれている．実線は，CDM モデルによる理論曲線（Tegmark *et al.* 2004, *ApJ*, 606, 702）．

る依存性を補正し，現在の宇宙における値に揃えてある．CDM モデルによる理論曲線が見事に再現されていることが分かる．一方，HDM モデルの場合は，粒子の運動によって小スケール（大きな k）側の $P(k,t)$ が削られ，まったく観測とは合わなくなる．

　図 1.25 に示された一致は，$z \sim 1100$ における CMB 温度ゆらぎの分布，$z \sim 3$ におけるクェーサー吸収線系の分布，$z \sim 0$ における大規模構造の分布が，CDM モデルという作業仮説のもとに見事に統一して説明されたことを意味する．CDM の実体はなお不明であるものの，この一致は宇宙の構造形成の観点から CDM モデルがいかに魅力的であるかを物語っている．

　もちろん，ダークマター問題の最終的な解決は直接検出以外にはなく，21 世紀の宇宙論のもっとも重要な課題であると言えるだろう．CDM の候補粒子を検出するための努力は，さまざまな方法で進められているが，現時点ではいずれも成功していない．

1.6 ダークエネルギー

1.6.1 アインシュタインの宇宙定数

ダークエネルギー問題の歴史は古い．1910年代後半，アインシュタインは，静的な宇宙を理論的に実現するため，自ら導いた一般相対論の基礎方程式（アインシュタイン方程式）に宇宙定数 Λ を導入した．

$$G_{\mu\nu} + \Lambda g_{\mu\nu} = \frac{8\pi G}{c^4} T_{\mu\nu}. \tag{1.28}$$

ここで，$G_{\mu\nu}$ はアインシュタインテンソル，$g_{\mu\nu}$ は計量テンソル，$T_{\mu\nu}$ はエネルギー運動量テンソルと呼ばれ，それぞれ16個の成分を持つ（詳しくは，第2巻2章参照）．左辺の $G_{\mu\nu}$ と $g_{\mu\nu}$ は「時空の幾何学的性質」を指定し，右辺の $T_{\mu\nu}$ はそこに存在する「物質の分布」を表している．アインシュタイン方程式は，一見無関係に見えるこれら二つの概念が実は密接に関連しており，一方が決まると自動的に他方が決まることを意味している．たとえば，$\Omega_{\mathrm{tot}} = 1$ と平坦な宇宙が対応するなど，宇宙のエネルギー総量と宇宙の幾何学的性質がしばしば同義で用いられるのも，このような理由による．

式（1.28）を一様等方な宇宙に対して適用すると，右辺の物質分布は重力源としてつねに引力を生み出すため，$\Lambda = 0$ である限り宇宙は永遠不変にはなり得ない．一方，Λ が正の値を持つと，重力とは逆の斥力を生み出すので，うまくその大きさを選べば重力を完全に打ち消すことが可能となる．アインシュタインはまさにこの点に着目し，宇宙は永遠に不変であるべきとの信念に基づいて，静的宇宙モデルを提唱したのである．

その後，ハッブルによる宇宙膨張の発見（1.1.1節）によって静的宇宙モデルは否定され，アインシュタイン自身は宇宙定数のアイデアを撤回した（1931年）．しかし，動的な宇宙であっても，宇宙定数は存在しているのではないかとの可能性は，依然として研究者の議論の的であった．

1990年以前に論点となっていたのは，おもに宇宙の年齢問題である．当時，球状星団の年齢から推定された宇宙年齢の下限値は，宇宙定数の存在しない平坦な宇宙モデルでの予想値 $67h^{-1}$ 億年よりもずっと大きかったので，その矛盾を解消するために，正の宇宙定数の存在が好まれた．一般に，宇宙初期の膨張は現

在よりもずっと速く，それが重力によって徐々に減速されてきたと考えられる．宇宙定数が存在すると，重力に対抗して宇宙の減速をなまらせる（さらには加速させる）効果があるため，現在観測される膨張率に至るまでにはより長い時間がかかったことになる．つまり，現在の膨張率が同じであっても，宇宙の年齢が伸びることになる．

1990 年前後からは，遠方銀河の個数計測やクェーサーが受ける重力レンズ効果の頻度などを説明するために宇宙定数が導入されたが，いずれも解析に用いられた銀河進化モデルなどの系統的不定性が大きく，決定的な結論には至らなかった．

状況が大きく進展したのは，1990 年代後半以降に発表された 2 種類の観測事実によってであった．一つは 1.4 節で述べた CMB 温度ゆらぎ，もう一つが 1.6.2 節で紹介する Ia 型超新星の観測である．前者は，宇宙のエネルギー総量（厳密には宇宙の幾何）と物質総量をそれぞれ測定し，それらの差を埋めているエネルギー成分が存在することを明らかにした．一方，後者は，現在の宇宙が加速膨張をしている形跡を捉え，それを引き起こすエネルギー源の存在を示唆している．いずれも，物質や放射とは異なる未知のエネルギー形態であることから，ダークエネルギーと呼ばれるようになった．

ダークエネルギーは，宇宙定数を一般化させた概念として用いられているが，それは式（1.28）の左辺第 2 項を右辺に移してみると理解しやすい．すなわち，

$$G_{\mu\nu} = \frac{8\pi G}{c^4}\left(T_{\mu\nu} - \frac{c^4}{8\pi G}\Lambda g_{\mu\nu}\right) = \frac{8\pi G}{c^4}\tilde{T}_{\mu\nu} \tag{1.29}$$

によって，$\tilde{T}_{\mu\nu}$ を真のエネルギー運動量テンソルと再解釈すれば，Λ は宇宙に存在するエネルギーの一部と見なせる．仮に物質がまったく存在せず $T_{\mu\nu} = 0$ であっても，Λ に起因するエネルギーは存在するので，「真空のエネルギー」と呼ばれることもある．また，Λ が厳密に定数ではなく，物質や放射など他の形態のエネルギー密度と同様に時間変化する自由度も許される．

そこで，ダークエネルギーの圧力 p とエネルギー密度 ρc^2 との比

$$w \equiv p/\rho c^2 \tag{1.30}$$

をパラメータとして，その値を観測的に決定しようとする試みがなされている．特に，w が定数であるとすれば，ρ の時間依存性は宇宙のスケール因子 a を用いて

$$\rho \propto a^{-3(1+w)} \tag{1.31}$$

と表される（スケール因子については，2.1 節を参照）．物質の場合は $w = 0$,
放射の場合は $w = 1/3$，さらに宇宙定数の場合は $w = -1$ であり，式 (1.30) は
これらを一般化した，ダークエネルギーの状態方程式に対応している．

なお，宇宙初期にインフレーションと呼ばれる急激な膨張が起こったとする
と，それを引き起こすためのエネルギーが必要となる．このエネルギーは，現在
の宇宙を加速させているダークエネルギーと類似した性質を持つ可能性もある
が，これらの大きさは桁違いにかけ離れている．両者の間に何らかの関係がある
かどうかは，まだ不明である．

1.6.2　Ia 型超新星爆発と宇宙の加速膨張

宇宙論パラメータの測定には，古くからハッブル図が用いられてきた．これ
は，天体までの距離 d と赤方偏移 z との間の関係を示す図である．我々のごく
近傍では，ハッブルの法則（式 (1.2)）によって，d と z の間には比例関係が成
り立ち，その傾きからハッブル定数 H_0 が求められる（図 1.2 と図 1.3）．しか
し，遠方宇宙まで含めると，一般相対論的な効果によってユークリッド空間から
のずれが生じるので，両者の関係は H_0 だけでなく非相対論物質の密度パラメー
タ（Ω_{m}）や無次元宇宙定数パラメータ（Ω_Λ）の値にも複雑に依存する．この依
存性を逆に利用することで，Ω_{m} や Ω_Λ を測定することが可能になる．

天体の赤方偏移 z は，スペクトルに現れるドップラー効果を用いて，比較的精
度良く測定することができる．しかし，距離 d を正確に測定することはきわめて
難しい．特に，Ω_{m} や Ω_Λ を決定するには，$z \sim 0.5$ を越える遠方までの距離測
定が必要であり，近傍でしか観測できないセファイド型変光星などは使えない．

そこで重要となるのが，Ia 型超新星である．超新星は，星の進化の最終段階
での爆発現象であり，そのスペクトルに水素輝線が現れない I 型と，現れる II
型に分類される．I 型はさらにスペクトルや光度曲線のふるまいによって Ia, Ib,
Ic 型などに分類される．このうち Ia 型は，最大光度が銀河そのものに匹敵する
ほど明るく，かつその絶対値がほぼ一定であることが経験的に知られている（厳
密には，光度曲線の形にわずかに依存するが，その効果は補正できる）．図 1.26
に示した写真からは，Ia 型超新星がどれほど明るいかが一目瞭然である．また，

図 1.26　渦巻銀河 NGC 4526 中で爆発した Ia 型超新星 SN 1994d（口絵 2 参照）．図の左下には，もともと何も見えなかったが，突然，銀河全体に匹敵するほどの明るさで超新星が現れた（http://hubblesite.org/）．

図 1.27 は Ia 型超新星の光度曲線であり，ピークが最大光度を示している．

このような特性のため，Ia 型超新星は遠方でも観測可能であり，さらに最大光度の見かけの明るさ（正確にはフラックス）F から

$$F = \frac{L}{4\pi d_\mathrm{L}^2} \tag{1.32}$$

の関係を用いて距離 d_L（正確には光度距離）が決定できる．ここで，絶対光度 L は，距離が別途測定できる近傍の Ia 型超新星に対する d_L と F から，同じ関係を用いてあらかじめ決めておく．実際の解析では，F と L を見かけの等級 m と絶対等級 M にそれぞれ置き換えた式

$$m - M = 5\log(d_\mathrm{L}/\mathrm{Mpc}) + 25 \tag{1.33}$$

が用いられることが多い．左辺の $m - M$ は距離指数と呼ばれ，d_L が大きくなるほど増大する．なお，Ia 型超新星は，連星系中の白色矮星が爆発したものと考えられているが，そのメカニズムは完全には解明されていない．最大光度が一定であるという事実は，近傍における経験則であり，この方法のもっとも本質的な仮定となっている．

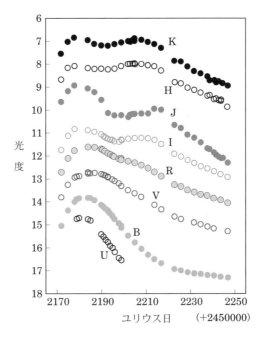

図 1.27　Ia 型超新星 SN 2001el の光度曲線．縦軸はさまざまなバンドでの光度，横軸は日数を表す（Krisciunas *et al.* 2003, *A.J*, 125, 166）．

　図 1.28（56 ページ）は，Ia 型超新星の観測から得られたハッブル図である．$\Omega_\Lambda = 0$ の予想に比べ，遠方で観測される Ia 型超新星の見かけの明るさは，一様に暗くなっている．これを，宇宙の幾何学的性質によるものと解釈すれば，相対的に大きな宇宙が必要となり，斥力の役割を果たすダークエネルギーの存在が支持される（詳しくは，2 章参照）．斥力がなければ，物質の生み出す万有引力によって宇宙はつねに減速するのみであるが，ここで示唆されたダークエネルギーの量は，宇宙を減速から加速に転じさせるのに十分な大きさを持つ．したがって，宇宙の「加速膨張」が検出されたと表現されることが多い．2011 年のノーベル物理学賞は「遠方の超新星の観測を通じた宇宙の加速膨張の発見」に対して，パールムター（S. Perlmutter），リース（A. Riess），シュミット（B. Schmidt）の 3 氏に与えられた．

　一方，遠方の超新星が別の理由，たとえば銀河間空間での吸収などによって，

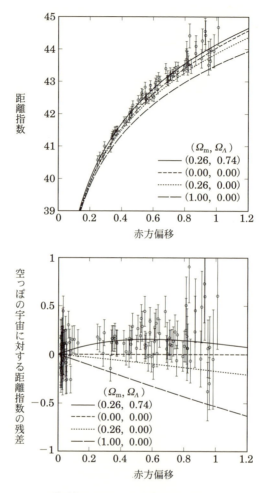

図 1.28 Ia 型超新星の明るさと赤方偏移の関係. 下段は, 宇宙が空だった場合の明るさを 0 にして上図を描き直したもの. 線は, それぞれ図中に示された $\Omega_{\rm m}$, Ω_Λ の値に対応する理論曲線. $\Omega_\Lambda > 0$ の場合に観測データがもっともよく再現されている (Astier *et al.* 2006, *A&A*, 447, 31 の図を改変).

系統的に暗くなっているという可能性も完全には否定できない. ただし, 吸収による効果に関しては, 特に $z > 1$ では宇宙の幾何とは異なるふるまいをすると考えられるので, さらに遠方におけるデータが蓄積すればその影響を区別できると

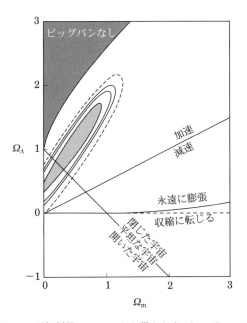

図 1.29 Ia 型超新星のデータから得られた $\Omega_{\rm m}$, Ω_Λ への制限領域. 楕円は内側からそれぞれ 68%, 90%, 95%, 99% の信頼度を表す. $\Omega_{\rm m} + \Omega_\Lambda = 1$ の実線が平坦な宇宙, $\Omega_\Lambda = 0$ の破線が宇宙定数のない宇宙を表す. その他の 3 本の実線は, 上から順に, ビッグバンが存在したかどうか, 加速膨張が可能かどうか, 宇宙が永遠に膨張を続けるかどうか, の境界にそれぞれ対応する (Knop *et al.* 2003, *ApJ*, 598, 102).

期待されている.

Ia 型超新星の観測データが, 宇宙の幾何学的性質によるとした場合に, Ω_Λ と $\Omega_{\rm m}$ に対して得られる制限をまとめたのが図 1.29 である. ここでは, $w = -1$ (宇宙定数) が仮定されている. 示唆される Ω_Λ の値は, $\Omega_{\rm m}$ とともに変化するものの, つねに正の値を取ることは興味深い. 一方, CMB 温度ゆらぎによる測定結果は, この図上では, $\Omega_{\rm m} + \Omega_\Lambda = 1$ の線にほぼ一致する. したがって, Ia 型超新星を用いた宇宙論パラメータの測定は, 方法論においても, また結果においても, CMB 温度ゆらぎとは相補的であると言える. 両者の交点は, $\Omega_\Lambda \approx 0.7$ を示している.

現状では, Ω_Λ と $\Omega_{\rm m}$ に加えて w の値までを精密に決定することは難しいが,

たとえば，$\Omega_A + \Omega_m = 1$ を仮定した場合には $w < -0.6$，さらに銀河サーベイと CMB 温度ゆらぎのデータも解析に加えた場合には $w = -1.1 \pm 0.3$ 程度が報告されている．いずれも誤差の範囲内では，ダークエネルギーが宇宙定数であることと矛盾しない．ただし，異種のデータを混合解析する際には，各データの重みづけの如何によって結果が大きく変化し得るので，その解釈には依然として注意が必要である．

1.7　現状のまとめと残された課題

これまで見てきたように，近年の観測技術の進歩は，宇宙の成り立ちと進化に対する我々の認識を飛躍的に拡大させてきた．得られた知見とその根拠をまとめると，以下のようになる．

（1）　我々の宇宙は，高温・高密度のビッグバンと呼べる状態から始まり，時間とともに冷却して現在に至った．その直接の痕跡を示すのが，宇宙膨張，軽元素の存在比，CMB 黒体放射スペクトルの三つの観測事実である．

（2）　現在の大規模構造をはじめとする諸天体は，宇宙初期に存在した密度ゆらぎが重力不安定性によって増幅した結果形成された．これは，CMB 温度ゆらぎ，高赤方偏移天体，近傍の大規模構造の観測データが統一的に説明できることに基づいている．

（3）　宇宙はほぼ平坦であることが，CMB 温度ゆらぎの観測によって示された．この事実と密度ゆらぎ原始スペクトルの測定結果は，宇宙初期にインフレーションが起こったと考えることで自然に説明される．

（4）　宇宙の組成は，図 1.30 に示すように，未知のダークマターとダークエネルギーによって占められている．ダークマターの存在は，CMB 温度ゆらぎ，銀河・銀河団の質量測定など複数の観測によって独立に裏づけられている．ダークエネルギーの存在は，CMB 温度ゆらぎと Ia 型超新星のデータによって支持されている．

（5）　ダークマターの正体は不明であるが，少なくとも銀河以上のスケールにおいては，CDM が数々の観測データを非常によく再現する．ニュートリノがダークマターの主な成分である可能性は，宇宙の構造形成，素粒子実験のいずれ

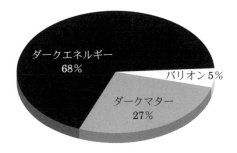

図 1.30 Planck 衛星のデータから得られた宇宙のエネルギー組成比.

の観点からも低い.

(6) $z \simeq 1100$ で一度中性化した宇宙は，$z = 6$ までに再び電離したことが，CMB 温度ゆらぎとクェーサー吸収線系の観測からそれぞれ示唆されている.

これらによって「現代宇宙論の標準モデル」と呼べるような統一的描像が確立しつつあると言っても良いだろう．上記のいずれについても，単一の観測データのみに依存するのではなく，複数の独立した測定による相互検証が進められてきた．これは，宇宙の観測にとって最大の障害である系統誤差を排除するために，不可欠な過程である．

同時に，本質的な課題が内在することも浮き彫りにされた．ダークマターとダークエネルギーの存在は，地上とはまったく異なる物質とエネルギーによって宇宙が占められていることを意味しており，我々の宇宙像はまさに根幹から塗り替えられようとしている．しかし現時点では，それらの量が間接的に測定されたにすぎず，いずれも直接検出されるまでは「仮説」の域を出ない．ダークマターとダークエネルギーの実体を明らかにすることは，今後最大の課題であると言える．さらに，仮に実体が明らかになったとしても，「なぜ観測された量を持つのか？」というより根元的な問いに答えるまでは，真の意味で宇宙論が完成したと言える日は来ないであろう．

一方，何らかの見落しによって，ダークマターやダークエネルギーが存在するものと勝手に錯覚している可能性も排除できない．言い換えれば，既知の自然法則に何らかのほころびが潜んでいる可能性である．これはある意味で，古い学問体系に基づいてエーテルが導入され，結果的には新しい物理学の台頭によってそ

れが否定された際の状況になぞらえることができるかもしれない．実際，多次元宇宙論をはじめとした一般相対論を越えた枠組によってダークエネルギーを導入することなく宇宙の加速膨張を説明しようとする，かなり野心的な試みも進められている．いずれにしろ，さまざまな独立した観測データを総合して組み合わせることで，ダークマターとダークエネルギーに関する仮説を徹底的に検証することは重要である．宇宙の観測がさらに精密化されたとき，わずかでも確実な矛盾が見つかれば，それは新しい自然法則発見への第一歩となるかもしれない．

　また，宇宙全体の進化の大枠が定まったとしても，その中での個々の天体階層の形成・進化，さらにその中での生命の発現などといったより複雑な過程についての研究は，まだごく初期段階にあると言わざるを得ない．これらも必然的に，21世紀の宇宙論の主要な研究課題となっていくだろう．宇宙の進化と生命の起源の関連など，今まで単なる哲学問答あるいはSFでしかなかった諸々の課題が，自然科学の研究対象として新たに確立される日も近いのではないかと期待される．

第 2 章

観測的宇宙論の基礎

前章では，宇宙の構造と進化について，現在までに分かっていることや未解決の問題を概観してきた．本章以降，前章で述べた宇宙論の各事項について，より詳しく解説していく．本章では，宇宙の膨張や年齢を決めるための理論的な基礎とその応用を述べる．

2.1 膨張宇宙のパラメータと基本原理

2.1.1 膨張宇宙のパラメータ

アインシュタインは一般相対論を提唱した直後，宇宙にいたるところ特別な場所はなく（一様性），どの方向も同等（等方性）であり，しかも時間的に変化しない（静的）という条件を指導原理（完全宇宙原理）として宇宙モデルをつくった．その後，宇宙が膨張していることがハッブルによって発見され，完全宇宙原理から静的という条件をはずしたものが宇宙原理と呼ばれるようになった．

1 章で述べたように今日では宇宙原理は原理ではなく，観測事実である．SDSS に代表される大規模な銀河サーベイは銀河の分布が 100 Mpc 程度の領域で平均すればほぼ一様であり，COBE や WMAP，Planck などの宇宙マイクロ波観測衛星による温度ゆらぎの観測から宇宙は非常によい精度で等方的であることが明らかになっている．一般相対論では，時空の性質は計量（メトリック），あるいはそ

れからつくられる近傍の2事象の間の線素で表される．まずそれを説明しよう．

今，空間に適当な座標系がはられていて多数の銀河が空間にばらまかれている状況を考えよう．宇宙が膨張するにつれ，銀河同士の距離は離れていくが，おのおのの銀河の空間座標の値は変わらないとする．このような座標系を共動座標系という．実際の銀河同士はお互いの距離が近ければ重力で引き合って宇宙膨張による運動（ハッブル流; Hubble flow）以外の運動（特異運動; peculiar motion）をする．一方，銀河同士は銀河群，銀河団と呼ばれる集団をつくり，集団のメンバーの銀河同士はお互いの重力で束縛されていて宇宙膨張の影響を受けない．ここでは宇宙全体の構造を考えるので，そういうことは無視する．あるいは銀河の分布のでこぼこが十分無視できるような 100 Mpc 程度のスケールで物質分布を平均した状況を考えていると思ってもよい．

さて共動（空間）座標系を x^i とし，近傍の二つの銀河の間の座標の差を Δx^i と書く．この座標の差は時間がたっても変わらないが，実際の距離は膨張とともに変化する．それを表すため，実際の距離を

$$d^i(t) = a(t)\Delta x^i \tag{2.1}$$

と書こう．この $a(t)$ は物理的な距離を決めているので，スケール因子とよぶ．ここで空間は等方的に膨張していることを使った．そうでなければ，各方向の膨張速度が違うので，上のように簡単には書けず，スケール因子は3次元のテンソルとなって方向依存性をもってしまう．このように書くことによって，ハッブルの法則が次のように導かれる．

$$v = \dot{d}(t) = \dot{a}\Delta x = \frac{\dot{a}}{a}a\Delta x = H(t)d. \tag{2.2}$$

したがってハッブルパラメータ H は時間の関数であり，スケール因子を用いて次のように表されることが分かる．

$$H(t) = \frac{\dot{a}}{a}. \tag{2.3}$$

現在を t_0, $a_0 \equiv a(t_0) = 1$ として，$a(t)$ を $|t - t_0| \ll 1$ としてテーラー展開すると，

$$a(t) = 1 + H_0(t - t_0) - \frac{1}{2}q_0 H_0^2 (t - t_0)^2. \tag{2.4}$$

ここで，H_0 と q_0 は現在のハッブルパラメータと減速パラメータで，それぞれハッブル定数と減速定数とよばれ，現在の宇宙膨張の様子を与える基本定数である．これらは以下のように定義される．

$$H_0 = \frac{\dot{a}}{a}\big|_{t=t_0}, \quad q_0 = -\frac{a\ddot{a}}{\dot{a}^2}\big|_{t=t_0}.$$

(2.5)

このスケール因子と空間座標として共動座標を使うことによって 4 次元の線素は，

$$ds^2 = -c^2\,dt^2 + a^2(t)\gamma_{ij}\,dx^i\,dx^j$$

(2.6)

と書くことができる．ここで 時間座標は一定の空間座標にいる観測者が測る固有時間であり，γ_{ij} は時間軸に直交する 3 次元空間の計量である．一様，等方な空間はいたることろで曲率が一定という等曲率空間になり，動径座標として半径 r の球の表面積が $4\pi r^2$ になる座標と極座標を用いて次のように書けることが知られている．

$$\gamma_{ij}\,dx^i\,dx^j = \frac{dr^2}{1 - Kr^2} + r^2\,d\Omega^2.$$

(2.7)

ここで $d\Omega^2 = d\theta^2 + \sin^2\theta\,d\phi^2$ は 2 次元単位球面上の線素である．等方的であることから，極座標を使うのが便利である．K は空間の曲率の符号を表し，$K = 1$ が閉じた空間（3 次元球），$K = 0$ が平坦な空間，そして $K = -1$ が開いた空間と呼ばれる．閉じた空間は仮想的な 4 次元ユークリッド空間の中の 3 次元球として感覚的に捉えることができる．しかし，開いた空間は 4 次元ユークリッド空間には埋め込むことができず視覚化が難しいが，4 次元ミンコフスキー空間の中の双曲面として定義することができる．

結局，一様・等方膨張宇宙の線素として，次のロバートソン（H.P. Robertson）-ウォーカー（A.G. Walker）計量（略して RW 計量）が得られる．

$$ds^2 = -dt^2 + a^2(t)\left[\frac{dr^2}{1 - Kr^2} + r^2(d\theta^2 + \sin^2\theta\,d\phi^2)\right].$$

(2.8)

あるいは新しい動径座標として

$$\chi = \int \frac{dr}{\sqrt{1 - Kr^2}}$$

(2.9)

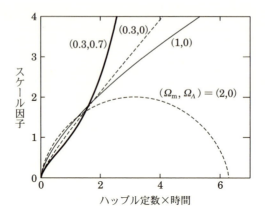

図 2.1 スケール因子の時間発展（式 (2.23)）．典型的な宇宙論パラメータ $(\Omega_\mathrm{m}, \Omega_\Lambda)$ の組み合わせ（式 (2.27) 参照）に対して，$a(t)$ の変化の様子を示す．$(\Omega_\mathrm{m}, \Omega_\Lambda) = (1, 0)$ と $(0.3, 0.7)$ の場合は $K = 0$，$(0.3, 0)$ の場合は $K < 0$，$(2, 0)$ の場合は $K > 0$ に対応する．

を使うと，RW 計量は次のようにも書ける．

$$ds^2 = -c\, dt^2 + a(t)^2 \left[d\chi^2 + r(\chi)^2\, d\Omega^2 \right]. \tag{2.10}$$

$\chi(r)$ は，上の定義から $\sin^{-1} r$ $(K=1)$，r $(K=0)$，$\sinh^{-1} r$ $(K=-1)$ となる．曲率の符号によってスケール因子 $a(t)$ の時間発展が変わる様子を，図 2.1 に示す．

さて宇宙論的観測の基礎になるのは，赤方偏移である．遠方の天体からの光（電磁波）は宇宙の膨張のために波長が引き伸ばされて我々に届く．どのくらい引き伸ばされたかを表すのが赤方偏移 z であり，赤方偏移が大きければ大きいほど遠方の天体ということができる．

$$z = \frac{\lambda_o - \lambda_e}{\lambda_e}. \tag{2.11}$$

ここで λ_e は天体が放出したときの波長，λ_o はそれを受け取ったときの波長である．今，二つの引き続く時刻 t_e と $t_e + \Delta t_e$ に天体が光を出したとして，それを時刻 t_o と $t_o + \Delta t_o$ に受け取ったとしよう．おのおのの光に沿って $ds^2 = 0$ が成り立つから，光の進行方向を動径方向として光の経路に沿って $c\, dt =$

$-a(t)\,d\chi$（マイナス符号は，我々の場所を空間座標の原点にとるので光の経路に沿って時間座標と動径座標の進みが逆になるため）が成り立っている．したがってまず最初の光の経路に沿って積分すると

$$c\int_{t_e}^{t_o}\frac{dt}{a(t)}=\int_{\chi_e}^{\chi_r}d\chi \tag{2.12}$$

が得られ，同様に次の光の経路に沿って積分すると

$$c\int_{t_e+\Delta t_e}^{t_o+\Delta t_o}\frac{dt}{a(t)}=\int_{\chi_e}^{\chi_r}d\chi \tag{2.13}$$

となる．ここで χ_r と χ_e は，それぞれ光を受け取ったときと出したときの動径座標の値である．両方の式で右辺が同じになったのは，共動座標を使っているからである．時間間隔 Δt_e, Δt_o を無限小とすると，

$$\frac{\Delta t_e}{a(t_e)}=\frac{\Delta t_o}{a(t_o)} \tag{2.14}$$

になる．ここで振動数は時間間隔に反比例することと，赤方偏移の定義を考慮すると

$$1+z=a(t_0)/a(t_e)=1/a(t_e). \tag{2.15}$$

この式より，たとえば宇宙の大きさが半分のときに出た光は波長が 2 倍，赤方偏移 1 として観測される．2018 年時点で観測されているもっとも遠い天体は赤方偏移が 11.1 であり，宇宙の大きさが現在の 12 分の 1 のときの天体である．

2.1.2 膨張宇宙の基本方程式

宇宙膨張の様子は，スケール因子の時間発展で表される．この時間発展を決める方程式は，フリードマン方程式と呼ばれ，RW 計量をアインシュタイン方程式

$$R_{\mu\nu}-\frac{1}{2}Rg_{\mu\nu}+\Lambda g_{\mu\nu}=\frac{8\pi G}{c^4}T_{\mu\nu} \tag{2.16}$$

に代入することによって得られる．$R_{\mu\nu}$ はリッチテンソル，$R=g^{\mu\nu}R_{\mu\nu}$ はリッチスカラーで，計量テンソル $g_{\mu\nu}$（今の場合は RW 計量）から計算される[*1]．Λ は宇宙定数，アインシュタイン方程式の中で宇宙定数を含む項を宇宙項と呼び，

[*1] 1.6.1 節に既出のアインシュタインテンソル $G_{\mu\nu}$ は，$G_{\mu\nu}=R_{\mu\nu}-g_{\mu\nu}R/2$ となる．

66 | 第 2 章 観測的宇宙論の基礎

1917 年，アインシュタインによって静的宇宙をつくるために導入されたものである．$T_{\mu\nu}$ は物質や放射のエネルギー運動量テンソルである．アインシュタイン方程式を

$$R_{\mu\nu} - \frac{1}{2}Rg_{\mu\nu} = \frac{8\pi G}{c^4}\left(T_{\mu\nu} - \frac{\Lambda c^4}{8\pi G}g_{\mu\nu}\right) \tag{2.17}$$

と書くことによって，$-(\Lambda c^4/8\pi G)g_{\mu\nu}$ を物質に付随しない空間固有のエネルギー運動量テンソルとみなすこともできる．

　物質のエネルギー運動量テンソルとして宇宙全体の膨張を考えるときには，物質分布の非一様性が無視できるようなスケールで平均したと考えて，次の完全流体の形が用いられる．

$$T_{\mu\nu} = (\rho c^2 + P)u_\mu u_\nu + Pg_{\mu\nu}. \tag{2.18}$$

ここで u_μ は流体の 4 元速度で，今考えている状況では流体は空間に固定されているので $u^\mu = (1,0,0,0)$ である．ρ は流体のエネルギー密度，P は圧力である．流体の性質は状態方程式 $P = P(\rho)$ を指定することで表されるが，特に次の形の状態方程式が用いられる．

$$P = w\rho c^2. \tag{2.19}$$

　放射（粒子の速度が光速度）の場合は $w = 1/3$ となり，密度はスケール因子の 4 乗に反比例することが分かる．一方，粒子の速度が光速度に比べて十分小さい非相対論的物質の場合は圧力がエネルギー密度に比べて無視できるので $w = 0$ となり，密度はスケール因子の 3 乗に反比例する．非相対論的物質のことをダスト流体と呼ぶことがある．

　宇宙項を空間固有のエネルギー運動量テンソルとみなした場合，完全流体のエネルギー運動量テンソルの形からそのエネルギー密度 ρ_Λ と圧力 P_Λ は次のように書けることが分かる．

$$\rho_\Lambda = \frac{\Lambda c^2}{8\pi G}, \quad P_\Lambda = -\frac{\Lambda c^4}{8\pi G}. \tag{2.20}$$

したがって宇宙項は，$P = -\rho c^2$ という状態方程式をもった完全流体とみなすことができ，そのエネルギー密度はスケール因子に依存しなくなる．まとめると，

$$\rho_\gamma(a) = \frac{\rho_{\gamma,0}}{a^4}, \quad \rho_{\rm m}(a) = \frac{\rho_{\rm m,0}}{a^3}, \quad \rho_\Lambda = 定数 \tag{2.21}$$

となる．添え字 γ, m はそれぞれ放射，物質を表し，0 は現在（t_0）の値であることを表している．なお現在のスケール因子の値は 1 としている（$a(t_0) = 1$）．この式から宇宙の初期では放射が優勢で，次に物質，そして最後は宇宙定数が膨張に重要な役割を果たすことが分かる．本書ではおもに宇宙の晴れ上がり以降を扱うので，以後，放射の宇宙膨張への影響は無視する．

より一般に

$$P_\Lambda = w\rho c^2 \tag{2.22}$$

で $w < -1/3$ という状態方程式をもつ流体をダークエネルギーと呼ぶ．w は一般には時間に依存する．以下で導く宇宙膨張の式から分かるように，このような状態方程式をもった流体は膨張を加速させる働きをする．宇宙定数はダークエネルギーの一種で，$w = -1$ をもつ（時間的に変化しないという意味で）特別なものといえる．

さてアインシュタイン方程式から次の 2 式が導かれる．

$$\left(\frac{\dot{a}}{a}\right)^2 = \frac{8\pi G\rho}{3} - \frac{Kc^2}{a^2} + \frac{\Lambda c^2}{3}, \tag{2.23}$$

$$\frac{\ddot{a}}{a} = -\frac{4\pi G}{3c^2}\left(\rho c^2 + 3P\right) + \frac{\Lambda c^2}{3}. \tag{2.24}$$

最初の式をフリードマン方程式と呼ぶことが多い．これらの 2 式，あるいはエネルギー運動量テンソルの保存則から次式が導かれる．

$$\dot{\rho} + 3\frac{\dot{a}}{a}\left(\rho + \frac{P}{c^2}\right) = 0. \tag{2.25}$$

状態方程式を適当に仮定することで，この式からエネルギー密度がスケール因子の関数として求められ，それを式（2.23）（2.24）に用いることによって，スケール因子の時間発展が求められることになる．

式（2.23）–（2.25）から，ハッブルパラメータと減速パラメータの表式が得られる．そのためにまず臨界密度 $\rho_{\mathrm{cr},0}$ を導入しよう．

$$\rho_{\mathrm{cr}}(t) = \frac{3H^2}{8\pi G}. \tag{2.26}$$

現在の臨界密度を $\rho_{\mathrm{cr},0}$ と書く．そしてエネルギー密度をこの臨界密度で規格化したものを密度パラメータと定義する．放射を無視すると，密度パラメータとし

68 第 2 章 観測的宇宙論の基礎

て物質によるもの（Ω_m）と宇宙定数によるもの（Ω_Λ）がある.

$$\Omega_\mathrm{m}(t) = \frac{\rho_\mathrm{m}(t)}{\rho_\mathrm{cr}}, \quad \Omega_\Lambda(t) = \frac{\rho_\Lambda}{\rho_\mathrm{cr}} = \frac{\Lambda c^2}{3H^2}. \tag{2.27}$$

これらの密度パラメータの現在の値に対しては，$\Omega_\mathrm{m,0}$ のように 0 の添え字をつけて明示するか，あるいは簡単に表記するために添え字を省略することがある.以下では，後者にしたがって記述する.

さて上の宇宙膨張の式（2.23）（2.24）は，密度パラメータを用いて次のように表すことができる.

$$H^2(z) = H_0^2 \left[\Omega_\mathrm{m}(1+z)^3 - \frac{Kc^2}{H_0^2}(1+z)^2 + \Omega_\Lambda \right] \tag{2.28}$$

$$q(z) = \frac{H_0^2}{H(z)^2} \left[\frac{\Omega_\mathrm{m}}{2}(1+z)^3 - \Omega_\Lambda \right]. \tag{2.29}$$

ここで赤方偏移 z とスケール因子との関係 $1+z = 1/a(t)$ を用いた.これらが任意の時刻における宇宙膨張の様子を決定するパラメータとの間の関係である.ハッブルパラメータの式を次のように書いておくと便利である.

$$H(z) = H_0 E(z) \tag{2.30}$$

$$E(z) = \left[\Omega_\mathrm{m}(1+z)^3 - \frac{Kc^2}{H_0^2}(1+z)^2 + \Omega_\Lambda \right]^{1/2}. \tag{2.31}$$

現在 $z = 0$ での関係式から，

$$\frac{Kc^2}{H_0^2} = \Omega_\mathrm{m} + \Omega_\Lambda - 1 \tag{2.32}$$

$$q_0 = \Omega_\mathrm{m}/2 - \Omega_\Lambda \tag{2.33}$$

が得られる.

$H(z)$ と $q(z)$ の赤方偏移依存性を図 2.2 に示す.

2.1.3 距離–赤方偏移関係

距離と赤方偏移との関係は宇宙論における観測の基礎なので，ここで詳しく取り上げよう.まず通常 2 点間の距離というと 2 点が同時に計った固有距離（proper distance）である.しかし我々が遠方の天体を観測するとき，その電磁

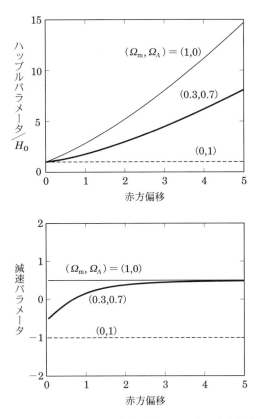

図 2.2 ハッブルパラメータと減速パラメータの赤方偏移依存性を，典型的な宇宙論パラメータ（式 (2.27)）の組み合わせ $(\Omega_m, \Omega_\Lambda) = (1, 0), (0.3, 0.7), (0, 1)$ に対して示す．

波は過去に放出されて，現在で受け取る．そしてその間に空間は膨張しているので，固有距離は観測と直接結びついた概念ではない．そこで観測に結びついた距離を定義することが必要になる．その代表的なものが光度距離 (luminosity distance) と，角径距離 (angular diameter distance) である．

光度距離 d_L

光度距離は真の明るさが分かっている天体が，どのくらい暗く見えるかで定義される距離である．標準光源の光度を L, 観測される見かけの明るさ（フラックス）を f として，光度距離は次のように定義される．

$$d_L = (L/4\pi f)^{1/2}. \tag{2.34}$$

フラックス f は，単位時間，単位面積当たりを通過するエネルギーとして定義されるが，宇宙膨張によって波長が伸びたためエネルギーが a 倍に小さくなり，一方，単位時間は赤方偏移とスケール因子との関係を導いたときに計算したように $1/a$ 倍長くなる．したがって受け取るエネルギーは $a^2 = (1+z)^{-2}$ だけ小さくなることが分かる．ここで $A(r)$ を光が広がった領域の表面積とすると，$f = L/[A(r)(1+z)^2]$ となり，RW 計量より $A(r) = 4\pi r^2$ であるから，

$$d_L = (1+z)r \tag{2.35}$$

と書ける．後は動径座標 r を赤方偏移の関数として表せばよい．それには動径方向に進む光の経路に沿って $ds = 0$, すなわち（RW 計量から）$c\,dt = -a\,d\chi$（マイナス符号は光の進む時間に沿って，時間の進む向きと動径座標の大きくなる向きが反対になっているため）が成り立つから

$$\chi = \int_0^\chi d\chi = \int_{t_e}^{t_0} \frac{c\,dt}{a(t)} = \frac{c}{H_0} \int_0^z \frac{dz}{E(z)} \tag{2.36}$$

となる．ここで r と χ の関係は曲率の符号によって決まっている．たとえば宇宙定数がなく平坦な宇宙であるアインシュタイン–ド・ジッター（Einstein-de Sitter）モデルの場合は $K = \Lambda = 0$ なので

$$d_L(z) = (1+z)\frac{c}{H_0} \int_0^z \frac{dz}{(1+z)^{3/2}} = \frac{2c}{H_0}\Big[1 + z - \sqrt{1+z}\Big] \tag{2.37}$$

となり，宇宙定数が存在して平坦な場合は，$\Omega_\mathrm{m} + \Omega_\Lambda = 1$ だから

$$d_L(z) = \frac{c}{H_0}(1+z) \int_0^z \frac{dz}{\Big[\Omega_\mathrm{m}(1+z)^3 + 1 - \Omega_\mathrm{m}\Big]^{1/2}} \tag{2.38}$$

となる．

角径距離 d_A

　角径距離とは，大きさの分かっている天体がどのくらいの大きさで観測されるかで定義される距離である．したがって標準となる長さを y, 測定される角度を $\delta\theta$ とすると，角径距離は次式で定義される．

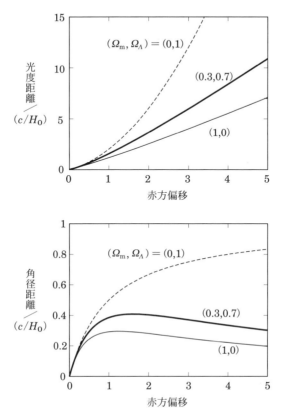

図 2.3 光度距離と角径距離の赤方偏移依存性を，典型的な宇宙論パラメータ（式 (2.27)）の組み合わせ，$(\Omega_\mathrm{m}, \Omega_\Lambda) = (1, 0)$, $(0.3, 0.7)$, $(0, 1)$ に対して示す．

$$d_A = y/\delta\theta. \tag{2.39}$$

長さ y は，RW 計量を用いて $y = a(t_e) r \delta\theta$ と表されるから，$d_A = r/(1+z) = d_L/(1+z)^2$ となり，角径距離は光度距離を $(1+z)^2$ で割ったものになる．

これらの距離の赤方偏移依存性を図 2.3 に示す．

2.1.4 宇宙年齢と赤方偏移関係

宇宙年齢と赤方偏移との関係も容易に導くことができる．式 (2.30) より，

$$t(z, \Omega_{\mathrm{m}}, \Omega_\Lambda) = \int_0^t dt = \int_0^1 \frac{da}{Ha} = \frac{1}{H_0} \int_z^\infty \frac{dz}{(1+z)E(z)} \tag{2.40}$$

となる.アインシュタイン–ド・ジッターモデルでは

$$t(z) = \frac{2}{3H_0} \frac{1}{(1+z)^{3/2}} \tag{2.41}$$

宇宙定数が存在して平坦なモデルでは

$$t(z) = \frac{1}{H_0} \int_z^\infty \frac{dz}{(1+z)(\Omega_{\mathrm{m}}(1+z)^3 + 1 - \Omega_{\mathrm{m}})^{1/2}} \tag{2.42}$$

となるが,宇宙膨張に対する物質の寄与と宇宙定数の寄与が同程度になる赤方偏移を

$$1 + z_\Lambda = \left(\frac{\Omega_\Lambda}{\Omega_{\mathrm{m}}}\right)^{1/3} = \left(\frac{1 - \Omega_{\mathrm{m}}}{\Omega_{\mathrm{m}}}\right)^{1/3} \tag{2.43}$$

と定義すると,宇宙年齢は次のように積分される.

$$t(z) = \frac{2}{3H_0\sqrt{1 - \Omega_{\mathrm{m}}}} \ln\left[\left(\frac{1 + z_\Lambda}{1 + z}\right)^{3/2} + \sqrt{1 + \left(\frac{1 + z_\Lambda}{1 + z}\right)^3}\right]. \tag{2.44}$$

現在の年齢は, $z = 0$ を代入して

$$t_0 = \frac{2}{3H_0\sqrt{1 - \Omega_{\mathrm{m}}}} \ln\left[\frac{1 + \sqrt{1 - \Omega_{\mathrm{m}}}}{\sqrt{\Omega_{\mathrm{m}}}}\right] \tag{2.45}$$

となり,たとえば $\Omega_{\mathrm{m}} = 0.32$, $H_0 = 67\,\mathrm{km\,s^{-1}\,Mpc^{-1}}$ を代入すると,約138億年となる.

宇宙年齢と現在から遡った時間の赤方偏移依存性を図 2.4 に示す.

2.2 距離–赤方偏移関係の応用

2.2.1 セファイド変光星を用いた距離決定

宇宙膨張の速さを表すハッブル定数 H_0 は,宇宙の大きさや年齢,さらに平均密度のおおよその値を与えてくれるので,宇宙論にとって非常に重要な量である.したがってハッブル定数の値を求めることが,宇宙膨張の発見以来多

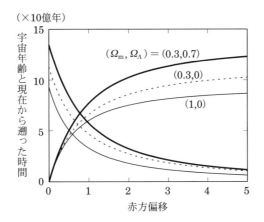

図 2.4　宇宙年齢 $t(z)$ の赤方偏移 z 依存性（z 大で小となる線）と現在から遡った時間 $t_0 - t(z)$ の z 依存性（z 大で大となる線）を，典型的な宇宙論パラメータの組み合わせ，$(\Omega_\mathrm{m}, \Omega_\Lambda) = (0.3, 0.7), (0.3, 0), (1, 0)$ に対して示す．ハッブル定数は $H_0 = 70\,\mathrm{km\,s^{-1}\,Mpc^{-1}}$ としている．

くの研究者によって行われてきた．しかし遠方の銀河までの距離を見積もることが難しいため，1990 年代に入るまで $50\,\mathrm{km\,s^{-1}\,Mpc^{-1}}$ 程度を主張するグループと $100\,\mathrm{km\,s^{-1}\,Mpc^{-1}}$ 程度を主張するグループとの間で長い論争があった．図 2.5（74 ページ）に，H_0 の決定値の変遷が示されている．最近では，$70\,\mathrm{km\,s^{-1}\,Mpc^{-1}}$ 前後に値が収束しつつあることが分かる．

遠方の銀河までの距離を測定する伝統的かつ有効な方法は，セファイド変光星の周期–光度関係を用いることである．セファイド変光星は平均光度が明るいほど変光周期が長いという性質がある．この関係は，1910 年代に大小マゼラン星雲にあるセファイド変光星の観測によって確立された．この関係を実際の銀河までの距離を測るのに用いるには，ゼロ点，すなわち平均絶対等級と変光周期の関係を確立する必要がある．このためには，年周視差のような他の方法で距離が確実に分かっている太陽系に比較的近いセファイド変光星について，周期–光度関係を観測すればよい．

この方法により最初の観測でハッブルは，ハッブル定数の値を約 500 $\mathrm{km\,s^{-1}\,Mpc^{-1}}$ と見積もった．しかし 1940 年代に，セファイド変光星には 2 種

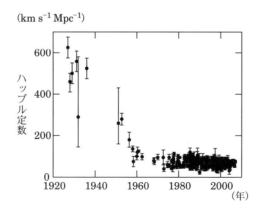

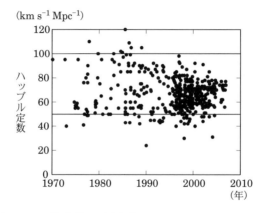

図 2.5 H_0 決定値の変遷（J. Huchra のホームページ，http://www.cfa.harvard.edu/~dfabricant/huchra/hubble/index.htm を改変）．

類あり，ハッブルが遠方の銀河で観測したセファイド変光星と銀河系内の太陽系近傍で観測されているセファイド変光星はタイプが違うことが分かった．これによってハッブル定数の値は $100\,{\rm km\,s^{-1}\,Mpc^{-1}}$ 程度と見積もられるようになった．

さて銀河はハッブル流に乗ってお互いに遠ざかっていると同時にお互いの重力によって特異運動をしている．正確なハッブル定数の値を知るには特異速度よりもハッブル流の速度が大きくなる距離にある銀河まで観測を広げなければならない．特異運動の速度は数 $100\,{\rm km\,s^{-1}}$，あるいは $1000\,{\rm km\,s^{-1}}$ にもなることがあるので，もしハッブル定数が $100\,{\rm km\,s^{-1}\,Mpc^{-1}}$ 程度なら，$10\,{\rm Mpc}$ 程度以上の銀

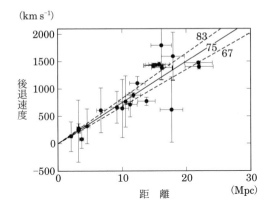

図 **2.6** HST キープロジェクトによってセファイド変光星が観測された近傍銀河に対する後退速度と距離の関係(Freedman *et al.* 2001, *ApJ*, 553, 47).

河を観測しなければ特異速度に邪魔されずにハッブル流を正確に測定できない.

しかし,1990 年代以前には数 Mpc を越えるような銀河に対してセファイド変光星を観測することができなかったので,そのような銀河までの距離は他の方法で推定しなければならなかった.セファイド変光星以外の方法は銀河そのものを標準光源とするものが標準的で,たとえば円盤銀河の回転速度と絶対光度の関係であるタリー–フィッシャー関係などがあるが,いずれも経験的な法則でかなりあいまいさがある.そのため 10 Mpc 程度の銀河までの距離は不確定で,上に述べたようなハッブル定数は不確定になっていた.

1990 年代に入ってハッブル宇宙望遠鏡が登場し,状況が一変した.驚異的な分解能によって 10 Mpc 以上の遠方の銀河にあるセファイド変光星が観測できるようになったのである.こうしてハッブル宇宙望遠鏡によって遠方にある多数の銀河のセファイド変光星を観測するプロジェクト(HST キープロジェクト)が進められ,図 2.6 に示されるようにおおよそ 20 Mpc までの距離にある銀河に対して直接距離が決まり,後退速度と距離の関係が求められた.この図からは,ハッブル定数として $75 \pm 10 \,\mathrm{km\,s^{-1}\,Mpc^{-1}}$ が得られる.

ところが,図 2.6 に示されるように,銀河系から 20 Mpc までの近距離では,銀河同士の局所的な重力相互作用が原因で,銀河の運動が宇宙膨張による後退速

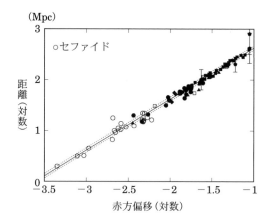

図 2.7 セファイド変光星によって距離を決めた銀河（白丸）と他のさまざまな方法を用いて距離を決めた銀河（その他のマーク）に対する，距離（縦軸，単位は Mpc）と赤方偏移（横軸）の関係．直線は $H_0 = 72\,\mathrm{km\,s^{-1}\,Mpc^{-1}}$，破線は 10%誤差の領域を表す（Freedman *et al.* 2001, *ApJ*, 553, 47）．

度からずれた運動，すなわち特異運動の影響が大きい．したがって，より確からしいハッブル定数を得るためには，銀河の特異運動の影響が小さい，もっと遠方の銀河を使う必要がある．そこで，セファイド変光星の観測によって正確に距離が決まった銀河に対して，タリー–フィッシャー関係，超新星の明るさ，表面輝度のゆらぎといった，遠くの銀河までの距離決定に利用することができるさまざまな経験則を定めておく．そして，これらの経験則を，セファイド変光星が観測できないようなさらに遠方の銀河に適用し距離を求めることができる．

このようにして，さまざまな経験則に基づいた後退速度と距離の関係が，1 章の図 1.3 にすでに示されたハッブル図に対応する．宇宙膨張による後退速度に比べて特異運動が十分に小さいことが分かる．これを，セファイド変光星を使って距離を決めた銀河も含めてプロットすると，図 2.7 のようになる．これから，近距離にある銀河も遠距離にある銀河も，全体的に同じ距離–赤方偏移関係になっていることが確かめられる．これらの結果から，ハッブル定数として $72 \pm 8\,\mathrm{km\,s^{-1}\,Mpc^{-1}}$ という値が得られ，HST キープロジェクトの最終結果とされている．

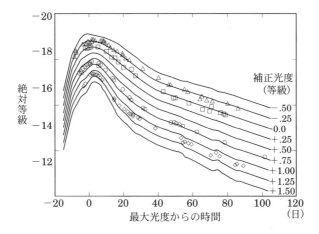

図 2.8　Ia 型超新星の光度曲線．最大光度が明るいほど減光時間が長い様子を示す（Riess *et al.* 1995, *ApJL*, 438, 17）．

2.2.2　Ia 型超新星を用いた距離決定

　遠方の銀河までの距離を用いるには，絶対光度が分かっている天体を観測する必要がある．そこで利用されるのが Ia 型の超新星である．このタイプの超新星は，白色矮星と巨星の連星系で巨星から降り積もった物質が白色矮星の表面で暴走的に核反応を起こし，それが引きがねになって爆発が起こると考えられている．爆発のメカニズムが分かっているので，絶対的な最大光度（絶対等級 M）が良い精度で推定できる．すると見かけの等級 m との差から光度距離 d_L が分かるのである．

$$m - M = 5 \log \left(\frac{d_L(z, \Omega_\mathrm{m}, \Omega_\Lambda)}{10\,\mathrm{pc}} \right). \tag{2.46}$$

　詳しい観測によると，Ia 型超新星は最大光度が明るいほどそこから減光して暗くなる時間（減光時間）が長いという性質があることが分かった．Ia 型超新星の光度曲線を図 2.8 に示す．したがってこの減光時間を測定することで，より良く最大光度が推定でき，精度の良い標準光源として用いることができる．超新星の最大光度は銀河 1 個の光度にも匹敵するので，赤方偏移が 1 程度の遠方でも観測することができる．

　赤方偏移の違う超新星を多数観測することによって，見かけの等級と絶対等級

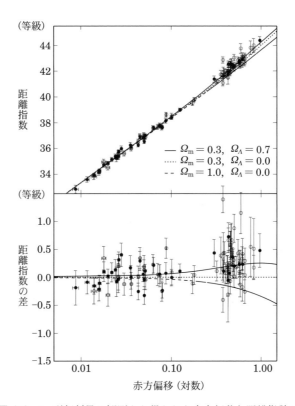

図 2.9 Ia 型超新星の観測から得られた赤方偏移と距離指数の関係．下図は，$\Omega_{\mathrm{m}} = 0.3$, $\Omega_\Lambda = 0$ のときの距離指数を基準にして示してある（Riess 2000, *PASP*, 112, 1284）．赤方偏移が 1 に近い Ia 型超新星の観測結果を再現するには，宇宙項がある宇宙モデルがもっとも適している．

の差（距離指数）の赤方偏移依存性が決まる．これを図示したのが図 2.9 である．赤方偏移が 1 に比べて十分小さいとき光度距離はおもにハッブル定数に依存するので，比較的近傍の超新星の観測からハッブル定数の値が求められる．一方，光度距離の Ω_{m} や Ω_Λ に対する依存性は赤方偏移が大きいほど大きくなるので，赤方偏移が 1 に近い超新星の観測からこれらの宇宙論パラメータに対する制限が求まる．

図 2.9 の下図には，開いた宇宙の場合（$\Omega_{\mathrm{m}} = 0.3$, $\Omega_\Lambda = 0$）のときの距離指数を基準にして，距離指数と赤方偏移の関係を表したもので，赤方偏移が 1 に近

い超新星があるために暗い方（図で上の方）にずれていることが分かる．これは，与えられた赤方偏移に対して，この開いた宇宙の場合よりも超新星までの距離が遠いことを意味し，そのためには宇宙定数の存在が要請される．具体的にIa型超新星の観測から得られた Ω_m と Ω_Λ に対する制限は1章の図1.29にすでに示してあり，宇宙定数が存在することが強く示唆されている．4章で説明するように，宇宙マイクロ波背景放射の温度ゆらぎの観測ともこの結果は矛盾していない．現在の標準的な宇宙モデルは，4章で示される Planck の観測から $\Omega_\Lambda = 0.685$, $\Omega_m = 0.315$ といった，宇宙定数が存在して平坦なモデルである．

2.3 重力レンズと宇宙論への応用

　日食時の星からの光の曲がりが一般相対論の検証に用いられたのは有名な話である．一般相対論によって初めて光の曲がりが正確に予言できるようになった．日食時の光の曲がりの観測を指揮したエディントン（A.S. Eddington）によって，すでに1919年には遠方の星からの光が手前の星の重力によって曲げられ複数像ができる可能性が指摘されている．その後，何人かの人によって星による重力レンズの可能性が議論されているが，1930年代，アメリカの天文学者ツビッキー（F. Zwicky）は光源とレンズの役割をする天体がともに銀河の場合，重力レンズが起こる確率が無視できないほど大きくなることを指摘している．この評価にもとづいてツビッキーは重力レンズ現象を探したが不成功に終わった．

　実際に重力レンズが発見されたのは1979年のことである．最初の重力レンズ天体は Q 0957+561A,B という二つのクェーサーで，天球上で6秒角ほどしか離れておらず（図2.10（80ページ）），分光観測してみるとそのスペクトルがぴたりと一致したのである．この発見以来，多数の重力レンズ系が観測されている．重力レンズは，光源の多重像がつくる強いレンズ現象と光源の形をわずかにゆがめる弱いレンズ現象に分けることができる．たとえば銀河団による背景銀河の重力レンズでは，中心部に強い重力レンズによる多重像やアーク状の像が観測され，周辺部で弱いレンズ現象が観測される．銀河団の（ダークマターを含めた）質量の大半は周辺部分が占めるので，弱い重力レンズによる質量分布の測定も重要である．また宇宙の大域的構造によって引き起こされる弱い重力レンズも観測されており，宇宙全体の質量分布のスケール依存性について重要な情報をも

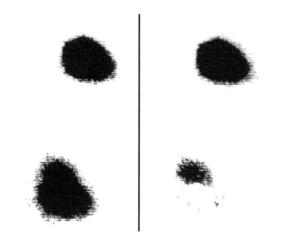

図 2.10 重力レンズ Q 0957+561 (Stockton 1980, *ApJL*, 242, 141). 左図は実際に観測された 2 重像の様子を示す. 右図の下の像は, 上の像を差し引いた残りを示し, 手前にあるレンズ銀河の像のみが取り出されている. 上のクェーサー像はイメージ A, 下の像はイメージ B と呼ばれている.

たらしている. 重力レンズは物質の組成や状態について何の仮定もすることなしに質量分布を知ることができる唯一の方法である. また複数像間の角度差などの観測量は, 背景天体までの（角径）距離 D_s[*2]と, レンズ天体から背景天体までの距離 D_{ds} の比 D_{ds}/D_s に依存しており, それを用いて宇宙論パラメータについて他の方法とは独立な制限を得ることもできる. これらの理由によって重力レンズは, 現代天文学, 宇宙論で重要な役割を果たしている.

2.3.1 重力レンズの基本原理

重力レンズの基礎方程式は簡単な幾何学的考察から求めることができる. 図 2.11 で, 観測者 O とレンズの中心を結ぶ線に垂直でレンズと光源を含む 2 次元面を, それぞれレンズ面, 光源面という. O を基準として, レンズ天体の中心方

[*2] 2.1.3 節では角径距離の表示として（よく使用される）小文字の d を用いているが, 重力レンズの分野では大文字の D を使って書く文献が多いので, この節ではそれにしたがって記述する.

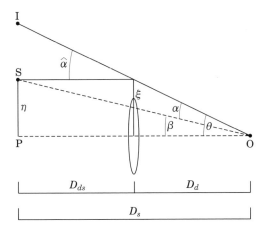

図 2.11 重力レンズの配置．観測者 O が S の位置にある光源からの光を見るときに，観測者から距離 D_d の位置にあるレンズ天体の重力のために，光線の経路が角度 α だけ曲がっている様子を示す．

向から測った像までの角度を θ，もしレンズ天体がなかったとしたら光源が見える角度を β，そして曲がりの角度を $\hat{\alpha}$ とする．これらの角度はどれも微小とする．曲がりの角度は一般相対論から光（電磁波）の波長によらず（ニュートン）ポテンシャル Φ を用いて次のように書くことができる．

$$\hat{\alpha} = \frac{2}{c^2} \int dz \nabla_\perp \Phi. \tag{2.47}$$

ここで $\nabla_\perp$ は光の進行方向に垂直な方向の微分演算子である．光源からの光はまっすぐ進み，レンズ面で曲がり，そしてまっすぐ観測者に届くと近似的に考えることができる．そのため，この曲がりの角度を，レンズ天体の質量密度をレンズ面に射影した面密度 Σ を用いて書くのが便利である．

$$\hat{\boldsymbol{\alpha}} = \frac{4G}{c^2} \int d^2 x' \frac{\boldsymbol{x} - \boldsymbol{x}'}{|\boldsymbol{x} - \boldsymbol{x}'|} \Sigma(\boldsymbol{x}'). \tag{2.48}$$

ただしレンズ面の座標を $\boldsymbol{x}$ とおいた．特に球対称の質量分布の場合，曲がりの角度は次のように書ける．

$$\hat{\alpha} = \frac{4GM(\ell)}{c^2 \ell}. \tag{2.49}$$

ここで ℓ は衝突パラメータ，すなわちレンズ面でレンズの中心と光源までの距離，$M(\ell)$ は距離 ℓ の中に含まれるレンズ面に射影された質量である．

さて光源面では $\overrightarrow{\mathrm{PI}} = \overrightarrow{\mathrm{PS}} + \overrightarrow{\mathrm{SI}}$ が成り立つ．観測者と光源までの角径距離を D_s，レンズと光源までの角径距離を D_{ds} とすると，$\overrightarrow{\mathrm{PI}} = D_s\boldsymbol{\theta}$, $\overrightarrow{\mathrm{PS}} = D_s\boldsymbol{\beta}$, $\overrightarrow{\mathrm{SI}} = D_{ds}\hat{\boldsymbol{\alpha}}$ であるから，次の式が成り立つ．

$$\boldsymbol{\beta} = \boldsymbol{\theta} - \boldsymbol{\alpha}(\boldsymbol{\theta}). \tag{2.50}$$

これが重力レンズ方程式である．ただし $\boldsymbol{\alpha} = \hat{\boldsymbol{\alpha}}D_{ds}/D_s$ として規格化された曲がりの角度を定義した．曲がりの角度がニュートンポテンシャルの勾配で与えられることから，この規格化された角度も次のように 2 次元レンズポテンシャルの勾配として書くことができる．

$$\boldsymbol{\alpha} = \nabla_\theta \psi(\boldsymbol{\theta}). \tag{2.51}$$

ここで ∇_θ はイメージ角 $\boldsymbol{\theta}$ に関する勾配オペレーターであり，ψ は次のように表される．

$$\psi(\boldsymbol{\theta}) = \frac{1}{\pi} \int d^2\theta' \ln|\boldsymbol{\theta} - \boldsymbol{\theta}'| \kappa(\boldsymbol{\theta}'). \tag{2.52}$$

κ はコンバージェンス (convergence) と呼ばれ，次のように定義される．

$$\kappa(\boldsymbol{\theta}) = \frac{\Sigma(\boldsymbol{\theta})}{\Sigma_{cr}}. \tag{2.53}$$

Σ_{cr} は臨界面密度と呼ばれ，次のように定義される．

$$\Sigma_{cr} = \frac{c^2 D_s}{4\pi G D_d D_{ds}} \sim 0.35 \left(\frac{D}{1\,\mathrm{Gpc}}\right)^{-1} \quad [\mathrm{g\,cm^{-2}}]. \tag{2.54}$$

D は，$D \equiv D_d D_{ds}/D_s$ で定義される距離の目安である．臨界面密度は強いレンズ現象を起こすか，弱いレンズ現象を起こすかの目安を与える．

仮想的に像（イメージ）が現れる 2 次元面をイメージ面（またはレンズ面）と呼ぶと，曲がりの角度を像（イメージ）の角度 θ の関数として表すことで，レンズ方程式はイメージ面から光源面への写像を与える．この写像の局所的な性質は，写像のヤコビ行列 $A(\boldsymbol{\theta})$ で与えられる．

$$A(\boldsymbol{\theta}) = \frac{\partial \boldsymbol{\beta}}{\partial \boldsymbol{\theta}} = \left(\delta_{ij} - \frac{\partial^2 \psi}{\partial \theta_i \partial \theta_j}\right). \tag{2.55}$$

このヤコビ行列は，上で定義したコンバージェンスと以下で定義されるシェア（shear, 歪みの意）γ_1, γ_2 を用いて次の形に書くことができる．

$$A(\boldsymbol{\theta}) = \begin{pmatrix} 1 - \kappa - \gamma_1 & -\gamma_2 \\ -\gamma_2 & 1 - \kappa + \gamma_1 \end{pmatrix} \tag{2.56}$$

$$= (1 - \kappa) \begin{pmatrix} 1 & 0 \\ 0 & 1 \end{pmatrix} - \begin{pmatrix} \gamma_1 & \gamma_2 \\ \gamma_2 & -\gamma_1 \end{pmatrix}. \tag{2.57}$$

この形から κ は形を変えず面積を変え，γ_1, γ_2 は面積を変えずに形を変えることが分かる．また，次のようになる．

$$\gamma_1 = \frac{1}{2}(\psi_{,11} - \psi_{,22}) \tag{2.58}$$

$$\gamma_2 = \psi_{,12}. \tag{2.59}$$

ここで，$\psi_{,ij} \equiv \dfrac{\partial^2 \psi}{\partial \theta_i \partial \theta_j}$ としている．この行列の固有値は，$\lambda_\pm = 1 - \kappa \pm |\gamma|$（$|\gamma| = \sqrt{\gamma_1^2 + \gamma_2^2}$）で，この比が像の歪みの程度を与える．またこの行列の逆行列の行列式は，光源の広がりとイメージの広がりの比を与えるので，重力レンズによる増光率 $\mu(\theta)$ を表している．

$$\mu(\boldsymbol{\theta}) = \det\left(\frac{\partial \boldsymbol{\theta}}{\partial \boldsymbol{\beta}}\right) = \frac{1}{\lambda_+ \lambda_-} = \frac{1}{(1 - \kappa)^2 - |\gamma|^2}. \tag{2.60}$$

イメージ面上で増光率が無限大になる閉曲線を臨界曲線（critical curve），それに対応する光源面での曲線をコースティックス（caustics）という．すなわちコースティックスに光源があると，（点光源の場合は）無限に増光されたイメージが現れる．

　特に球対称レンズの場合，光源とレンズ，観測者が一直線に並んだとき，レンズを中心とするある半径の円状の像ができる．これをアインシュタインリングという．アインシュタインリングの半径はレンズ方程式

$$\beta = \theta - \frac{D_{ds}}{D_d D_s} \frac{4GM(\theta)}{c^2 \theta} \tag{2.61}$$

で $\beta = 0$ とすることで，次の式を解くことで導かれる．

$$\theta_{\mathrm{E}} = \left[\frac{M(\theta_{\mathrm{E}})}{\pi D_d^2 \Sigma_{cr}} \right]^{1/2}. \tag{2.62}$$

質量分布を決めると，具体的なアインシュタイン半径が決まる．アインシュタイン半径内で面密度を平均すると，臨界面密度が得られる．

$$\langle \Sigma(\theta_{\mathrm{E}}) \rangle = \frac{1}{\pi \theta_{\mathrm{E}}^2} \int_0^{\theta_{\mathrm{E}}} d\theta \theta \int_0^{2\pi} d\phi \Sigma(\theta) = \Sigma_{cr}. \tag{2.63}$$

この性質を利用すると，銀河団の質量を評価することができる．銀河団の中には巨大なアーク状の像が観測される．このアーク像がアインシュタイン角度（アインシュタイン半径に対応する角度）に現れるとすると，アークが観測される角度以内に含まれる質量は次のように評価される．

$$M(\theta_{arc}) = \Sigma_{cr} \pi (D_d \theta)^2 \sim 1.1 \times 10^{15} M_\odot \left(\frac{\theta_{arc}}{30''} \right)^2 \left(\frac{D}{1\,\mathrm{Gpc}} \right). \tag{2.64}$$

具体例として，よく用いられる二つの例をあげよう．

例1　質点

質量が一点に集中しているレンズを質点といい，ブラックホールや星による重力レンズのモデルである．この場合，$M(\ell) = M$（一定）であるから，重力レンズ方程式は次のようになる．

$$\beta = \theta - \frac{\theta_{\mathrm{E}}^2}{\theta}. \tag{2.65}$$

この場合のアインシュタイン角度は

$$\theta_{\mathrm{E}} = \left[\frac{4GM}{c^2} \frac{D_{ds}}{D_s D_d} \right]^{1/2} \sim 1 \times 10^{-3} \mathrm{arcsec} \left(\frac{M}{M_\odot} \right)^{1/2} \left(\frac{D}{10\,\mathrm{kpc}} \right)^{-1/2} \tag{2.66}$$

となる．したがって，このレンズの2次元ポテンシャルは，$\psi = \theta_{\mathrm{E}}^2 \ln |\theta|$ となる．

このレンズでは二つの像ができるが，その角度は

$$\theta_{\pm} = \frac{1}{2} \left(\beta \pm \sqrt{\beta^2 + 4\theta_{\mathrm{E}}^2} \right) \tag{2.67}$$

である．

このレンズでどれだけ光源が拡大されるかは，光源面で光源の（動径方向の微

小な）広がり $\delta\beta$ を考えればよい．これに対応するイメージの広がり $\delta\theta$ は，レンズ方程式から

$$\delta\beta = \delta\theta + \frac{\theta_{\mathrm{E}}^2}{\theta^2}\delta\theta \tag{2.68}$$

として決まる．したがって光源とイメージの動径方向と接線方向の広がりの比は次のようになる．

$$\text{動径方向：} W(\theta_{\pm}) = \frac{\delta\theta}{\delta\beta} = \frac{1}{1 + (\theta_{\mathrm{E}}/\theta_{\pm})^2} < 1, \tag{2.69}$$

$$\text{接線方向：} L(\theta_{\pm}) = \frac{\theta}{\beta} = \frac{1}{1 - (\theta_{\mathrm{E}}/\theta_{\pm})^2}. \tag{2.70}$$

こうしてこのレンズは動径方向を必ず縮小する．接線方向は，イメージの位置によって縮小・拡大する．また増光率（イメージと光源の面積比）は次のようになる．

$$\mu(\theta_{\pm}) = \frac{\theta\delta\theta}{\beta\delta\beta} = \frac{1}{1 - (\theta_{\mathrm{E}}/\theta_{\pm})^4}. \tag{2.71}$$

(2.69) – (2.71) から光源の位置 β を指定すると，動径方向，接線方向の縮小（拡大）率，および増光率がおのおののイメージ $\theta_{\pm}$ について計算できる．

例2 等温球

銀河などの広がった天体による重力レンズのモデルとしてよく使われるのが，特異等温球（Singular Isothermal Sphere; 略して SIS）モデルである．通常の気体では気体分子のランダムな運動が圧力を与え，その運動は巨視的には温度として観測される．同様にこのモデルでも重力に対抗する圧力が構成天体（銀河なら星，銀河団なら銀河）のランダム運動によって与えられるとする．運動は構成天体の速度分散によって与えられるが，等温というのはどの場所でも速度分散が同じということである．このような状況では密度分布は次のように与えられる．

$$\rho(r) = \frac{\sigma^2}{2\pi G r^2} \tag{2.72}$$

ここで σ は速度分散である．これからレンズ面に射影された質量は

$$M(\theta) = \frac{\pi\sigma^2}{G} D_d\theta, \tag{2.73}$$

曲がりの角度は

$$\alpha = 4\pi \left(\frac{\sigma}{c}\right)^2 \sim 1.4'' \left(\frac{\sigma}{220\,\mathrm{km\,s^{-1}}}\right)^2 \tag{2.74}$$

となって，衝突パラメータの値によらず一定になる．このときのレンズ方程式は

$$\beta = \theta - \theta_{\mathrm{E}} \tag{2.75}$$

であり，アインシュタイン角度は

$$\theta_{\mathrm{E}} = \frac{D_{ds}}{D_s} 4\pi \left(\frac{\sigma}{c}\right)^2 \tag{2.76}$$

となる．レンズポテンシャルは，$\psi = \theta_{\mathrm{E}}|\theta|$ である．

　光源の位置が $\beta < \theta_{\mathrm{E}}$ を満たすとき二つのイメージが $\theta_\pm = \theta_{\mathrm{E}} \pm \beta$ のところにでき，$\beta > \theta_{\mathrm{E}}$ のとき $\theta = \theta_{\mathrm{E}} + \beta$ のところに一つのイメージができる．動径方向，接線方向の拡大率，増光率は質点の場合と同じようにして計算され，それぞれ次のようになる．

$$W(\theta) = \frac{\delta\theta}{\delta\beta} = 1, \tag{2.77}$$

$$L(\theta) = \frac{\theta}{\beta} = \frac{1}{1 - (\theta_{\mathrm{E}}/\theta_\pm)}, \tag{2.78}$$

$$\mu(\theta) = L(\theta). \tag{2.79}$$

　中心密度が無限大にならない等温球モデルの例として，中心部に有限な密度と大きさのコアをもつ等温モデルがあり，その場合レンズの中心部に第3の減光されたイメージが現れる．第3のイメージの減光の度合いは中心部の密度分布に敏感に依存するので，このイメージを観測，あるいは光度の上限を与えることで，レンズ天体の中心部の質量分布を求めることができる．SIS の場合，光源面におけるコースティックスは中心の一点で，光源がこの場所にあるとアインシュタインリングができるので，このコースティックスを接線コースティックス (tangential caustics) という．コアがある場合には接線コースティックスのほかに，コースティックスとしてレンズの密度分布とレンズ，光源の赤方偏移で決まるある半径の円が現れる．この円上に光源があると，動径方向に引きのばされたアーク状のイメージができるので，このコースティックスを動径コースティッ

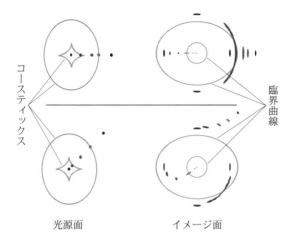

図 2.12 楕円レンズにおいて，光源面におけるコースティックスが左図に，イメージ面における臨界曲線が右図に示されている．左図で各光源の位置に対応するイメージの位置が右図に描かれている．上の 2 組の図は光源を右から近づけた場合，下の 2 組の図は光源を右上から近づけた場合である（Hattori *et al.* 1999, *Prog. Theor. Phys. Suppl.*, 133, 1）．

クス（radial caustics）という．

例 3　楕円レンズ

銀河や銀河団など広がった天体の質量分布は，一般には球対称ではなくもっと複雑である．これをレンズ面に射影された楕円型の質量分布でモデル化する場合が多い．中心部にあるコアの半径が比較的小さな楕円レンズでは，図 2.12 の左図（光源面）に示すようにダイヤモンドの形をした接線コースティックスが広がる．左図で光源が接線コースティックスの内側にあると，右図（イメージ面）で五つのイメージが現れ，光源が接線コースティックスと動径コースティックス（左図で外側の楕円）の間にあると三つのイメージ，光源が動径コースティックスの外側にあると一つのイメージが現れる．実際に観測される四つのイメージをもったレンズ系（図 2.13（88 ページ））は，このモデルでよく再現される．五つ目のイメージが観測されないのは，減光される上にレンズの中心部にできるためレンズ本体の明るさで隠されるからである．

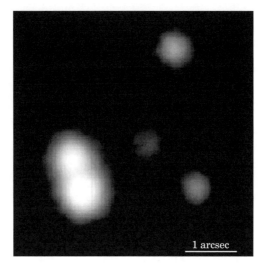

図 2.13 4重クェーサー PG 1115+080（国立天文台提供．すばるホームページの公開画像，https://www.subarutelescope.org/Pressrelease/1999/01/28h/PG1115_300.jpg）．

2.3.2 時間差に基づく H_0 の決定

重力場における光の経路は最小時間の原理（フェルマーの原理）に基づいて決めることができる．光源から出た光は，なるべくレンズ天体の重力から離れた場所を通ろうとする．しかしあまり遠くを通ると経路が長くなり余計に時間がかかってしまう．これを表したのが次の式である．

$$t(\boldsymbol{\theta},\boldsymbol{\beta}) = \frac{1+z_d}{c}\frac{D_d D_s}{D_{ds}}\left[\frac{1}{2}(\boldsymbol{\theta}-\boldsymbol{\beta})^2 - \psi(\boldsymbol{\theta})\right]. \quad (2.80)$$

z_d はレンズの赤方偏移である．右辺の第1項は幾何学的な時間の遅れ，第2項は重力による時間の遅れである．$\boldsymbol{\theta}$ に関する変分をとることによって，この式から重力レンズ方程式が得られる．光源の位置 $\boldsymbol{\beta}$ を固定したとき，$t(\boldsymbol{\theta},\boldsymbol{\beta})$ はイメージ面上の曲面となり，この曲面上の極値にイメージが現れる．この曲面上の二つの極値の間の高さの差は，光源からそれらの極値に光が届くまでの時間差（time delay）を与える．これを利用してハッブル定数を測定することが可能である．

上の式に従って光源の明るさが変化したとき，その変化は時間差をもってそれ

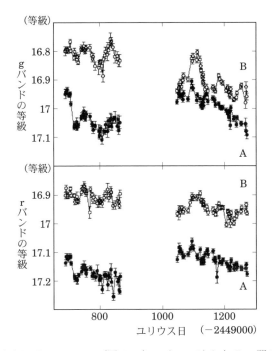

図 2.14 Q 0957+561（図 2.10）のイメージ A と B の明るさの時間変化（Kundić *et al.* 1997, *ApJ*, 482, 75）．横軸に観測した日，縦軸に g バンドの等級（上図），r バンドの等級（下図）が示されている．この図から，イメージ A と B の間の時間差が 417±3 日であることが分かった．

ぞれのイメージに現れる．重力レンズのモデルと光源の位置をイメージの位置や明るさなどから正確に決めることができれば，この時間差の観測から距離の比 $D_d D_s/D_{ds}$ を決めることができ，この比はハッブル定数によるので結局，ハッブル定数の値を決めることができる．

すでにいくつもの重力レンズ系でこの時間差が観測されていて（図 2.14），ほとんどの場合に他の方法で得られたハッブル定数の値と矛盾しない値が得られている．この方法では「距離はしご」[*3] を用いることなしに単一の重力レンズ系の

[*2] 近傍の天体までの距離からはじめて，それを標準光源としてより遠方の天体へ適用して順々に距離を決めていく方法を指し，はしごを一つ一つ上るようにして距離を決めることから「距離はしご」と呼ばれる．各ステップにおける距離測定の誤差が蓄積してしまう欠点がある．

90 第 2 章 観測的宇宙論の基礎

観測だけでハッブル定数を決めることが原理的に可能であり，一般相対論だけに基づいていて経験的な法則を使用していないことなど，他の方法に比べて有利な点がある．しかし正確な重力レンズのモデルをつくることは容易ではなく，正確なハッブル定数の値を与えるまでにはいたっていない．

2.3.3 レンズ統計

重力レンズの応用として，統計的な重力レンズ効果がある．たとえば多数のクェーサーのサンプルの中で重力レンズを受けて複数個のイメージをもつものが何個あるかや，それらのイメージの間の角度の分布などが含まれる．このようなクェーサーを用いた統計的な効果は，宇宙論パラメータ，特に宇宙定数に強く依存する．

重力レンズ統計の基本式は容易に導くことができる．赤方偏移 z_s にある光源が光源から我々の間に個数密度 $n(z_d)$ で分布しているレンズ天体によって重力レンズを受ける確率は，光源からやってきた光が赤方偏移が z_d から $z_d + dz_d$ の間にレンズのまわりのある面積を通過すれば重力レンズが起こると考えて，次のように書くことができる．

$$dp(z_d) = n(z_d)\sigma_L(z_d, z_s) \left| \frac{c\,dt}{dz_d} \right| dz_d. \tag{2.81}$$

ここで σ_L はレンズの断面積で，光源とレンズの赤方偏移の関数である．これは重力レンズのモデルによって与えられ，どのようなレンズ現象を考慮するかを決めれば計算することができる．たとえば SIS モデルでは，光源からの光がアインシュタイン半径以内を通過すれば二つのイメージが現れるから，二つのイメージを与える断面積は次のように与えられる．

$$\sigma_L = \pi(D_d\theta_E)^2 = 16\pi^2 \left(\frac{\sigma}{c}\right)^4 \left(\frac{D_d D_{ds}}{D_s}\right)^2. \tag{2.82}$$

また

$$\left| \frac{c\,dt}{dz_d} \right| = \left| \frac{c\,dt}{da} \frac{da}{dz} \right| = \frac{c}{Ha} \frac{1}{(1+z)^2} \tag{2.83}$$

から，（2.81）の確率は次のように書ける．

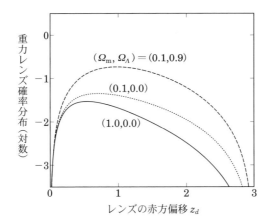

図 2.15 赤方偏移 $z_s = 3$ にある光源に対する重力レンズの確率分布.

$$\frac{dp}{dz_d}(z_d, z_s) = F \left(\frac{D_d D_{ds}}{R_H D_s}\right)^2 \frac{(1+z_d)^2}{E(z_d)}. \tag{2.84}$$

ここで $H(z) = H_0 E(z)$ で $R_H = c/H_0$ はハッブル距離である.また

$$F = 16\pi^3 n_d(0) \left(\frac{\sigma}{c}\right)^4 R_H^3 \tag{2.85}$$

はレンズの強さを表すパラメータと考えることができる.ここで簡単のためレンズ天体の数は保存するとした.つまり $n_d(z) = n(0)(1+z)^3$ とした.図 2.15 に,赤方偏移 $z_s = 3$ にある光源に対する重力レンズ確率分布の z_d 依存性を示す.この分布をレンズ天体の赤方偏移に対して 0 から光源の赤方偏移 z_s まで積分すれば,z_s にある光源が受ける次の重力レンズの確率が分かる.

$$p(z_s) = \int_0^{z_s} dz_d \frac{dp}{dz_d}. \tag{2.86}$$

この確率が宇宙定数などの宇宙論パラメータ,特に宇宙定数に強く依存するのである.しかし実際の観測との比較をするには,重力レンズによる増光によって本来観測されないはずのクェーサーがサンプルに入っているため,上式は実際の確率を過小評価していることを考慮しなければならない.また数密度 $n(0)$ はレンズ天体(クェーサー統計の場合は,楕円銀河やレンズ状銀河などの早期型銀

河）の光度関数から評価される．光度関数やレンズモデルの速度分散のようなパラメータを，SDSS（スローンデジタルスカイサーベイ）のような大規模銀河サーベイによって決めると，ほかの方法で得られた宇宙定数の値に矛盾しない値が得られている．

2.3.4 弱い重力レンズとその応用

重力レンズ効果には，上に述べた複数のイメージをつくる強い重力レンズ効果のほかに，背景銀河の形状をわずかに変形させる弱い重力レンズ効果がある．レンズ効果を受けていない背景銀河の形状は観測ができないので，弱い重力レンズは必然的に多くの背景銀河の形状の系統的な変形を観測することになる．弱い重力レンズの代表的な応用として銀河団の質量分布の測定と，宇宙の大規模構造の観測からダークエネルギーについての知見を得ることがあげられる．ここではまず弱い重力レンズの紹介とこれらの応用について解説する．

遠方の銀河から放出された光は，宇宙の大規模構造によって経路が曲げられて本来の形状とはわずかに違う形状になる．しかし本来の形状は観測できないので，1 個の銀河だけを観測しても何の情報も得られない．しかし多数の銀河を観測すると，途中の質量分布を反映して組織的な歪みが現れる．これをコスミックシェア（cosmic shear）という．この組織的な歪みから大規模構造の質量分布を再現することができる．

実際の観測では背景銀河の形状を楕円で合わせる．楕円の長軸の長さを a, その方向をある方向から測った角度を ϕ, 短軸の長さを b として，次のように楕円率を定義する．

$$e = e_1 + ie_2 = \frac{a^2 - b^2}{a^2 + b^2} e^{2i\phi}. \tag{2.87}$$

すると，重力レンズ方程式から観測された楕円率 $e^{(obs)}$ とレンズ効果を受けていない楕円率 $e^{(s)}$ との間には次の関係があることが導かれる．

$$e^{(obs)} = e^{(s)} + 2\gamma. \tag{2.88}$$

ただし $\gamma = \gamma_1 + i\gamma_2$ であり，この関係は，$\kappa \ll 1$, $|\gamma| \ll 1$ のときに成り立つ近似である．レンズ効果を受けていない背景銀河の長軸の方向は特別な理由がない限りランダムとしてもよいだろう．そこで十分な数の背景銀河が入る領域を考え

て，その領域内の銀河に対し，この角度で平均すると

$$\langle e^{(obs)} \rangle = 2\langle \gamma \rangle + O\left(\frac{\sigma_\varepsilon}{\sqrt{N}}\right) \tag{2.89}$$

となる．ここで σ_ε はレンズ効果を受けていないときの楕円率の標準偏差，N は平均化した背景銀河の数である．σ_ε は 0.2 から 0.3 程度，銀河団によるシェアの大きさは 10–20%，大域的構造によるシェアの大きさは数%以下なので，銀河団のシェアを観測するには最低 10 個程度，大規模構造によるシェアを観測するには数十個の背景銀河の楕円率を平均化する必要がある．したがって観測からすぐに（平均化した）シェアが求められる．

シェアとコンバージェンスのフーリエ変換の間には，

$$\hat{\gamma}(\boldsymbol{k}) = \frac{k_1^2 - k_2^2 + 2ik_1k_2}{\boldsymbol{k}^2} \hat{\kappa}(\boldsymbol{k}) \tag{2.90}$$

が成り立つので，シェアとコンバージェンスの 2 点相関関数は一致する．

$$\langle \hat{\gamma}(\boldsymbol{k})\hat{\gamma}^*(\boldsymbol{k}') \rangle = \langle \hat{\kappa}(\boldsymbol{k})\hat{\kappa}^*(\boldsymbol{k}') \rangle. \tag{2.91}$$

弱い重力レンズ効果の応用について触れよう．まず銀河団の質量分布であるが，宇宙の構造形成において銀河や銀河団のような自己重力系がいつどのように形成されたかは基本的に重要な問題である．我々が通常の天文学的観測で観測できるのはバリオン物質の分布であるが，バリオン物質はダークマターの希薄な塊（ハロー）の中心部で重力収縮して天体を形成する．冷たいダークマターによる構造形成理論では，数値計算によりダークマターハローはそのスケールによらず次の普遍的な密度プロファイル（動径方向に平均化された密度分布）を持っていることが知られている．

$$\rho(r) = \frac{\rho_s}{(r/r_s)(1 + r/r_s)^2} \tag{2.92}$$

この密度プロファイルを発見した研究者の名をとってナバーロ–フレンク–ホワイト（Navaro-Frenk-White）プロファイル（略して NFW プロファイルという）という．ここで ρ_s は中心密度を表すパラメータである．r_s は動径方向の密度分布の勾配が r^{-1} から r^{-3} に代わるスケールを表すパラメータである．この密度プロファイルからある半径 r_Δ 以内の質量が次のように与えられる．

$$M_{\mathrm{NFW}}(r_\Delta) = \frac{4\pi\rho_s r_\Delta^3}{c_\Delta^3}\left[\ln(1+c_\Delta) - \frac{c_\Delta}{1+c_\Delta}\right] \tag{2.93}$$

ここで $c_\Delta \equiv r_\Delta/r_s$ をパラメータとして導入した．このパラメータを集中度パラ
メータといい，この値が大きいほど密度の中心集中度が大きくなる．密度プロ
ファイルにおけるバリオン物質の寄与は星形成にまつわるさまざまなプロセスで
あり，極めて複雑なため理論的な予想は困難で，したがって銀河スケールのよう
な比較的小さな重力束縛系においては密度プロファイルの理論的な予想はできな
い．しかしながら銀河団のような大きな系ではバリオン物質の影響が小さいため
NFW が比較的よく成り立っていると予想される．こうして観測的に銀河団の密
度プロファイルを検証することは，構造形成理論にとって極めて重要な意味を持
つ．弱い重力レンズ現象は銀河団のような大きな構造の密度分布を調べるには最
適な方法である．またすばる望遠鏡の主焦点は 8–10 m クラスの大望遠鏡の中で
は非常に広い視野をもつことから近傍銀河団を効率よく観測できるため，銀河団
の密度プロファイルの検証には最適である．

　このような観点のもとに 2010 年頃からすばる望遠鏡を用いた赤方偏移 0.15
から 0.3 までの近傍銀河団に対して弱い重力レンズ観測が行われた．2014 年に
はその数は 52 個に達し，そのうちの NFW プロファイルで記述可能な密度プロ
ファイルをもった 50 個に対して平均的な密度プロファイルが求められ，NFW
プロファイルと極めて良い一致を示した（図 2.16 参照）．こうして冷たいダーク
マターに基づく構造形成理論は少なくとも銀河団スケールにおいては観測的な支
持が得られている．

　次に宇宙の大規模構造による弱い重力レンズ効果である宇宙シアについてみて
みよう．宇宙シアは莫大な数の背景銀河の系統的な形状変化から大規模構造の密
度ゆらぎについての情報を得ることでダークエネルギーの性質を調べることがで
きる．上で見たようにシアとコンバージェンスの相関は等しい．一方，コンバー
ジェンスの統計的性質は物質の密度ゆらぎの統計的性質で表すことができる．コ
ンバージェンスと規格化された曲がりの角度 $\boldsymbol{\alpha}$ の間には $\kappa = 1/2\nabla_\theta\boldsymbol{\alpha}$ の関係
があるので，まず曲がりの角度を大域的構造の密度分布で表そう．曲がりの角度
は，質量分布が連続的なので，重力ポテンシャルを光源から我々まで積分して求
められる．

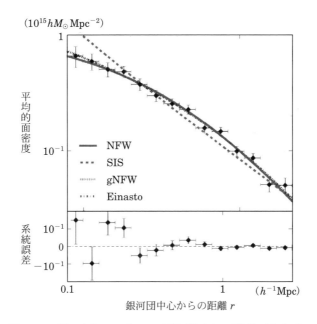

図 2.16 弱い重力レンズによる近傍銀河団の平均的面密度プロファイル．近傍銀河団 50 個の平均的面密度プロファイル（データ点）と NFW プロファイル（実線），SIS プロファイル（破線），その他のプロファイル（その他の線，ただし実線とほぼ重なっている）との比較（Okabe $et\ al.$ 2013, ApJ, 769, 35）．

$$\boldsymbol{\alpha} = \frac{2}{c^2} \int_0^{\lambda_s} d\lambda' \frac{r(\lambda' - \lambda_s)}{r(\lambda_s)} \nabla_\perp \Phi. \tag{2.94}$$

ポテンシャルと密度ゆらぎ $\delta(\boldsymbol{x},t) = (\rho(\boldsymbol{x},t) - \bar{\rho}(t))/\bar{\rho}(t)$（$\bar{\rho}$ は平均密度）の関係は，次のポアソン方程式で与えられる．

$$\nabla_r^2 \Phi = 4\pi G \rho_\mathrm{m} \delta. \tag{2.95}$$

ここで ∇_r は，固有座標 ($\boldsymbol{r}$) での微分演算子である．これを共動座標 ($\boldsymbol{x}$) で表すと $\nabla_x = a\nabla_r$ なので，

$$\nabla_x^2 \Phi = 4\pi G a^2 \rho_\mathrm{m} \delta = \frac{3H_0^2 \Omega_\mathrm{m}}{2a} \delta \tag{2.96}$$

となる．こうして背景銀河の共動動径座標を λ_s としてコンバージェンス κ は次

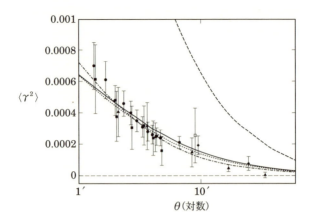

図 **2.17** コスミックシェアの観測結果 (Schneider *et al.* 2006, *Gravitational Lensing*：*Strong, Weak, And Micro*, Springer-Verlag).

のように書けることが分かる.

$$\kappa(\boldsymbol{\theta}, \lambda_s) = \frac{3H_0^2 \Omega_{\mathrm{m}}}{2c^2} \int_0^{\lambda_s} d\lambda' \frac{r(\lambda')r(\lambda_s - \lambda')}{r(\lambda_s)} \frac{\delta[r(\lambda')\boldsymbol{\theta}, \lambda']}{a(\lambda')}. \tag{2.97}$$

実際には背景銀河はある特定の距離にいるわけではなく,いろいろな距離にわたって分布しているので,その赤方偏移分布 $p(\lambda(z))$ を考慮にいれると,

$$\kappa(\boldsymbol{\theta}) = \frac{3H_0^2 \Omega_{\mathrm{m}}}{2c^2} \int_0^\infty d\lambda g(\lambda) r(\lambda) \frac{\delta[r(\lambda)\boldsymbol{\theta}, \lambda]}{a(\lambda)} \tag{2.98}$$

となる.ただし

$$g(\lambda) = \int_\lambda^\infty d\lambda' p(\lambda') \frac{r(\lambda' - \lambda)}{r(\lambda')} \tag{2.99}$$

は,背景銀河の赤方偏移分布で重みをかけられた距離の比 D_{ds}/D_s で,この比は宇宙定数,あるいはより一般にダークエネルギーに強い依存性を示す.

密度ゆらぎの統計的性質は,3章で説明されるように次式で定義されるパワースペクトル $P_\delta(k, \lambda)$ を用いて記述される(3.2節参照).

$$\langle \hat{\delta}(\boldsymbol{k}, \lambda) \hat{\delta}^*(\boldsymbol{k}', \lambda) \rangle = (2\pi)^3 \delta(\boldsymbol{k} - \boldsymbol{k}') P_\delta(k, \lambda). \tag{2.100}$$

これを用い,さらに密度ゆらぎの視線方向の相関は無視できるとすると,コン

バージェンスのパワースペクトル（P_κ），密度ゆらぎのパワースペクトル（P_δ）で次のように表される.

$$P_\kappa(\ell) = \frac{9H_0^4 \Omega_{\mathrm{m}}^2}{4c^4} \int_0^\infty d\lambda \frac{g^2(\lambda)}{a^2(\lambda)} P_\delta \left(\frac{\ell}{r(\lambda)}, \lambda \right). \tag{2.101}$$

コスミックシェアは宇宙マイクロ波背景放射の観測では得られない比較的赤方偏移の小さな領域（$z \lesssim 1$）や，非線形成長が重要になる小スケールでの（ダークマターを含めた）物質密度についての情報が得られるので非常に重要である．またコスミックシェアの観測で得られる情報は宇宙マイクロ波背景放射の温度ゆらぎの観測とは独立なので，これらを組み合わせることで，より正確な宇宙論パラメータの値を得ることができる．特にダークエネルギーの性質（状態方程式）は赤方偏移が 1 以下の宇宙膨張に影響を与えるので，コスミックシェアの観測が重要となる.

重力レンズ現象の発見と展開

重力レンズ現象が初めて観測されたのは 1979 年のことで，それはアインシュタインが生まれてからちょうど 100 年目であった．以来，現在までにいろいろな種類の重力レンズ系がいくつも発見され，重力レンズ現象は観測的宇宙論において重要な分野になってきている.

日食による光の曲がりの観測が行われた 1919 年の時点で，重力によって遠方の星が複数に見える可能性がすでに指摘されていた．アインシュタイン自身，1936 年に光源の星とレンズの役割をする星と観測者が一直線上に並ぶと，リング状の像ができることを指摘しているが，実際にはこのようなことが起こる確率はきわめて小さく現実には起こらないだろうと述べていた．一方，同じ頃スイスの天文学者ツビッキーは光源とレンズ天体がともに銀河の場合，重力レンズが起こる確率は無視できないほど大きくなることを指摘し，実際にそのようなレンズ現象を見つけようと観測もしたが，成功しなかった.

そして 40 年以上の歳月が過ぎてから重力レンズが実際に観測された．この発見以降の重力レンズの観測成果はめざましいものがある．本文で説明した強い重力レンズはもとより弱い重力レンズ現象も数多く観測されていて，ダークマターの分布について重要な知見を与えている．日本においてもすばる望遠鏡の登場で重力レンズ研究が活発になっている．特にすばる望遠鏡の特徴である主焦点カメラ（Subaru Prime Focus Camera, 略して Suprime-Cam）は，天球上ではほ

満月の大きさの領域を1ショットで撮像できるという，他の8–10 m クラスの望遠鏡にない広視野観測が可能で，これを生かして銀河団のまわりや宇宙大規模構造による弱い重力レンズ効果が研究されてきた．

現在では，すばる望遠鏡に新たに取り付けられた超広視野主焦点カメラ Hyper Suprime-Cam が活躍している．このカメラは Suprime-Cam の優秀な結像性能はそのままに視野を10倍以上に広げたもので，数年かけて1000平方度程度，約1億個の銀河を観測するプロジェクトが行われている．そのデータをもとにバリオン振動や弱い重力レンズ効果などによるダークエネルギーについての研究が着々と進んでいる．

2.4 その他の方法論

膨張宇宙のパラメータを決定する方法はその他にも多く存在し，大別して（1）力学的測定，（2）幾何学的測定，の二つに分けられる．前者は，宇宙にある物質の量や力学的状態を基にし，後者は，銀河などの天体をランドマークにして宇宙の中の距離関係や体積を基にするものである．それぞれの方法には一長一短があり，一般には複数の方法を組み合わせて総合的に判断される．

2.4.1 力学的測定方法

銀河団数密度

銀河団は銀河が数十個から数千個集まった自己重力系であり，ビリアル平衡（44ページ参照）が成立している力学系としては，宇宙においてもっとも質量が重くサイズも大きい．このような巨大な系をつくるには，宇宙膨張を振り切りながら銀河が互いの重力で集まる必要があり，したがって宇宙において小さなものが合体して大きな構造が作られるという階層的合体過程と密接に関係している．この合体理論（プレス–シェヒター理論，3.4.2節にて解説）を用いると，現在の銀河団の数は，密度パラメータ Ω_{m} と線形密度ゆらぎの $8h^{-1}$ Mpc における振幅 σ_8 の組み合わせに対して，$\sigma_8 \Omega_{\mathrm{m}}^{0.5} \simeq 0.5$ という形で依存していることが知られている．つまり，σ_8 と Ω_{m} は縮退しているので，現在の銀河団の数からは分

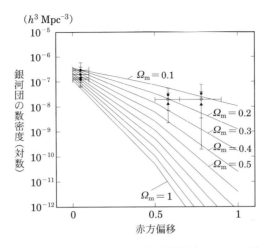

図 2.18 銀河団数密度の観測値（誤差棒付きのデータ点）と合体理論からの予測（実線）との比較．理論の予測線は，宇宙項入りの平坦な宇宙を仮定しており，上から $\Omega_\mathrm{m} = 0.1, 0.2, \cdots, 1$ に対応している（Bahcall & Fan 1998, *ApJ*, 504, 1）．

離できないことになる．

　一方，銀河団の数は時間とともに変化していることを考慮すると，これらのパラメータの縮退が解けることになる．密度パラメータ Ω_m が大きな宇宙では，急速な合体過程が起こるので，銀河団の数の時間変化も速いのに対して，Ω_m が小さな宇宙では，この数の時間変化はゆるやかとなる．したがって，赤方偏移がゼロより大きな遠距離において，銀河団の数（あるいは数密度）を測れば，Ω_m に対して一定の制限を付けることが可能となる．

　図 2.18 には，赤方偏移が 0.5 よりも大きな領域で得られた銀河団の数密度と現在のそれが示されている．両者の差は一桁程度であり，急速な時間変化は見られないが，この結果と実際の理論予測（実線）と比較すると，$\Omega_\mathrm{m} \sim 0.2$ の宇宙が許容され，$\Omega_\mathrm{m} = 1$ のような高密度宇宙は棄却されることが分かる．

質量–光度比

　天体が放つ放射に対してその単位光度あたりの質量を質量–光度比といい，天体の質量を評価する一定の指標である．すると，宇宙に存在する銀河・銀河団か

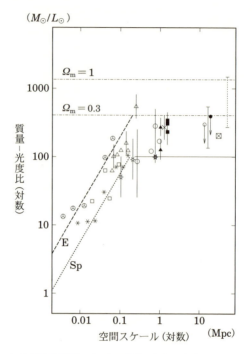

図 2.19 さまざまな階層における質量–光度比を空間スケール R に対する依存性として示す．$\Omega_{\mathrm{m}} = 1$ と 0.3 に対応する質量–光度比の線も示されている（Bahcall *et al.* 1995, *ApJL*, 447, 81）．

らの全光度を求め，その単位体積あたりの光度（光度密度）と銀河・銀河団の平均的な質量–光度比を組み合わせて，宇宙の質量密度すなわち密度パラメータ Ω_{m} を決めることができる．個々の銀河はさまざまな光度 L をもつが，銀河頻度分布を L の関数として表したものが光度関数 $\Phi(L)$ であり，しばしばシェヒター（Schechter）関数 $\Phi(L)\,dL = \Phi^*(L/L^*)^\alpha \exp(-L/L^*)\,dL/L^*$ の形に適合される．ここで，(Φ^*, L^*, α) はパラメータであり，実際の銀河頻度分布と比較して決めることができる．すると，光度密度 ρ_L が $\rho_L = \int L\Phi(L)dL$ から得られる．さらに，銀河の質量密度 ρ_{m} は，銀河の平均的な質量–光度比 $\langle M/L \rangle$ から $\rho_{\mathrm{m}} = \rho_L \langle M/L \rangle$ と表されるので，Ω_{m} を求めることができる．典型量を入れると，$\Omega_{\mathrm{m}} \sim 6 \times 10^{-4} h^{-1} \langle M/L \rangle$ （ここで $h \equiv H_0/100\,\mathrm{km\,s^{-1}\,Mpc^{-1}}$）となる．

図 2.19 には，銀河，銀河群，銀河団といったさまざまな空間スケールの系における質量–光度比が示されている．数 10 kpc（0.01 Mpc）以内の銀河の光って見える領域では M/L は 10 程度の値をもつが，銀河の周囲にある半径 100 kpc 以上のハロー空間でダークマターが支配していると考えられている領域では M/L は 100 のオーダーとなり，空間スケールが大きくなるにつれて M/L の値が大きくなる様子が分かる．ところが，空間スケールが数 100 kpc から 1 Mpc になると，質量–光度比の増大が頭打ちとなり，数 100 程度の値以上にならない．また，対応する密度パラメータにすると，$\Omega_{\mathrm{m}} \sim 0.3$ 程度におさまり，宇宙は低密度であることが示唆される．

銀河速度場

銀河団の周囲や超銀河団にある銀河の集団は，ビリアル平衡が成り立つような力学平衡にないので，別の方法を用いる．このような銀河は，宇宙膨張による後退速度の他に，銀河団や超銀河団のような密度ゆらぎの領域から重力を受けることによって特異速度 V_{pec} を持ち，それは線形解析から $V_{\mathrm{pec}} = 2fg/(3H_0\Omega_{\mathrm{m}})$ と表される．ここで，g は重力加速度，$f \sim \Omega_{\mathrm{m}}^{0.6}$ である．このような密度ゆらぎの領域が半径 R の球状であるとし，銀河がそのまわりに集まっているとすると，$V_{\mathrm{pec}} = \dfrac{1}{3} H_0 R \Omega_{\mathrm{m}}^{0.6} \langle \delta\rho/\rho \rangle$ と表される．ここで，$\langle \delta\rho/\rho \rangle$ は考える宇宙の領域における質量密度のゆらぎ量であり，これが特異速度を引き起こす．この密度ゆらぎ量は直接観測可能な量ではないが，通常は実際に観測される（光っている部分である）銀河の数のゆらぎ量 $\langle \delta N/N \rangle$ とほぼ等しいと仮定して，未知の量 Ω_{m} を導出する．

例として，銀河系を含むおとめ座超銀河団周辺を考えると，$V_{\mathrm{pec}} \sim 250 \,\mathrm{km\,s^{-1}}$，$H_0 R \sim 1200 \,\mathrm{km\,s^{-1}}$，$\langle \delta\rho/\rho \rangle \simeq \langle \delta N/N \rangle \sim 2$ とすると，$\Omega_{\mathrm{m}} \sim 0.2$ となる．むろん，質量密度のゆらぎ量は観測される銀河数のゆらぎ量と必ずしも等しくないので，これが不定性の主要因となる．

銀河の特異速度を用いたより具体的な方法として，銀河分布の一様分布からのずれを表す 2 点相関関数を，銀河の赤方偏移（視線に平行な方向）と天球面上の位置（視線に垂直な方向）との関数として定量化し，その関数の形が前述と同様に膨張宇宙の密度パラメータに依存していることを用いるものがある（3.5.2 節

参照).この方法を近年の大規模な銀河赤方偏移サーベイに適用することによって,$\Omega_\mathrm{m} \sim 0.3$ という値が得られている.

2.4.2 幾何学的測定方法

天体の大きさ

ある一定の大きさをもつ天体の見かけの角度は,天体までの距離(角径距離 d_A)とともに変化するが,この変化の仕方は宇宙の幾何に依存している.したがって,そのような「ものさし」となる天体を用いて,膨張宇宙パラメータ Ω_m と Ω_Λ に制限を付けることができる.

図 2.20 には,クェーサーや活動銀河中心核などにある,コンパクトな空間サイズを持つ連続電波源を用いて,その見かけの角度を赤方偏移ごとに示したものである.実線は $\Omega_\Lambda = 0$ を仮定して,さまざまな減速定数 q_0 における角径距離から求められる理論線である.データのばらつきが大きく,おそらく電波源の進

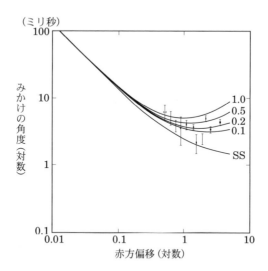

図 2.20 コンパクトな連続電波源のサイズとその赤方偏移依存性(Gurvits *et al.* 1999, *A&A*, 342, 378).実線は長さが $22.7\,h^{-1}\,\mathrm{pc}$(ここで $h = H_0/100\,\mathrm{km\,s^{-1}\,Mpc^{-1}}$)に対して,$\Omega_\Lambda = 0$ の宇宙での減速定数を $q_0 = 1.0, 0.5, 0.2, 0.1$ と変化させた場合を示す.図中で SS とは定常宇宙モデルに対応する.

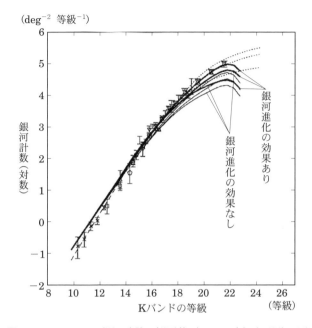

図 2.21 K バンド銀河計数の観測値（データ点）と理論予測（実線）との比較．理論予測は，銀河進化効果を考慮したもの（太い実線）と考慮していないもの（細い実線）に対して，上から $(\Omega_\mathrm{m}, \Omega_\Lambda) = (0.2, 0.8), (0.2, 0), (1, 0)$ の場合を示している．点線は銀河検出の際の選択効果を考慮していない場合に対応している（Yoshii & Peterson 1995, *ApJ*, 444, 15）．

化効果も含まれるので，確かな結果が得られないのが現状である．

銀河計数法

　膨張宇宙のパラメータである Ω_m と Ω_Λ は，宇宙の幾何を決める重要な量であり，ある赤方偏移 z にある銀河までの距離や体積の値を左右する．この場合，Ω_m が小さいか Ω_Λ が大きくなると，着目している銀河までの距離が大きくなり，その銀河までに含まれる宇宙の体積も大きくなる．そうすると，ある空の領域で一定の見かけ等級 m で 1 平方度内に観測される銀河の数 $n(m)$ $(\mathrm{deg}^{-2}$ 等級$^{-1})$（銀河計数）も，体積とともに増えることになる．つまり，銀河計数 $n(m)$ は宇宙の幾何を決める重要な指標となる．

104 第 2 章 観測的宇宙論の基礎

図 2.21（103 ページ）には，K バンドで得られた銀河計数の観測結果がデータ点で表されている．暗くなるほど銀河数が増えている傾向が分かる．実線は理論予測であり，太い実線は過去に銀河が明るいという銀河進化効果を考慮した予測に対して，細い実線はこのような効果を含まない（非現実的な）場合を示し，採用した宇宙論パラメータとして上から $(\Omega_m, \Omega_\Lambda) = (0.2, 0.8), (0.2, 0), (1, 0)$ の場合を示している．明るい領域ではあまり宇宙論パラメータによらないが，暗いすなわち遠くの銀河に対応するような領域になると宇宙の幾何の違いが現れるのがよく分かる．また，宇宙項（Ω_Λ）のない場合は暗い銀河の計数が低く抑えられ，観測される計数を再現するためには宇宙項を導入しなければならないことが見て取れる．近年の観測的宇宙論では，我々が住む宇宙には宇宙項のような加速膨張を与えるものが必要であるという認識が高まっているが，この銀河計数法に基づく銀河観測の結果が宇宙項存在の認識を与えた経緯がある．

2.5 宇宙年齢の制限

宇宙の年齢は，どの天体の年齢にくらべても必ず古くないとつじつまが合わなくなる．したがって，天体の年齢を決定することは，宇宙年齢に対する下限となり，さらに膨張宇宙のパラメータに対して一定の制限を付けることになる．

2.5.1 球状星団の年齢

球状星団は銀河系最古の天体として知られ，銀河系中心部からハローにわたって広く分布している．典型的な球状星団の一つである M 68 の色–等級図（横軸に二つの波長で得られる色指数，縦軸に一つの波長における等級を表した図）を図 2.22 に示す．転向点や赤色巨星分枝の様子から，進化の進んだ恒星系であることが分かり，またこれらの星はある時期に同時に形成され，どの星も年齢と金属量が同じであることが分かる．したがって，星の進化モデルと比較することによって球状星団の年齢を決定することができるので，宇宙年齢に対して制限を付けることができる．図 2.22 には，110, 120, 130 億年に対応する等時曲線も実線で記されており，おおよそ 120 億年と見積もられている．

このような球状星団の年齢評価に重要な量は，主系列からの折れ曲がり点（転向点）の絶対等級 M_V の決定であり，そのためには星団までの距離をできるだ

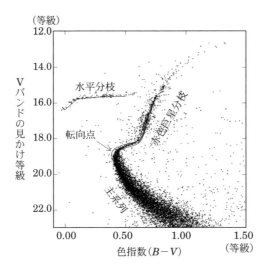

図 2.22 球状星団 M 68 の色–等級図と年齢決定．主系列から赤色巨星分枝にわたる各曲線は年齢一定の等時曲線であり，上から 110 億年，120 億年，130 億年を示す（Salaris *et al.* 1997, *ApJ*, 479, 665）．

け正確に決める必要がある．球状星団までの距離を決める方法として以下のようなものがある．(1) 図 2.22 の V = 16 等付近に水平に伸びた領域（水平分枝）にこと座 RR 型変光星が分布しているが，この変光星の平均光度は一定であることから標準光源として使え，実際の球状星団でみられる水平分枝の見かけ等級と比較して距離を決めることができる．(2) 距離が分かっている太陽近傍の準矮星（金属量が少ない主系列星）をとり，それらの色–等級図上の位置と球状星団の主系列とを合わせることによって星団の距離を決めることができる．どちらの方法でも，基準となる星（こと座 RR 型変光星，準矮星）の絶対等級を正確に決めておく必要があり，太陽近傍にあって年周視差[*4]が直接測定できるものが利用されている．

　世界初の位置天文衛星ヒッパルコスは，多くの太陽近傍星に対して 1 ミリ秒の精度で年周視差を測定することに成功した．その中には，球状星団までの距離決

[*4] 地球が太陽のまわりを 1 年かけて公転運動する際に，近距離にある恒星の見かけの位置が変化する現象が見られ，その変化の角度の半分を年周視差とよぶ．年周視差から恒星までの距離を三角測量の原理により決定できる．

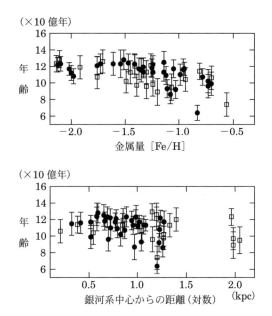

図 2.23 球状星団の年齢分布を星団の金属量(上)と銀河系中心からの距離(下)の関数として示す(Salaris & Weiss 2002, A&A, 388, 492).

定に重要な基準星(こと座 RR 型変光星,準矮星)も少なからず含んでいるため,これまでにない精度で球状星団の年齢を評価できるようになった.図 2.23 は,このようにして求められた 55 個の球状星団の年齢を,それらの金属量や銀河系中心からの距離と比較して図示したものである.球状星団はおもに金属量に依存して年齢分布に数 10 億年の広がりが認められるものの,最古の年齢は 130 億年前後と評価される.

球状星団などの恒星系の年齢を決めるのに,系の中に含まれる白色矮星の光度関数を用いる方法もある.白色矮星とは,質量が太陽質量の 7 倍以下の星が迎える恒星進化の最終段階である.その内部は高密度状態となっており,強い自己重力でつぶれないのは縮退した電子ガスの圧力で支えられているからである.このような白色矮星の内部では,電子による熱伝導によって熱が流れ,その表面からゆっくりと熱が逃げてしだいに冷えていき暗くなる.この冷えて暗くなる速さは,中心核の温度が下がるほど遅くなり,その結果暗い白色矮星ほど多く残る.

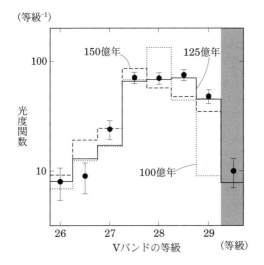

図 2.24 球状星団 M4 にて観測された白色矮星の光度関数（データ点）と理論予言（各ヒストグラム，実線：125 億年の年齢，点線：100 億年，破線：150 億年）との比較（Hansen *et al.* 2002, *ApJ*, 574, 155）．

また，ある暗さになると白色矮星の数が急激に減り，そのようになる光度は白色矮星になる星の生まれた時期が古いほど暗くなる．したがって，白色矮星の光度関数から恒星系が生まれた時期，すなわち年齢を評価することができる．

図 2.24 は，M4 という球状星団内でハッブル宇宙望遠鏡を用いて見つかった白色矮星の光度関数（黒丸）と，冷却時間をパラメータとした理論予言（10 億年単位の数字を付したヒストグラム）との比較を表す．V バンドで 29.5 等級の位置で急激に光度関数が減少しており，それをよく再現するためにはこの球状星団の年齢が 125 億年である必要がある．

2.5.2 原子核年代学

星や隕石の中には，ウラン（U）やトリウム（Th）などの長い寿命をもつ放射性元素があり，これらの元素と安定な元素との存在比を用いて星や隕石が作られた時期を特定することが可能となる．さらに，星として銀河初期に形成されたような金属欠乏星を取ることにより，銀河の年齢を決めることができる．

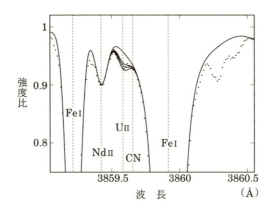

図 2.25 ハロー星 CS 31082–001 における U II 吸収線付近のスペクトル (Cayrel et al. 2001, Nature, 409, 691).

図 2.25 に，太陽の近くにある金属欠乏星の CS 31082–001 という星の高分散スペクトルを示す．この星では U 起源の吸収線 (U II) のすぐとなりにある CN 分子吸収線が幸い弱いので，U の量を正確に求めることが可能となる．U には ^{238}U と ^{235}U があるが，^{238}U の半減期は 45 億年であるのに比べて，^{235}U の半減期は 7 億年でありこの星の寿命にくらべて充分短いので無視してよい．ここで，水素 (H) の量を $\log \varepsilon(\mathrm{H}) = 12$ と規格化して表した記号 ε を導入すると，図 2.25 にある U 起源の吸収線の解析から，$\log \varepsilon(\mathrm{U}) = -1.70 \pm 0.10$ という値が得られている．また，Th II の吸収線も多く検出されており，これらから半減期が 140 億年である ^{232}Th の存在量 $\log \varepsilon(\mathrm{Th}) = -0.96 \pm 0.03$，さらに U との存在比 $\log(\mathrm{U/Th}) = -0.74 \pm 0.15$ が得られる．

この観測された放射性元素の存在比と比べなくてはいけない量は，これらの元素が生成されたときの存在比つまり初期量であり，この比較から星の年齢を決めることができる．一般には，この元素比の初期量は，速い過程 (r プロセス) とよばれる中性子捕獲を伴う元素合成の理論からの予言値に基づく．そこで，理論値との比較から，CS 31082–001 の年齢は 125 ± 30 億年という値であると結論づけられている．なお，この値には理論模型の不確定性は含まれておらず，理論値も最終的な値とは限らないことは注意すべきである．

隕石に含まれる放射性元素の存在比と組み合わせる方法もある．隕石に含まれ

る U/Th 比は 0.270 ± 0.004 と評価され，隕石が作られた時期（太陽系が形成された時期）すなわち 45.67 億年前にさかのぼると，この比は 0.438 ± 0.006 となる．この時期における放射性元素の存在比は，銀河系初期からその時期までの元素生成の時間変化，すなわち銀河系の化学進化によって決まり，太陽近傍にて観測される星の金属量分布から導出することができる．すなわち，化学進化のモデルと比較することによって，銀河系初期の U/Th 比を銀河系の年齢に依存した形で求めることが可能となる．そして，この方法と前述の金属欠乏星で得られた U/Th 比の結果とを組み合わせることによって，銀河系の年齢が 145^{+28}_{-22} 億年となることが示されている（図 2.26（110 ページ））．

いずれの方法でも，得られた銀河系の年齢が球状星団の年齢とほぼ同じ結果になり，総じておおよそ 125 億年前後になると考えられる．

2.5.3 高赤方偏移銀河の年齢

球状星団の年齢や放射性元素比から決められた銀河系の年齢は，赤方偏移 0 である現在の宇宙年齢に対して制限を与える．一方，過去にある（すなわち赤方偏移の高い）天体の年齢が分かれば，その時点での宇宙年齢に対しても制限を付けることが可能となる．そのためには，高赤方偏移からの微弱な光のスペクトルを精度よく測定する必要がある．

図 2.27（111 ページ）に，赤方偏移 1.55 にある銀河 LBDS 53W091 の観測から得られたスペクトルを示す．横軸にはこの銀河の静止波長を取っており，紫外光を見ているのが分かる．このような紫外光は，一定の進化を経た恒星の種類のうち転向点付近の主系列星がおもに担っているが，このような色–等級図上の位置は時間が経過するにつれて暗くかつ赤くなるので，紫外光全体のフラックスも減少する．したがって，紫外光スペクトルのフラックスは，恒星系が形成されてからの時間すなわち銀河年齢の指標となり得る．図 2.27 にはさらに，銀河全体の星がある時期に一気に生まれその後は星の進化だけで銀河のスペクトルの変化する様子が，星形成時期からの経過時間ごとに示されている（点線，実線，破線）．時間が経過するほど紫外光のスペクトル強度が減少しているのが分かり，実際の銀河スペクトルと比較するとおおよそ 35 億年という年齢であることが分かる．すなわち，赤方偏移 1.55 における宇宙年齢は 35 億年よりも古くなければ

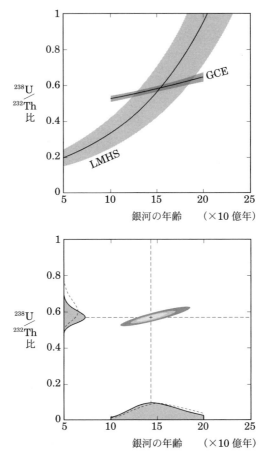

図 2.26 隕石と金属欠乏星のデータに基づく，U/Th 比の生成値と銀河系年齢との関係（Dauphas 2005, *Nature*, 435, 1203）．上図は，隕石に含まれる U/Th 比と太陽近傍の化学進化から期待される関係（GCE と記された領域）と，金属欠乏星にて得られた U/Th 比から期待される関係（LMHS と記された領域）を示す．下図は，GCE と LMHS 両方の性質を同時に説明できるような，U/Th 比の生成値と銀河系年齢の期待値分布を示す．この図から銀河系の年齢として 145^{+28}_{-22} 億年（誤差範囲は 1σ，つまり 68%の信頼領域）と読み取ることができる．

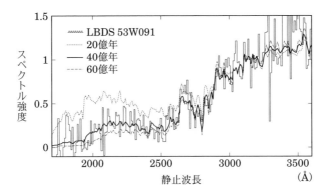

図 **2.27** 赤方偏移 1.55 にある銀河 LBDS 53W091 のスペクトル(ヒストグラム)とモデル銀河のスペクトル(点線:20 億年の年齢,実線:40 億年,破線:60 億年)との比較(Spinrad *et al.* 1997, *ApJ*, 484, 581).

つじつまがあわなくなる.また,最初の星形成以後にも新しい星が生まれていると,紫外光のフラックスがあまり減少しなくなり,観測される銀河スペクトルにあわせるためにはさらに時間の経過を必要とするので,35 億年という年齢はそもそも下限となることが分かる.

この年齢評価から得られる宇宙論パラメータへの制限を図 2.28(112 ページ)に示す.

左図は宇宙項がない宇宙モデル($\Omega_\Lambda = 0$),右図は平坦な空間でつくられる宇宙モデル($\Omega_{\rm m} + \Omega_\Lambda = 1$)に対応し,灰色の領域は禁止領域である.この図から,次のことが分かる.

(1) $\Omega_{\rm m} = 1$ のモデルでは,H_0 は $45\,{\rm km\,s^{-1}\,Mpc^{-1}}$ よりも小さくなければならない,(2) 平坦な宇宙モデルでは,$H_0 = 70\,{\rm km\,s^{-1}\,Mpc^{-1}}$ ぐらいの場合に $\Omega_\Lambda \simeq 0.6$ が可能である,(3) $H_0 = 50\,{\rm km\,s^{-1}\,Mpc^{-1}}$,$\Omega_{\rm m} = 0.2$ の宇宙モデルを仮定すると,この銀河の年齢が 35 億年以上であることから,(赤方偏移に換算して)この銀河が形成された赤方偏移は 5 以上の昔でなければならない.

このように,赤方偏移が大きな銀河の年齢を決定することによって,膨張宇宙のパラメータや銀河形成時期に関して重要な情報が得られる.

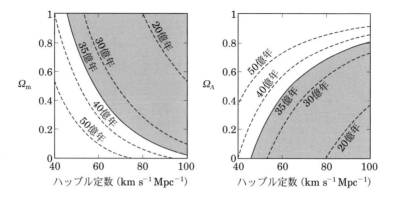

図 2.28 銀河 LBDS 53W091 の年齢から得られる膨張宇宙パラメータへの制限．この銀河の赤方偏移 1.55 における宇宙年齢一定の線を，宇宙項がない宇宙モデル（$\Omega_\Lambda = 0$）を（左）に，宇宙項があって平坦な宇宙モデル（$\Omega_m + \Omega_\Lambda = 1$）を（右）に示す．灰色の領域は禁止領域である（Spinrad *et al.* 1997, *ApJ*, 484, 581）．

銀河の大きさ

　銀河系やアンドロメダ銀河といった渦巻銀河は，最も明るく光っている銀河円盤の部分でだいたい半径 10–15 kpc くらいの大きさを持っている．こういった銀河円盤の中は，星間ガスが満ちていて新しい恒星が生まれたり，恒星が超新星爆発を起こして寿命を終えたりして，バリオンの物質循環が活発に行われている場所である．一方，こういった明るい銀河の周囲に広大なダークハローが存在していることが，銀河円盤の内部から円盤周囲にかけて分布する星間ガス（中性水素ガス）の回転運動，球状星団やその他のハロー天体（ハロー星，伴銀河）の空間運動から強く示唆されている．ダークハローはいったいどこまで広がっているのだろうか？

　星間ガスは，恒星よりも広い領域にわたって分布しているとはいえ，銀河中心からせいぜい 20–25 kpc までの距離の範囲にとどまる．そこで，ハロー空間の中を大きく空間運動をするハロー天体を調べることで，ダークハローの大きさの手がかりを得ることができる．最近の詳しい解析によると，銀河系のダークハローの大きさは，半径にして少なくとも 200 kpc 以上なければ，銀河系ハローの中で高速度で動いている天体を重力的に束縛できないことが分かってきた．

一方,ダークマターの重力不安定性の理論からは,銀河系のようなおおよそ $10^{12} M_\odot$ の質量のハローで,だいたい 200–300 kpc ぐらいの半径(ビリアル半径)で力学平衡になっている必要があり,これは観測とも矛盾しない.つまり,我々が美しい天体写真などで目にする明るく輝く銀河の部分は,真の銀河の大きさ(ダークハローの大きさ)からいうと,ほんの 10 分の 1 かそれより狭いごく中心部だけになる.我々はそのような一部分,つまり氷山の一角しか見ていないことになる.

銀河の本当の大きさは,明るく見えている部分の 10 倍以上もあるのだ.そういった広大なダークハローが合体・降着を繰り返しながらどのようにしてできてきたかが,その中心で光って見える部分の形成,つまり銀河形成の過程を大きく左右することになる.

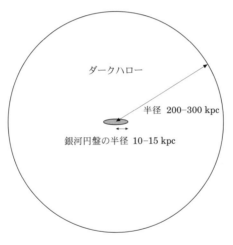

第3章

構造形成論の基礎

　宇宙にはさまざまな構造が満ちあふれている．この章では，ビッグバンにより始まった膨張宇宙において，その進化の過程においてどのように宇宙の構造が形成されてきたのかについて基礎的な事項を取り扱う．

3.1　膨張宇宙での重力不安定性

3.1.1　構造形成とダークマター

　宇宙はその初期においてきわめて一様であった．一方で，現在我々が住んでいる宇宙はきわめて複雑な様相を呈しており，素粒子や生命体など微小なスケールの構造から，星や銀河などの巨大なスケールの構造に至るまで，さまざまなスケールに渡る階層に構造が存在している．これらの構造は宇宙が進化していく過程で形成されてきたと考えられるが，それは具体的にどのように起きてきたのだろうか？

　もし，宇宙がその初期において完全に一様であったなら，その中には構造ができるはずがない．構造ができるためにはなんらかの非一様性が初期に必要である．もし，初期の段階で宇宙の密度の空間分布にすこしでもゆらぎがあれば，重力の効果によってそのゆらぎは成長して大きくなることができる．なぜなら，まわりに比べて密度の大きい場所には，重力によってまわりの物質が集まってくる

ので，より密度が大きくなるからである．逆に密度が小さい場所ではまわりの物質に引きよせられてより密度は小さくなる．このため密度のでこぼこはより大きく拡大されていくことになる．このような状況のもとでは，構造は安定な形状に留まらない．これは重力が引力としてしか働かないという性質によるものである．このように，重力によって初期のわずかな非一様性が拡大していくという性質のことを重力不安定性と呼ぶ．

したがって，宇宙初期にほとんど一様ではあるがわずかなゆらぎの存在する宇宙が，このような重力不安定性によって大きく非一様になり，さまざまな構造を作っていくというシナリオが自然に考えられるのである．ただし，このシナリオが現実の宇宙で正しいかどうかを決めるためには，観測事実と矛盾がないかどうか十分にチェックしなければならない．実際に初期の宇宙にわずかなゆらぎがなければならないが，まずはこれを確かめることが必要である．

まだ宇宙に目立った構造ができる前の宇宙の状態は，宇宙の背景放射を観測することによって探ることができる．宇宙背景放射は宇宙の大きさが現在の千分の一だったころの宇宙の状態を反映しているが，空の全天にわたってほとんど同じ温度でやってくる．そのころの宇宙の密度にわずかながらでも非一様性があったならば，背景放射の温度にもわずかながら非等方性が観測されるはずである．ところが，この宇宙背景放射はほとんど一様であり，長らく宇宙背景放射の中にはまったく温度の非等方性の見つからない状況が続いていた．特に現在の構造ができるために必要な非等方性が理論的に計算されていたが，これがみつからなかったのである．このため，重力不安定性以外の構造形成のシナリオが考えられたりするなど，構造形成理論は混迷した．

だが，1992年に人工衛星COBEを用いた背景放射の精密な非等方性の観測により，ついに初期ゆらぎが見つかったのであった．そのゆらぎの大きさは依然，現在の宇宙の構造を説明するには小さすぎたが，もし宇宙が我々のよく知っている原子などのバリオンだけでなく，ダークマターという未知の質量に満ちあふれているものだとすると，矛盾なく現在の構造を説明できることも明らかになっていた．当時，ダークマターの存在は銀河や銀河団といった局所的な宇宙の性質からも必要とされることが明らかにされていた．このため，宇宙の構造形成は目に見えないダークマターの重力不安定性によって進むというシナリオが確からしく

なってきたのである.

　その後も宇宙の観測は精密度を増していったが,このシナリオは現在に至るまで生き残っている.ただし,ダークマターという物質の正体はいまだ明らかではない.しかし,ダークマターを仮定しないと宇宙の構造形成をはじめとする宇宙のさまざまな構造のふるまいの理解に窮することになる.いったんダークマターを仮定するとこれらのふるまいは紐の結び目を解くように理解できるようになる.このことから,ダークマターの正体が明らかでないにもかかわらず,その存在はかなり確からしいと考えられている.

　以下では,このように現在標準的なシナリオになっているダークマターの重力不安定性によって支配される構造形成について述べる.

3.1.2　ジーンズ不安定性

　上述のように,宇宙に存在する物質の空間的な分布にすこしでも非一様性があれば,重力不安定性によりその非一様性はますます大きくなろうとする.膨張宇宙におけるこのような非一様性の成長を考える.このために必要な基礎方程式をはじめに説明しておく.宇宙の物質の分布の時間的な成長は地平線の十分内側においてニュートン流体として扱うことができる.ただし,地平線とは宇宙の中で因果的な関係を持ち得る領域のことである.この流体は自分自身のつくり出す重力場による力を受けながら運動する.時間的および空間的に変動する密度場 ρ のつくり出す重力ポテンシャル ϕ は,ポアソン方程式

$$\triangle\phi = 4\pi G\rho \tag{3.1}$$

で与えられる.さらに速度場 $\boldsymbol{v}$ と圧力の場 p は流体の運動方程式であるオイラー方程式

$$\frac{\partial\boldsymbol{v}}{\partial t} + (\boldsymbol{v}\cdot\nabla)\boldsymbol{v} = -\frac{\nabla p}{\rho} - \nabla\phi \tag{3.2}$$

に従う.さらに質量保存を表す連続の式

$$\frac{\partial\rho}{\partial t} + \nabla\cdot(\rho\boldsymbol{v}) = 0 \tag{3.3}$$

が成り立つ.

　これらの式は物理的なスケールを用いた座標系において成り立つ式であるが,

膨張宇宙へ応用するときに共動座標系で書き表す必要がある. 物理的なスケールを用いた座標系を $\boldsymbol{r}$ とするとき,共動座標 $\boldsymbol{x} = \boldsymbol{r}/a$ によって上の方程式系を書き換えればよい. このためにまず,共動座標における速度場の表現を考えてみる. ドット「˙」を時間微分を表すものとして,物理的なスケールによる速度場は流体素片の位置座標を用いて $\boldsymbol{v} = \dot{\boldsymbol{r}}$ と表される. ここで共動座標の速度場としては,流体素片の共動座標を用いて $\boldsymbol{u} = \dot{\boldsymbol{x}}$ で定義する. すると両者の関係は

$$\boldsymbol{v} = \dot{\boldsymbol{r}} = \dot{a}\boldsymbol{x} + a\dot{\boldsymbol{x}} = a\left(H\boldsymbol{x} + \boldsymbol{u}\right) \tag{3.4}$$

となる. ここで

$$H = \frac{\dot{a}}{a} \tag{3.5}$$

は時間に依存したハッブルパラメータであり,時刻ごとの宇宙膨張の係数である. 現在時刻での値は現在のハッブル定数に等しい. 式 (3.4) の括弧内第 1 項は宇宙膨張による後退速度に対応し,第 2 項は宇宙膨張以外の速度成分,すなわち共動座標系に対する運動を表している.

ここで,座標変換 $(t, \boldsymbol{r}) \to (t, \boldsymbol{x})$ を行う. 偏微分は固定する変数が異なることから,

$$\frac{\partial}{\partial t} \longrightarrow \frac{\partial}{\partial t} - H\boldsymbol{x} \cdot \nabla, \quad \nabla \longrightarrow \frac{1}{a}\nabla \tag{3.6}$$

と変換されることに注意する. すると連続の式 (3.3) とオイラー方程式 (3.2) は

$$\frac{\partial \rho}{\partial t} + 3H\rho + \nabla \cdot (\rho \boldsymbol{u}) = 0 \tag{3.7}$$

$$\frac{\partial \boldsymbol{u}}{\partial t} + 2H\boldsymbol{u} + (\boldsymbol{u} \cdot \nabla)\boldsymbol{u} = -\frac{1}{a^2}\nabla\Phi - \frac{\nabla p}{a^2 \rho} \tag{3.8}$$

となる. ここで

$$\Phi = \phi + \frac{1}{2}a\ddot{a}x^2 \tag{3.9}$$

で定義される量は共動座標のニュートンポテンシャルに対応する. この式の第 2 項は,物理的座標 $\boldsymbol{r}$ において静止している物質に対して,共動座標では見かけ上,加速を受けるように見えることからつけ加わるものである.

ここで,一様等方宇宙のアインシュタイン方程式から,宇宙全体で空間的に平

均した密度 $\bar{\rho}$ に対して

$$\frac{\ddot{a}}{a} = -\frac{4\pi G}{3}\bar{\rho} \tag{3.10}$$

が成り立つ[*1]. この式を用いると，ポアソン方程式 (3.1) は

$$\triangle \Phi = 4\pi Ga^2 \left(\rho - \bar{\rho} \right) \tag{3.11}$$

と変形される．すなわち，共動座標の重力ポテンシャルは平均的な密度からのずれを起源としていることが分かる．このポアソン方程式の解のあらわな形は

$$\Phi(\boldsymbol{x}, t) = -Ga^2 \int d^3x' \frac{\rho(\boldsymbol{x}') - \bar{\rho}}{|\boldsymbol{x}' - \boldsymbol{x}|} \tag{3.12}$$

である．

こうして得られた式 (3.7)，(3.8)，(3.11) が，膨張宇宙の密度場を支配する発展方程式である．これらの式を調べることで膨張宇宙の中での構造形成の進化を知ることができるのである．ただし，これらの式は非線形な連立偏微分方程式系であって，解析的な一般解は知られていない．そこでこの方程式を取り扱うにはなんらかの近似を用いる必要がある．

最初に述べたように宇宙の密度ゆらぎは宇宙初期においてきわめて小さいものであったと考えられる．この場合，密度場は宇宙全体の平均値からわずかにずれているだけである．そこでそのずれが小さいとして近似的に方程式を解くことができる．これを具体的に行うためには，はじめに宇宙がまったく一様である場合の解を求めておく必要がある．

宇宙が完全に一様等方であれば，密度場は空間的に変化せずに時間だけの関数となり，$\rho = \bar{\rho}(t)$ と表される．また，等方性からベクトル量はすべて消えるので，$\boldsymbol{u} = \nabla\Phi = \nabla p = 0$ となってオイラー方程式 (3.8) は恒等的に成り立つ．また，連続の式 (3.7) は

$$\frac{d}{dt}\left(a^3\bar{\rho} \right) = 0 \tag{3.13}$$

となる．一様宇宙で，宇宙膨張とともに広がっていく体積中の質量は $a^3\bar{\rho}$ であ

[*1] ここではニュートン流体を仮定しているので $\rho \gg p/c^2$ である．また，簡単のため宇宙定数は無視した．ちなみに，以下で導かれる密度ゆらぎの成長を表す方程式は宇宙定数がある場合にもそのまま成り立つ．

120 第 3 章 構造形成論の基礎

るから，この式は質量の保存を表していることが明らかであろう．

　こうして，宇宙の密度場の一様成分に対する解が得られたが，完全に一様な宇宙からはどんな構造もできようがないので，非一様成分を考える必要がある．そこで，密度と圧力の一様等方成分 $\bar{\rho}(t)$, $\bar{p}(t)$ からのずれを表す量として，密度ゆらぎ δ と圧力のゆらぎ δp を次のように導入する．

$$\delta(\boldsymbol{x}, t) = \frac{\rho(\boldsymbol{x}, t) - \bar{\rho}(t)}{\bar{\rho}(t)} \tag{3.14}$$

$$\delta p(\boldsymbol{x}, t) = p(\boldsymbol{x}, t) - \bar{p}(t). \tag{3.15}$$

ここで一様等方宇宙の質量保存の式（3.13）を使って，これらのゆらぎを表す変数で連続の式（3.7），オイラー方程式（3.8）およびポアソン方程式（3.11）を書き換えると，

$$\frac{\partial \delta}{\partial t} + \nabla \cdot [(1 + \delta)\boldsymbol{u}] = 0 \tag{3.16}$$

$$\frac{\partial \boldsymbol{u}}{\partial t} + 2H\boldsymbol{u} + (\boldsymbol{u} \cdot \nabla)\boldsymbol{u} = -\frac{1}{a^2}\nabla\Phi - \frac{\nabla(\delta p)}{a^2\bar{\rho}(1 + \delta)} \tag{3.17}$$

$$\triangle\Phi = 4\pi G a^2 \bar{\rho}\delta \tag{3.18}$$

となる．

　ここまではゆらぎの変数で式を表し直しただけでまだ近似は行っていない．ここで，一様等方宇宙で消える量である δ, δp, $\boldsymbol{u}$ の絶対値が小さいものとすれば，これらの量のかけ算が現れている項は無視することができる．そこで，これらの変数の線形項だけを残し，2 次以上の項を無視する近似，つまり，線形近似を行う．すると上の二つの式は

$$\frac{\partial \delta}{\partial t} + \nabla \cdot \boldsymbol{u} = 0 \tag{3.19}$$

$$\frac{\partial \boldsymbol{u}}{\partial t} + 2H\boldsymbol{u} + \frac{1}{a^2}\nabla\Phi + \frac{\nabla(\delta p)}{a^2\bar{\rho}} = 0 \tag{3.20}$$

となる．ここで，式（3.19）を時間微分した式から，式（3.20）の発散をとった式を引いて，さらに式（3.19）に $2H$ をかけた式を足し，式（3.18）を用いると，δ のみに関する微分方程式

$$\frac{\partial^2 \delta}{\partial t^2} + 2H\frac{\partial \delta}{\partial t} - 4\pi G \bar{\rho}\delta - \frac{\triangle(\delta p)}{a^2\bar{\rho}} = 0 \tag{3.21}$$

が得られる.

ここで，圧力のゆらぎ δp は密度ゆらぎと次のように関係づけられる．いま，流体の音速 c_s は，エントロピー S を一定に保った変化率として，

$$c_\mathrm{s}^2 = \frac{\partial p}{\partial \rho}\bigg|_S \tag{3.22}$$

で与えられる．エントロピーのゆらぎは通常無視できるので，圧力のゆらぎは

$$\delta p = c_\mathrm{s}^2 \bar{\rho}\delta \tag{3.23}$$

と書き表される.

密度ゆらぎの空間座標に対してフーリエ分解を用いて，$\delta(\boldsymbol{x})$ が $\exp(i\boldsymbol{k}\cdot\boldsymbol{x})$ の実数部に比例するような，波数ベクトル $\boldsymbol{k}$ のゆらぎのモードを考える．このとき式（3.21）は

$$\frac{\partial^2 \delta}{\partial t^2} + 2H\frac{\partial \delta}{\partial t} - \left(4\pi G\bar{\rho} - \frac{c_\mathrm{s}^2 k^2}{a^2}\right)\delta = 0 \tag{3.24}$$

となり，時間に対する 2 階常微分方程式に帰着する．この方程式の解のふるまいは，質点の 1 次元運動とのアナロジーで理解できる．すなわち，δ の値を粒子の位置と考えてみると，第 1 項は粒子の加速度となる．第 2 項は速度と逆方向に，速さに比例した力を表す粘性項となる．宇宙膨張がないときにはこの項はゼロである．宇宙膨張はゆらぎの進化を鈍らせる効果がある．第 3 項はポテンシャル力を表す．したがって，この第 3 項が正であるか負であるかは δ のふるまいに大きな違いをもたらす.

係数 $4\pi G\bar{\rho} - c_\mathrm{s}^2 k^2/a^2$ が負であるときには δ の変位と逆方向に力が働く．すなわち，つねに $\delta = 0$ へ向かって力が働くため，ゆらぎは成長することなく振動しながら減衰していく．この状況は，音速が十分大きいときに起こる．音速が大きいということは，物質を圧縮したときにその圧縮を跳ね返そうとする反発力が大きいことを意味する．重力により物質が縮まろうとしても，圧力がそれを跳ね返そうとする力の方が大きいために密度のゆらぎが成長できないのである．あるいは，波数 k が十分大きくてもこの係数は負になる．波数が大きいということはゆらぎの波長が短く，その波長のスケールには十分な量の物質がないので重力が弱くてゆらぎが成長できないといってもいい.

一方，この係数が正であれば，変位と同じ方向に力が働き，δ が大きくなればなるほどさらに δ は大きくなろうとする．ちょうど坂をころげ落ちるようにゆらぎは大きく成長する．これはもはや圧力が重力によるゆらぎの成長を抑えられなくなって，際限なくゆらぎが成長する場合である．

ゆらぎのふるまいの質的な変化をもたらす係数 $4\pi G\bar{\rho} - c_\mathrm{s}^2 k^2/a^2$ はゆらぎの波数 k の大きさによって同じ時刻であっても正にも負にもなる．その境目となる波数を k_J とする．この波数は共動座標で定義されているので，その波長は実距離にして

$$\lambda_\mathrm{J} \equiv \frac{2\pi a}{k_\mathrm{J}} = c_\mathrm{s}\sqrt{\frac{\pi}{G\bar{\rho}}} \tag{3.25}$$

で与えられる．この値を目安とする長さよりも短いスケールのゆらぎは減衰振動して成長できず，それよりも長いスケールのゆらぎのみが重力不安定性によって成長するのである．この臨界の長さ λ_J のことをジーンズ長と呼ぶ．ジーンズ長を直径とする球内の質量

$$M_\mathrm{J} \equiv \frac{4\pi}{3}\bar{\rho}\left(\frac{\lambda_\mathrm{J}}{2}\right)^3 \tag{3.26}$$

をジーンズ質量と呼ぶ．これは重力不安定性によって成長できる質量スケールを表していて，おおざっぱにこの質量よりも軽い構造が形成されることはない[*2]．

3.2 ダークマターとバリオンのゆらぎの成長と減衰

1章で述べたように，現在の宇宙の物質成分のほとんどはダークマターとバリオンである．バリオンとは陽子や中性子など原子核を構成する粒子のことであり，我々になじみのある物質のなかでは宇宙の質量としてもっとも大きく寄与する．ところが，現在，宇宙にはバリオンの5倍以上の量のダークマターが存在していることがほぼ確実となっている．ダークマターはバリオンと違って，光（電磁波）によって見ることのできないダークマターであり，その本当の正体はいまだ不明である．だが，宇宙に存在する天体に対して重力によって影響を及ぼすた

[*2] ジーンズ質量はおおざっぱなオーダーを表すもので，係数にはあまり意味がない．書物によっては係数がここの定義と異なる場合もあるが，本質的な違いではない．

め，天体の運動などを詳細に調べることにより，ダークマターの存在が間接的に明らかになっているのである．以下に見るように，このダークマターは宇宙の構造形成に対して決定的な役割を果たす．もし宇宙にダークマターがなかったら，いまの宇宙とは似ても似つかない宇宙ができあがっていたはずなのである．

3.2.1 ダークマターのゆらぎの成長

宇宙に存在するエネルギー成分は，おおまかに相対論的な放射成分と非相対論的な物質成分に分けられる．宇宙初期においては放射成分のほうが支配的だが，そのエネルギー密度は宇宙膨張にともなって物質成分よりも速く減少する．すると，放射成分と物質成分のエネルギー密度が等しくなる等密度時と呼ばれる時点より後には物質成分のほうが支配的となる．このため，等密度時より以前を放射優勢期，以後を物質優勢期と呼ぶ．等密度時は宇宙の大きさが現在の約3000分の1ほどの時期に対応する．

現在の宇宙のエネルギー密度はダークマターが支配的であるため，物質優勢期の密度ゆらぎの成長はほとんどダークマターに支配されている．そこでいったんバリオン成分を近似的に無視して，ダークマター成分のみからなる宇宙の密度ゆらぎの成長を考えてみる．ダークマターはほとんど重力相互作用しかしないような物質と考えられている．したがって，一般に粒子の相互作用から生じる圧力はなく，音速はゼロになる．するとゆらぎの発展方程式（3.24）はダークマターのゆらぎ δ_{m} に対して

$$\frac{\partial^2 \delta_{\mathrm{m}}}{\partial t^2} + 2H\frac{\partial \delta_{\mathrm{m}}}{\partial t} - 4\pi G\bar{\rho}_{\mathrm{m}}\delta_{\mathrm{m}} = 0 \tag{3.27}$$

である．この式は波数 k によらないので，実空間でもフーリエ空間でも同様に成り立つ．

初期の宇宙膨張においては真空エネルギーや曲率の効果は無視でき，物質優勢期では $a \propto t^{2/3}$ となる．簡単のためにそのような場合を考えると，$H = 2/(3t)$，$\bar{\rho} = 1/(6\pi Gt^2)$ である．すると上の式は

$$\frac{\partial^2 \delta_{\mathrm{m}}}{\partial t^2} + \frac{4}{3t}\frac{\partial \delta_{\mathrm{m}}}{\partial t} - \frac{2}{3t^2}\delta_{\mathrm{m}} = 0 \tag{3.28}$$

となって，簡単に解くことができる．実際，$\delta \propto t^n$ とおいて代入してみること

により $n = 2/3, -1$ という解がみつかる．したがって一般解はこの2解の重ね合わせで表され，

$$\delta_{\mathrm{m}} = At^{2/3} + Bt^{-1} \tag{3.29}$$

とかける．ここで A と B は積分定数であり，初期条件から定められる．第1項は時間とともに大きくなるが，第2項は時間とともに小さくなっていってしまう．この第1項で与えられる第1の解はゆらぎの成長モードと呼ばれ，第2項で与えられる第2の解は減衰モードと呼ばれる．宇宙の進化とともに減衰モードはすぐに小さくなってしまい，ゆらぎは成長モードのみで表されるようになる．このため，ゆらぎの大きさは $\delta_{\mathrm{m}} \propto a$ のようにスケール因子に比例した成長をする．

このように物質優勢期のダークマターの成長は単純で，流体近似および線形近似が成り立つ限りゆらぎの波長によらず，スケール因子に比例して成長する．

3.2.2 スタグスパンション

上にみたように，物質優勢期ではダークマターのゆらぎは重力不安定性により単調に成長できる．しかし，放射優勢期では宇宙の膨張が放射によって支配されているため，ダークマターのゆらぎが成長できなくなるという現象が起こる．この現象はメスザロス効果，あるいはスタグスパンションと呼ばれている．

式（3.27）から示唆されるように，一般にダークマターのゆらぎの成長に必要な時間のオーダーは $(G\bar{\rho}_{\mathrm{m}})^{-1/2}$ 程度である．これに対して放射優勢期の宇宙膨張の時間スケールは，フリードマン方程式から示唆されるように，放射のエネルギー密度を $\rho_{\mathrm{r}} c^2$ として $(G\bar{\rho}_{\mathrm{r}})^{-1/2}$ である．したがって放射優勢期 $\rho_{\mathrm{r}} > \rho_{\mathrm{m}}$ においては宇宙膨張の時間スケールの方がダークマターのゆらぎの成長の時間スケールよりも短くなり，このため，ダークマターのゆらぎが成長できなくなるのである．

このことをゆらぎの成長の式を使って調べてみよう．光子などの放射成分は光速で運動するため，音速は光速に近くなり，ジーンズ長は地平線サイズとなる．したがって放射成分のエネルギー密度のゆらぎは地平線より小さなスケールではないものと考えてよい．すると重力ポテンシャルはダークマターのゆらぎ成分によってのみ引き起こされるので，ダークマターのゆらぎの発展方程式（3.27）はそのまま成り立つ．ただし，ここでは物質優勢期ではないために膨張則が異な

り，$H^2 = 8\pi G(\bar{\rho}_\mathrm{m} + \bar{\rho}_\mathrm{r})/3$ にしたがって膨張する．

いま，時間変数 t のかわりに新しい変数 $y = \bar{\rho}_\mathrm{m}/\bar{\rho}_\mathrm{r} = a/a_\mathrm{eq}$ を導入する．ここで a はその時刻でのスケール因子，a_eq は $\bar{\rho}_\mathrm{m} = \bar{\rho}_\mathrm{r}$ となる等密度時におけるスケール因子の値である．

この変数を用いてゆらぎの発展方程式を書き直せば，

$$\frac{d^2\delta_\mathrm{m}}{dy^2} + \frac{2+3y}{2y(1+y)}\frac{d\delta_\mathrm{m}}{dy} - \frac{3\delta_\mathrm{m}}{2y(1+y)} = 0 \tag{3.30}$$

となる．この方程式は $d^2\delta_\mathrm{m}/dy^2 = 0$ とおいてみることにより一つ解がみつかり，

$$\delta_\mathrm{m} \propto 1 + \frac{3}{2}y \tag{3.31}$$

となる．ここで $y \gg 1$ の物質優勢期の極限をとると $\delta_\mathrm{m} \propto a$ となり，上で導いた物質優勢期の成長解に接続している．一方で $y \ll 1$ の放射優勢期の極限をとると δ_m は定数となる．つまり放射優勢期にはダークマターのゆらぎがまったく成長できないことが分かる．

このようなゆらぎの成長の抑制は実は地平線以下のスケールのみで起こる．放射のジーンズ長は地平線程度なので，それ以上の長さスケールのゆらぎは放射成分もダークマター成分もともに成長すると考えられる．実際には地平線以上のスケールのゆらぎの発展を追うためには，一般相対論を考慮したゆらぎの方程式を解く必要がある．この場合ゆらぎの定義に不定性が現れるなど正確な取り扱いは複雑になる．詳細には立ち入らずに結果のみを述べるならば，放射優勢期のゆらぎは a^2 に比例して成長し，物質優勢期では a に比例して成長する[*3]．

3.2.3 自由運動によるゆらぎの減衰

ここまで，ダークマターを連続的な流体として取り扱ってきたが，その近似ではダークマターの粒子性を無視している．実際にはダークマターは粒子から成り立っていると考えられるが，ダークマターは重力以外の相互作用がないか，あるいはきわめて相互作用の弱い無衝突粒子である．このためダークマターは熱運動をすることはないかわりに，他の粒子と衝突をせずに空間を自由に動きまわるよ

[*3] 一般相対論ではゆらぎの定義に任意性がある．ここでは一般相対論的摂動論におけるバーディーン変数と呼ばれるゆらぎの定義を想定している．

うな自由運動をする。この自由運動の速度分散が大きいときには，小さなスケールのゆらぎはならされて消えてしまうことになる。自由運動によってゆらぎの減衰が起こるのである。この効果は，自由運動の大きさによって決まるスケール以下のゆらぎはほぼ完全にならしてしまうため，構造形成に大きな影響を与える。

どのようなスケールのゆらぎまでをならしてしまうかはダークマター粒子の質量による。粒子が相対論的にふるまうとき自由運動の速さは光速となってもっとも効率よくゆらぎをならす。膨張宇宙では自由運動する粒子の運動エネルギーは時間とともに小さくなっていくから，質量が小さいほど相対論的でいられる時期が長くなる。このため，質量が小さければ小さいほど自由運動によって飛び回れる距離が長くなり，より大スケールのゆらぎまでならしてしまうことになる。

ダークマター粒子の質量を m_{DM} とする。ダークマター粒子も宇宙初期にさかのぼれば，他の粒子と相互作用があったはずである。したがって，ダークマターが相対論的な時期に熱平衡状態にあったと仮定すれば，その平均運動エネルギーは宇宙の温度から見積もられる。すると，ダークマター粒子が非相対論的になるのは宇宙の温度がだいたい

$$T_{\mathrm{DM}} \sim \frac{m_{\mathrm{DM}}c^2}{3k_{\mathrm{B}}} \tag{3.32}$$

のときである。ここで k_{B} はボルツマン定数である。放射優勢期の温度と宇宙年齢の関係により，この温度のときの宇宙年齢は

$$t_{\mathrm{DM}} = \sqrt{\frac{45\hbar^3 c^5}{16\pi^3 G k_{\mathrm{B}}^{\,4}}}\, g_*^{-1/2}\, T_{\mathrm{DM}}^{\,-2} \tag{3.33}$$

で与えられる[*4]。ここで g_* はこのときの相対論的粒子の有効自由度である。この時期がいつであるのか，またそのときどのような粒子が存在し得たかによって有効自由度 g_* の値は異なるが，おおまかには 10 から 100 くらいの間である。

この時刻 t_{DM} まではダークマターが光速で飛び回り，このときの地平線スケール以下の波長のゆらぎはすべてならされてしまう。その長さは実距離にして $2ct_{\mathrm{DM}}$ である。ダークマターが非相対論的になった後もさらに自由運動をしてゆらぎをならすが，だいたい相対論的な時期にならされたスケールを大きく変え

[*4] ここで $\hbar = h/2\pi$ は換算プランク定数。

るほどではない．こうして自由運動によってならされるスケールは共動距離*5，すなわち現在に対応する距離にして少なくとも

$$L_{\mathrm{FS}} > 2ct_{\mathrm{DM}}\frac{T_{\mathrm{DM}}}{T_0} = 8\,\mathrm{Mpc}\left(\frac{m_{\mathrm{DM}}c^2}{30\,\mathrm{eV}}\right)^{-1} \tag{3.34}$$

である．ここで $m_{\mathrm{DM}} = 30\,\mathrm{eV}$ の場合というのはニュートリノがダークマターであった場合に期待される質量で，その値を規格化に用いている．非相対論的な時期の自由運動も含め，膨張則の変化も考慮してよりくわしく計算すると，自由運動によってならされるスケール L_{FS} は右辺よりも約 3–4 倍程度大きくなる．このスケールを半径とする体積中の質量スケールは，

$$M_{\mathrm{FS}} = \frac{4\pi}{3}L_{\mathrm{FS}}{}^3\Omega_0\rho_{\mathrm{cr},0} \sim 4\times10^{15}M_\odot\left(\frac{m_{\mathrm{DM}}c^2}{30\,\mathrm{eV}}\right)^{-2} \tag{3.35}$$

となる．この質量スケールの天体がゆらぎの成長によって形成されることはできない．この値は $m_{\mathrm{DM}} = 30\,\mathrm{eV}$ のときに大きめの銀河団の質量となる．すなわち，もし十分質量の重いニュートリノがあってそれがダークマターの正体となっているならば，超銀河団よりも小さな構造をゆらぎの成長によってはじめに作ることができなくなる．したがって，まず超銀河団よりも大きな構造が形成されてから，それがより小さな銀河団や銀河に分裂するというシナリオが描かれる．このシナリオをトップダウンシナリオという．

しかし，現実には $z \sim 6$ のようなきわめて古い銀河が見つかっている半面，超銀河団は現在形成途上にあることが知られている．したがってトップダウンシナリオは現実には起こらなかったと考えられる．このことは，ダークマターをニュートリノと同一視することができないことを意味している．

ニュートリノのように速度分散が大きく，無衝突減衰が構造形成に無視できない影響を及ぼすダークマター候補のことを熱いダークマターという．熱いダークマターでは，ある程度小さなスケールのゆらぎがはじめに構造形成を引き起こせないため，トップダウンシナリオとなってしまい，現状の観測を説明することが難しい．これに対して，速度分散が小さく，無衝突減衰のスケールが十分小さいようなダークマターを冷たいダークマターという．現在，観測を説明しうるダークマターとして考えられているのはこの冷たいダークマターである．

---

*5 膨張宇宙において，過去におけるある距離が現在の宇宙においていくつになっているかを示すのが共動距離である．

3.2.4 バリオンのゆらぎ

　宇宙の観測において我々に直接見えるのは，銀河や星などとして光って見えるものである．光と相互作用のあるバリオン成分は我々にとって重要である．ダークマターに比べて量はずっと少ないとはいえ，バリオンは我々自身の体を構成し，銀河や太陽や地球などを構成する，我々になくてはならない物質である．銀河ができるためにはバリオンが十分たくさん集まることが必要であるが，バリオンはダークマターと違い圧力を持つので，宇宙初期にはバリオンのゆらぎは十分成長することができない．宇宙の晴れ上がりまでバリオンは光子と強く結合しているので，放射のゆらぎ以上に成長することができないのである．晴れ上がりの時点での放射のゆらぎは宇宙背景放射のゆらぎから知ることができる．もし宇宙がバリオンのみから成り立っているとすると，そのゆらぎの大きさは構造形成を引き起こして現在の構造を作るには小さすぎる．

　実際にはダークマターのゆらぎが宇宙の晴れ上がり以前の等密度時から成長しているので，晴れ上がり時点ではバリオンのゆらぎよりもダークマターのゆらぎの方が大きくなっている．晴れ上がり時点でゆらぎの小さかったバリオンも，ダークマターの作るより強い重力ポテンシャルから受ける力によって，バリオンだけではつくり出せなかったより大きなゆらぎを成長させることができるのである．こうして現在あるような銀河や銀河団などの構造ができてきたと考えられている．

　宇宙の晴れ上がり以降，ダークマターのつくる重力ポテンシャル中でのバリオンのゆらぎのふるまいは，バリオンに対する連続の式（3.19）とオイラー方程式（3.20）で記述される．ここで重力ポテンシャルはダークマターによって支配されているので，ポアソン方程式（3.18）の右辺はダークマターのゆらぎを入れる．晴れ上がり以降はバリオンの音速は十分小さくなっているのでこれを無視すれば，バリオンのゆらぎ δ_{b} の発展方程式として

$$\frac{\partial^2 \delta_{\mathrm{b}}}{\partial t^2} + 2H \frac{\partial \delta_{\mathrm{b}}}{\partial t} = 4\pi G \bar{\rho}_{\mathrm{m}} \delta_{\mathrm{m}} \tag{3.36}$$

が得られる．右辺には本来バリオンのゆらぎも入るが，その寄与は小さいので，簡単のために無視している．

　ここで，時間 t のかわりに新しく変数 $y = a/a_{\mathrm{rec}}$ を導入する．ここで a_{rec} は

宇宙の晴れ上がりの時点でのスケール因子である．このときダークマターのゆら
ぎの時間発展は $\delta_{\rm m} \propto y$ である．この変数により方程式は

$$y^{1/2}\frac{d}{dy}\left(y^{3/2}\frac{d\delta_{\rm b}}{dy}\right) = \frac{3}{2}\delta_{\rm m} \tag{3.37}$$

となる．この方程式は容易に解けて，その成長解は

$$\delta_{\rm b} = \left(1 - \frac{1}{y}\right)\delta_{\rm m} \tag{3.38}$$

である．

この解から分かるように宇宙の晴れ上がりの時点 $y = 1$ ではゆらぎがないが，
晴れ上がりから十分時間が経過して $y \gg 1$ となるとダークマターのゆらぎにほ
ぼ等しくなる．はじめにダークマターの方のゆらぎが成長していて，それにバリ
オンのゆらぎが追い付くように成長する．この現象はバリオンゆらぎの「追いつ
き現象」と呼ばれている．

3.2.5　数値計算による線形密度ゆらぎの進化

以上に述べてきた各成分の線形ゆらぎの進化について，詳しい数値計算によっ
て求めた例を図 3.1（130 ページ）に示す．この図では各成分の特徴的なふる
まいが分かるように，物質成分として冷たいダークマター 75%，熱いダークマ
ター 20%，バリオン 5% が混在するアインシュタイン–ド・ジッター宇宙の計算
例を示してある．熱いダークマターは重いニュートリノであるとしている．ま
た，$h = 0.5$ が仮定されている．三つの図は図中に示した波数のゆらぎの進化を
スケールごとに別々に表している．横軸はスケール因子（a），縦軸は各成分のゆ
らぎの相対的な大きさをそれぞれ対数スケールで表してある．このモデルにおい
て，等密度時は $\log_{10} a \sim -3$ に対応する．また宇宙の晴れ上がりは $\log_{10} a =$
-3 である．

いずれの波長でも十分初期には地平線長よりも長いため，すべての成分のゆら
ぎは同じように成長していることが見て取れる．その成長は放射優勢期に a^2 に
比例し，物質優勢期に a に比例する[6]．波長が地平線内に入ると各成分のふるま

---

[6] 地平線を超えるスケールのゆらぎの値は一般相対論的なゲージのとり方に依存するため，その
成長に物理的な意味はない．この図では，ゆらぎを同期ゲージに基づいて定義してある．だが，ゆら
ぎがまったく成長しないゲージを取ることもできる．一方，地平線内に入っている波長のゆらぎは
ゲージのとり方によらず，物理的な意味がある．

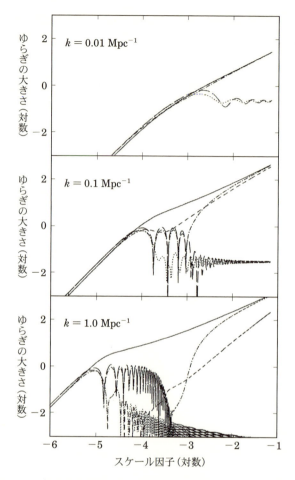

図 3.1 各成分の密度ゆらぎの進化を各波長スケールで数値計算によって求めたもの（Ma & Bertschinger 1995, *ApJ*, 455, 7）．実線は冷たいダークマター，1 点鎖線はバリオン，長破線は光子，点線は質量の無視できるニュートリノ，短破線は熱いダークマターのゆらぎの進化にそれぞれ対応する．また，対応する波長が地平線の内側に入るのは，実線が折れ曲がっている箇所である．

いは相互作用によって大きく異なる．

まず，$k = 0.01\,\mathrm{Mpc}^{-1}$ の波数のゆらぎは，宇宙の晴れ上がり以後に波長が地

平線の中に入る．等密度時のあたりで各成分のゆらぎの成長スピードはすこし遅くなっているのが分かる．物質成分である冷たいダークマター，熱いダークマターおよびバリオンのゆらぎは，地平線の中に入った後もそれ以前と同様にスケール因子に比例して成長する．一方，放射成分である光子と質量の無視できるニュートリノのゆらぎは，重力を感じないので地平線に入ったあとは振動して成長しない．

次に，$k = 0.1\,\mathrm{Mpc}^{-1}$ の波数のゆらぎはちょうど等密度時のころ地平線に入る．冷たいダークマターは地平線に入った後も成長を続けるが，そのほかの成分の成長は抑えられる．晴れ上がりまでバリオンと光子は一体となって音響振動を行い，ゆらぎは成長しない．晴れ上がり以後バリオンは光子との結合が切れ，冷たいダークマターのゆらぎへの追いつき現象が起こっている．熱いダークマターは地平線に入った後，しばらく自由運動によってゆらぎが減衰する．だが，この波数はその後自由運動のスケールを上回り，バリオン同様冷たいダークマターゆらぎへ追いつくようになる．だが，速度分散のためにその追いつき方はバリオンよりもゆっくりとしている．

最後に，$k = 1.0\,\mathrm{Mpc}^{-1}$ の波数のゆらぎは等密度時以前に地平線に入る．冷たいダークマターゆらぎは，地平線に入ってから等密度時までゆらぎの停滞現象によって多少ゆらぎの成長が鈍っている（ただし，この成長の鈍化は熱いダークマターのゆらぎにも多少引きずられている）．バリオンと光子は一緒に音響振動をしているが，晴れ上がりに近づいてくると光子によるバリオンの引きずり，すなわちシルク（Silk）ダンピング*7によってゆらぎがかなり減少する．晴れ上がり以後，バリオンゆらぎは冷たいダークマターゆらぎに急速に追いつく．また，熱いダークマターは自由運動によりゆらぎが大きく減衰し，さらに，冷たいダークマターへ追いつくのにも時間がかかっている．

3.2.6　密度ゆらぎのパワースペクトル

宇宙の構造はまず第 1 に密度のゆらぎで特徴づけられる．さらに構造形成は密度ゆらぎが成長することによって引き起こされる．宇宙の密度ゆらぎはこのように構造形成にとってもっとも基本的な性質である．そこで，密度ゆらぎがどの

---

*7 シルク減衰とも呼ばれる．

ようなものであるのか，定量的に示す指標が必要である．ある時刻における密度のゆらぎは空間の関数であるので，その自由度は無限大である．したがって密度ゆらぎを正確に指し示すには無限の点での値を指定する必要があるが，それは現実的ではない上に，物理量として理論的に予言可能でもない．宇宙のある特殊な場所における密度がいくつであるかということを理論的に予言することはできない．なぜなら宇宙の密度ゆらぎは確率的な過程に基づいて生成されたと考えられているからである．宇宙の進化の物理理論が予言しうるのは，密度のゆらぎが全体としてどのような性質を持っているかという，統計的な量のみである．この目的においてもっともよく用いられるのが以下に説明するパワースペクトルという量である．

共動座標における十分大きな体積 V をとってきて，密度ゆらぎ $\delta(\boldsymbol{x})$ を次のようにフーリエ分解する．

$$\delta(\boldsymbol{x}) = \frac{1}{\sqrt{V}} \sum_{\boldsymbol{k}} \delta_{\boldsymbol{k}} e^{i\boldsymbol{k}\cdot\boldsymbol{x}}. \tag{3.39}$$

ここでは，無限に広い空間を考えるかわりに，十分大きな体積 V の周期境界条件をもつ立方体中を考える．このときには波数ベクトル $\boldsymbol{k}$ が離散的な変数となるので，取り扱いが容易である．最終的には $V \to \infty$ の極限をとることで，無限に広い空間を取り扱ったことになる．

フーリエ係数 $\delta_{\boldsymbol{k}}$ は複素数であるが，その絶対値 $|\delta_{\boldsymbol{k}}|$ は 波数 $\boldsymbol{k}$ に対応する波長 $2\pi/|\boldsymbol{k}|$ を持つゆらぎの成分の強さを表している．密度ゆらぎはランダムな変数であって，そのフーリエ係数は波数の関数として非常にランダムなふるまいをする．パワースペクトル $P(k)$ はこのフーリエ係数の平均的な強さとして

$$P(k) = \langle |\delta_{\boldsymbol{k}}|^2 \rangle \tag{3.40}$$

によって定義される[8]．ここで宇宙は平均的には等方であるから，パワースペクトルは波数の方向にはよらず，その絶対値 $k = |\boldsymbol{k}|$ のみの関数となる．また，宇宙は平均的には一様であるということから，異なるフーリエモード同士の間に次

---

[8] ここで考えている平均 $\langle \cdots \rangle$ は統計力学でいうアンサンブル平均である．宇宙にいくつもの独立した体積を考え，おのおのの体積中で計算した量を平均するものと考えておけばよい．実際の宇宙の観測では体積は一つしかない．そこで，観測と対応させるためにはいくつかの隣り合った波数，および波数ベクトルの方向で平均することによって近似的にパワースペクトルを得る．

の関係

$$\langle \delta_{\boldsymbol{k}}^* \delta_{\boldsymbol{k}'} \rangle = \delta_{\boldsymbol{k}\boldsymbol{k}'}^{\mathrm{K}} P(k) \tag{3.41}$$

があることが示される．ここで $\delta_{\boldsymbol{k}\boldsymbol{k}'}^{\mathrm{K}}$ はクロネッカー・デルタを表し，$\boldsymbol{k} = \boldsymbol{k}'$ のとき 1，それ以外のとき 0 と定義される．

　宇宙の密度ゆらぎの性質はパワースペクトルの言葉で記述される．もちろん，パワースペクトルのみでゆらぎのあらゆる性質を表せるわけではないが，ゆらぎを統計的に記述するもっとも基本的な量として用いられるものである．宇宙の進化とともにゆらぎのパワースペクトルがどのように進化するのかは，構造形成がどのように進むのかを決める重要な問題である．

　密度ゆらぎを特徴づけるのに，ある半径の中にある質量が宇宙の平均に比べてどのくらい多いかも重要な指標となる．これは質量ゆらぎと呼ばれるものである．半径を固定したときの質量ゆらぎの分散が 1 程度になるかどうかは，そのような質量スケールをもつ天体が形成されるかどうかをおおまかに示していて，重要な量の一つである．この質量ゆらぎの分散はパワースペクトルと関係づけることができる．

　ここで，質量ゆらぎとパワースペクトルとの対応関係を説明しておく．ある半径 R の球内に存在する質量の平均値を M とする．このとき，宇宙の特定の点を中心とする質量を $M + \delta M$ とおくと，δM はその点における質量ゆらぎを表す．いま，原点を中心として半径 R の球内にある質量は

$$M + \delta M = \int_{|\boldsymbol{x}| \leq R} d^3 x \, \bar{\rho} \left[1 + \delta(\boldsymbol{x}) \right] \tag{3.42}$$

とかける．ここで，平均質量は $M = 4\pi R^3 \bar{\rho}/3$ で与えられることから，平均質量で規格化した質量ゆらぎ $\delta M/M$ は

$$\frac{\delta M}{M} = \frac{3}{4\pi R^3} \int_{|\boldsymbol{x}| \leq R} d^3 x \, \delta(\boldsymbol{x}) = \frac{1}{\sqrt{V}} \sum_{\boldsymbol{k}} \delta_{\boldsymbol{k}} \frac{3}{4\pi R^3} \int_{|\boldsymbol{x}| \leq R} d^3 x \, e^{i\boldsymbol{k}\cdot\boldsymbol{x}} \tag{3.43}$$

と表される．ここで 2 番目の等式ではフーリエ展開の式（3.39）を代入した．この式の最後の積分は，波長が半径よりも十分大きい $k \gg R^{-1}$ のモードに対しては，被積分関数が強い振動をするため消えてしまう．また，逆に波長が半径よりも十分小さい $k \ll R^{-1}$ のモードに対しては被積分関数がほぼ 1 になる．そこで

おおざっぱな近似として

$$\frac{3}{4\pi R^3} \int_{|\boldsymbol{x}| \le R} d^3x \, e^{i\boldsymbol{k}\cdot\boldsymbol{x}} \sim \begin{cases} 1 & (k \le R^{-1}) \\ 0 & (k > R^{-1}) \end{cases} \tag{3.44}$$

と見積もることができる．こうして近似的に

$$\frac{\delta M}{M} \sim \frac{1}{\sqrt{V}} \sum_{\boldsymbol{k}; |\boldsymbol{k}| \le 1/R} \delta_{\boldsymbol{k}} \tag{3.45}$$

となることが分かる．ここで式 (3.41) を用いると質量ゆらぎの分散が計算でき，

$$\left\langle \left(\frac{\delta M}{M}\right)^2 \right\rangle \sim \frac{1}{V} \sum_{\boldsymbol{k}; |\boldsymbol{k}| \le 1/R} P(k) \tag{3.46}$$

となる．つまり，質量ゆらぎの分散は，考えている半径スケールよりも長い波長のすべてのモードでパワースペクトルを足しあわせたものでほぼ近似できる．

いま，1 辺の長さが L で周期境界条件を満たす立方体中のゆらぎを考えているので，一次元方向への波数は基本モードの波数 $2\pi/L$ の整数倍で与えられる．したがって，体積 $V = L^3$ が無限大の連続極限では $(2\pi)^3/V \to d^3k$ と対応する．すると，式 (3.46) はこの連続極限において

$$\left\langle \left(\frac{\delta M}{M}\right)^2 \right\rangle \sim \int_{|\boldsymbol{k}| \le 1/R} \frac{d^3k}{(2\pi)^3} P(k) = \int_0^{1/R} \frac{k^2 \, dk}{2\pi^2} P(k) \tag{3.47}$$

と表すことができる．この質量ゆらぎの表現は近似的に導いたものであるが，おおまかに質量ゆらぎを表す量として式 (3.47) の右辺を質量ゆらぎの定義として用いることもある．この場合，分散の平方根という意味で $\delta M/M$ という記号を使い，

$$\frac{\delta M}{M} \equiv \left[\int_0^{1/R} \frac{k^2 \, dk}{2\pi^2} P(k) \right]^{1/2} \tag{3.48}$$

と定義される．この関数は質量スケール $M = 4\pi R^3 \bar{\rho}/3$ の関数として考えられることが多い．

波数の対数の微小区間 $d\ln k = dk/k$ あたりの質量ゆらぎへの寄与は，式 (3.47) から

$$\Delta^2(k) \equiv \frac{k^3}{2\pi^2} P(k) \tag{3.49}$$

である．この量 $\Delta^2(k)$ は無次元量であり，ある波数 k のゆらぎの特徴的な大きさを表している．このため，体積の次元を持つパワースペクトル $P(k)$ の代わりに用いられることがある．

3.2.7 初期条件

宇宙の密度ゆらぎははじめどのようなものであっただろうか？これは，ゆらぎの生成を引き起こす機構が何だったかによる．宇宙の密度ゆらぎが何によって引き起こされたのかは，あまり明らかなことではない．

1970 年初頭，ハリソン（E.R. Harrison）とゼルドビッチ（Y.B. Zel'dovich）は，ゆらぎの生成機構に言及することなく，この初期ゆらぎがどうあるべきかについて論じている．彼らは理論的な観点から，宇宙のちょうど地平線半径に対応する質量ゆらぎは普遍的に同じ大きさであるべきであるとしたのである．地平線半径は時間とともに大きくなっていくが，その時刻ごとに与えられる半径の質量ゆらぎの大きさがいつも同じであるとしたのである．この仮定は宇宙の構造をよく説明することが知られている．

このときのパワースペクトルの形を求めてみる．まず，地平線の半径は実スケールで cH^{-1} で与えられるから，その共動スケールの半径は $R_{\mathrm{H}} = c/(aH)$ である．放射優勢期でスケール因子は $a \propto t^{1/2}$ となるから，$R_{\mathrm{H}} \propto a$ となり，物質優勢期ではスケール因子は $a \propto t^{2/3}$ となるから，$R_{\mathrm{H}} \propto a^{1/2}$ となる．地平線半径内の物質の平均質量は $M_{\mathrm{H}} \propto \bar{\rho}_{\mathrm{m}} a^3 R_{\mathrm{H}}^3 \propto R_{\mathrm{H}}^3$ であるから，

$$M_{\mathrm{H}} \propto \begin{cases} a^3 & \text{（放射優勢期）} \\ a^{3/2} & \text{（物質優勢期）} \end{cases} \tag{3.50}$$

で与えられる．また地平線半径より長い波長の密度ゆらぎは放射優勢期で a^2 に比例して成長し，物質優勢期で a に比例して成長する．この成長因子を時間の関数として式（3.50）で与えられる地平線内の平均質量で表せば，放射優勢期と物質優勢期のいずれの場合でも $M_{\mathrm{H}}^{2/3}$ に比例する．パワースペクトルは密度ゆらぎの 2 次の量であるからその時間発展は $M_{\mathrm{H}}^{4/3}$ に比例した成長をする．

ここで，地平線半径より長い波長 $k \leqq k_{\mathrm{H}} \equiv 1/R_{\mathrm{H}}$ におけるパワースペク

トルの形としてべき乗の形 k^n を仮定してみると，時間発展を含めて $P(k) \propto M_{\mathrm{H}}{}^{4/3} k^n$ となる．$k_{\mathrm{H}} \propto M_{\mathrm{H}}{}^{-1/3}$ であるから，質量ゆらぎの式（3.48）は地平線半径において

$$
\left(\frac{\delta M}{M}\right)_{\mathrm{H}} \propto M_{\mathrm{H}}{}^{2/3} \left[\int_0^{k_{\mathrm{H}}} k^2 \, dk \, k^n\right]^{1/2} \propto M_{\mathrm{H}}{}^{2/3} \cdot M_{\mathrm{H}}{}^{-(n+3)/6}
$$
$$
\propto M_{\mathrm{H}}{}^{-(n-1)/6} \tag{3.51}
$$

となっている．放射優勢期か物質優勢期かにかかわらず，この量が質量スケールによらずに一定値となるには，$n=1$ のべき型のパワースペクトル

$$
P(k) \propto k \tag{3.52}
$$

であればよいことになる．このとき，ちょうど地平線半径に対応する質量ゆらぎは時刻によらずつねに一定である．この式（3.52）で与えられる形のパワースペクトルはハリソン–ゼルドビッチスペクトルと呼ばれる．このスペクトルは地平線に入る前のゆらぎの大きさを表すもので，地平線内に入ったゆらぎは上に述べてきたような物理的効果により変形される．その意味でゆらぎの初期条件を与えるものである．

　初期ゆらぎの生成機構についてはこれまでにいろいろな説が唱えられてきたが，多くの説は観測に合わないことなどから消えている．現状で観測と矛盾しない有力な説は宇宙初期のインフレーション期に密度ゆらぎが作られたとするものである．インフレーション期とは，宇宙の初期に現在とは比べものにならないほどの急膨張をしたとされる時期のことである．標準的なビッグバン理論では宇宙の初期に不自然な微調整がなされているように見える．だがインフレーション期があるとそのような不自然さが解決される．このためインフレーション理論はビッグバン理論を補う理論となっている．

　インフレーション期が実際にこの宇宙にあったのかどうかについては，まだ結論が出ているとは言い難い．だが，インフレーション理論が密度ゆらぎを生成するなら，生成された密度ゆらぎが現実の宇宙に存在する密度ゆらぎを説明し得るかを調べることによって，間接的にインフレーション理論を確かめることができるであろう．この意味ではインフレーション理論がつくり出す密度ゆらぎをよく調べておくことが重要である．

インフレーションは一時的に宇宙全体を覆いつくした場の真空エネルギーによって引き起こされると考えられている．場の真空エネルギーはアインシュタインの宇宙項と同じ働きをするために，宇宙全体の斥力となって宇宙を急膨張させるのである．このとき，インフレーションを引き起こす原因となった場には量子的な空間ゆらぎがある．このゆらぎが宇宙のエネルギーゆらぎの源となり，最終的には宇宙の密度ゆらぎになるという機構が考えられている．

インフレーション理論は，その具体的な機構の点において現状ではいくつもの説に分かれていて，ゆらぎの性質に対してかならずしも一意的な予言をするわけではない．だが，多くのインフレーション理論は生成するパワースペクトルについて波数のべき乗で与えられる形

$$P(k) = Ak^n \tag{3.53}$$

を予言する．ここで A はゆらぎの振幅を表す定数で，n はゆらぎのべき指数である．ここで，多くのインフレーション理論ではべき指数がほとんど $n = 1$ に近い値となる．それはまさしくハリソン–ゼルドビッチスペクトルを予言しているのである．

ハリソン–ゼルドビッチスペクトルは観測によく合致することから，これはインフレーション理論を支持する事実と見なされている．ただし，現段階ではさまざまなインフレーション理論のどれがよいのか区別ができない．今後はハリソン–ゼルドビッチスペクトルからのずれを用いて，さらにインフレーション理論を検証することが課題となっていくであろう．

3.2.8　遷移関数

地平線半径より長波長のゆらぎは上のようにハリソン–ゼルドビッチスペクトルあるいはそれに似たもので与えられると考えられる．それよりも短波長のゆらぎは上に述べてきたように，物理効果によってスケールに依存した変形を受ける．このため，パワースペクトルの形は初期の形から変形されることになる．線形理論ではゆらぎの進化の方程式が波数 k ごとに独立した方程式になる．したがって，この変形は初期ゆらぎのパワースペクトルの各波数ごとに独立した係数がかかる効果として表される．この係数のことを遷移関数と呼ぶ．

いま，興味あるスケールがすべて地平線の外にあるような，ある十分初期の時

刻 $t = t_{\text{init}}$ でのゆらぎのスペクトルを $P_{\text{init}}(k)$ とする．初期スペクトルがべき則の場合は

$$P_{\text{init}}(k) = A_{\text{init}} k^n \tag{3.54}$$

とかける．ここで A_{init} はスペクトルの初期振幅を表している．ハリソン–ゼルドビッチスペクトルは $n = 1$ の場合に対応する．だが，以下の議論は特にべき則でなければならないというわけではなく，一般の初期スペクトルについて成り立つ．

地平線を超える波長のゆらぎは波数によらず一様に成長する．その成長因子を $\delta \propto D(t)$ とする．具体的にはこれは放射優勢期で $D(t) \propto a^2(t)$，物質優勢期で $D(t) \propto a(t)$ である．宇宙膨張に曲率や宇宙項の効くような一般の場合にはまた別の関数となるので，ここでは一般的に考えておく．

一方，地平線内に入っているゆらぎは一般に波数に依存した変形を受ける．ただし，線形理論では必ず波数 k ごとに独立にゆらぎが発展する．そこで，初期ゆらぎのフーリエ変換を $\delta_{\boldsymbol{k}}^{(\text{init})}$ とすると，時間発展したゆらぎは

$$\delta_{\boldsymbol{k}}(t) = \frac{T(k,t)D(t)}{D(t_{\text{init}})} \delta_{\boldsymbol{k}}^{(\text{init})} \tag{3.55}$$

とかくことができる．ここで $T(k,t)$ は地平線内でのさまざまな物理効果によるゆらぎの成長や抑制をまとめて表す因子であり，遷移関数と呼ばれる．このとき，時刻 t におけるパワースペクトルは

$$P(k) = \frac{T^2(k,t)D^2(t)}{D^2(t_{\text{init}})} P_{\text{init}}(k) \tag{3.56}$$

で与えられる．地平線半径 $R_{\text{H}}(t)$ よりも長波長のゆらぎは遷移関数の影響を受けないので，$k \ll k_{\text{H}}(t) \equiv 1/R_{\text{H}}(t)$ に対して必ず $T(k,t) \to 1$ となる．

ここで，上の式は線形理論の成り立つ範囲で成立することに注意しよう．線形理論はゆらぎ δ が平均的に 1 よりも十分小さいときに正しい．これは式 (3.49) で与えられる無次元化されたパワースペクトルに対して，$\Delta^2(k) \ll 1$ という条件のときに満たされる．ボトムアップ型の構造形成の場合，$\Delta^2(k)$ は k の増加関数，すなわち短波長のゆらぎほど振幅が大きいので，小スケールから順番に $\Delta^2(k) > 1$ となって非線形な力学に支配されるようになる．現在の宇宙のゆらぎに対してはほぼ $10\,\text{Mpc}$ 以下が非線形となっていることが知られていて，そのよ

うな領域に対して線形理論は破れている．だが，過去にさかのぼればゆらぎは小さくなっているので，宇宙初期ではこれよりずっと小さなスケールまで線形理論が成り立つ．また，現在でも十分大きなスケールでは線形理論が成り立っている．

遷移関数の形を決めるもっとも大きな要因の一つは，放射優勢期におけるスタグスパンションである．この時期には，地平線半径より長波長のゆらぎが成長できるのに対して，それより短波長のゆらぎはほとんど成長できない．短波長のゆらぎほど地平線内に入っている期間が長いので，短波長側ほど遷移関数がより小さくなる．放射優勢期が終わるとスタグスパンションは起こらなくなり，この効果による遷移関数の変化は止まる．したがって，放射優勢期と物質優勢期の境目である等密度時 t_{eq} の時点での地平線半径に対応する波数 $k_{\mathrm{H}}(t_{\mathrm{eq}})$ を境に，遷移関数は大きく折れ曲がることになる．

このスタグスパンションによる遷移関数の折れ曲がりの正確な形を得るには相対論的なゆらぎの発展方程式を数値的に解く必要がある．だが，そのおおよその形は次のように考察できる．まず，放射優勢期には $a \propto t^{1/2}$ であるから，地平線半径に対応する波数は $k_{\mathrm{H}} = aH/c \propto a^{-1}$ である．したがって，ある波数 k に着目したとき，その波長が地平線半径になる時刻でのスケール因子を $a_{\mathrm{enter}}(k)$ とおくと，$a_{\mathrm{enter}}(k) \propto k^{-1}$ である．等密度時にすでに地平線内に入っている波数 $k \gg k_{\mathrm{H}}(t_{\mathrm{eq}})$ のゆらぎはその波長が地平線を越えているときのみ a^2 に比例した成長をして，地平線内に入ると成長が止まる．したがって，そのようなゆらぎに対しては

$$\delta_{\boldsymbol{k}} \propto \left[a_{\mathrm{enter}}(k)\right]^2 \delta_{\boldsymbol{k}}^{(\mathrm{init})} \propto k^{-2} \delta_{\boldsymbol{k}}^{(\mathrm{init})} \tag{3.57}$$

というスケール依存をした成長になる．ここから遷移関数の漸近形として物質優勢期以後

$$T(k) \propto \begin{cases} 1 & (k \ll k_{\mathrm{H}}(t_{\mathrm{eq}})) \\ k^{-2} & (k \gg k_{\mathrm{H}}(t_{\mathrm{eq}})) \end{cases} \tag{3.58}$$

となることが分かる．この遷移関数の折れ曲がりに対応する波数のスケールは

$$k_{\mathrm{H}}(t_{\mathrm{eq}}) = a(t_{\mathrm{eq}})H(t_{\mathrm{eq}}) = 0.102\,\Omega_{\mathrm{m}}h \quad [h\,\mathrm{Mpc}^{-1}] \tag{3.59}$$

で与えられ，構造形成にとって決定的に重要なスケールを与える．

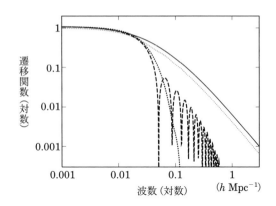

図 3.2 遷移関数．実線は冷たいダークマターのみの宇宙．太い破線はバリオンのみの宇宙．太い点線は熱いダークマターのみの宇宙．いずれも $\Omega_\mathrm{m} = 0.27$, $h = 0.71$ を仮定している．細い点線はバリオンと冷たいダークマターの混ざった，より現実的な宇宙（$\Omega_\mathrm{b} = 0.04$, $\Omega_\mathrm{CDM} = 0.23$）である．

　宇宙の物質成分として冷たいダークマターのみを考える場合，遷移関数の現れる要因としてこのスタグスパンションによる効果だけがある．この場合，初期ゆらぎとして標準的なハリソン–ゼルドビッチスペクトルであればパワースペクトルの漸近形は

$$P(k) \propto kT^2(k) \propto \begin{cases} k & (k \ll k_\mathrm{H}(t_\mathrm{eq})) \\ k^{-3} & (k \gg k_\mathrm{H}(t_\mathrm{eq})) \end{cases} \tag{3.60}$$

となる．宇宙の主要成分は冷たいダークマターであるから，実際のスペクトルもほぼこのような形をしている．

　図 3.2 に，物質成分の種類を変えたいくつかの場合に対応する遷移関数を示した．物質成分が冷たいダークマターのみの場合は上に述べたスペクトルの折れ曲がりが特徴的である．そのほかの場合にはゆらぎの減衰機構が別にあり，小スケール側で冷たいダークマターのみの場合よりも遷移関数がさらに小さくなる．
　物質成分が熱いダークマターである場合には自由運動によるゆらぎの減衰が強く効いて遷移関数は短波長側で大きく抑制される．この場合には式（3.34）で与えられる波長以下のゆらぎは現在までに事実上消え去ってしまう．あるいはダークマターのすべてが熱いダークマターでなくとも，熱いダークマター成分が少し

混ざっていれば短波長側でゆらぎがいくぶんか抑制される．ニュートリノは熱いダークマターとして働くので，その質量が十分重ければこうして遷移関数に影響を及ぼす．どれくらいの影響があるかはニュートリノの質量による．

物質成分がバリオンのみである場合にも，やはりゆらぎが小スケール側で大きく抑制される．しかもその抑制のパターンはスケールごとに振動している．この理由は次の通りである．まず，バリオンは宇宙の晴れ上がりの時点で光子との結合が切れる．これは突然起きる現象ではなく徐々に進行する．光子の平均自由行程が徐々に延びていくことで光子は拡散していくが，まだバリオンと衝突をするので，バリオンも光子によって引きずられ，一緒に拡散してしまう．このとき，拡散スケール以下におけるバリオンのゆらぎがならされてしまうのである．このゆらぎの減衰機構はシルクダンピングと呼ばれている（3.2.5 節参照）．また，宇宙の晴れ上がり以前のバリオンのジーンズ長は地平線半径程度である．

はじめに地平線の外にあった波長が中に入ってくると，その波長のバリオンゆらぎは，重力により成長しようとする力と圧力により成長を止めようとする力によって振動する．早く地平線内に入ってきたバリオンゆらぎほど何度も振動するので，その振動の位相はゆらぎの波長ごとに異なっている．宇宙の晴れ上がりの時点でバリオンと光子との結合が切れると，この振動が止まってあとは単調にゆらぎが成長する．各スケールごとに宇宙の晴れ上がり時点での振動の位相は異なるので，遷移関数に振動パターンが刻み込まれているのである．このような振動はバリオンの音響振動と呼ばれている．

物質成分の主要な成分が冷たいダークマターでわずかにバリオンが含まれているような現実的な場合は，冷たいダークマターの遷移関数がバリオンの影響で変形されたものになる．その変形は，バリオンのシルクダンピングと音響振動によるもので，遷移関数は小スケール側でわずかに振動しながら減衰する．

以上に見てきたように，遷移関数は宇宙の膨張がどうであったか，また特に宇宙の成分が何であるかによって大きく異なってくる．このことは，現在の密度ゆらぎの中に宇宙の歴史や成分についての多くの情報が織り込まれているということを意味している．近年，宇宙の大規模構造や宇宙の背景放射の温度ゆらぎなどから宇宙の成分などの宇宙論パラメータをきわめて精密に見積もることが可能になっている．これを可能にした主要な原理として，ここで述べた宇宙の密度ゆらぎの進化が用いられているのである．

3.3 非線形成長と構造形成シミュレーション

3.3.1 線形成長と非線形成長

宇宙の初期にはあらゆるスケールにおいてゆらぎが十分小さかったため，ゆらぎの変数について 2 次以上の項を無視する線形理論によってゆらぎの進化を調べることができた．線形理論ではフーリエ変換によってゆらぎを各波数ごとに分解することで，ゆらぎの発展方程式がそれぞれの波数ごとに独立な方程式系となる．これには，各波数のゆらぎの成長をそれぞれまったく独立に求めることができるという大きな利点がある．こうしてゆらぎの線形成長を求めることは遷移関数を求めることに帰着する．遷移関数の計算には多少複雑な数値積分を必要とするものの，その評価において原理的な困難は存在しない．

一方，ゆらぎが大きくなってその値が 1 に近くなるか 1 を超えるようになると，もはや線形理論が正しくなくなる．この場合にはフーリエ変換によってゆらぎを分解しても，異なる波数に属するゆらぎの成分がお互いに関係しあい，その一般的な成長を解析的に取り扱うことはできなくなってしまう．このため，非線形領域におけるゆらぎの理解は線形領域に比べて難しいものとなる．現在の宇宙においてほぼ $10\,\mathrm{Mpc}$ 以下のスケールは非線形領域にあり，これより小さな天体や構造の形成は線形理論で取り扱うことはできない．星や銀河の形成は完全な非線形領域で起こっている．銀河団も線形理論では取り扱えない．

これら非線形な構造は，線形成長により徐々に大きくなってきたゆらぎが 1 を越えることによって非線形成長して形成される．ハリソン–ゼルドビッチスペクトルによる初期ゆらぎと冷たいダークマターによって支配される標準的な構造形成のシナリオのもとで，密度ゆらぎのパワースペクトルは式（3.60）の形をしているので，式（3.49）で与えられる無次元化されたパワースペクトルは k の単調増加関数となる．物質優勢期にパワースペクトルは時間とともに一様に増加するので，波数 k の大きい短波長側のゆらぎから順に非線形領域に入っていく．つまり，小さな構造ほど早い時期に形成される．このため，天体の形成は，星 → 銀河 → 銀河団，というように進んでいく．

このように天体の形成過程にはゆらぎの非線形成長が本質的な役割をしている．このため，天体の形成の理解には非線形成長のことを知らなくてはならない．こ

の問題に対して一般的な解析解を求めることはできないため，なんらかの近似を用いる必要がある．以下では，非線形領域に対するいくつかの近似法を述べる．

3.3.2　球対称モデル

ある点のまわりに質量が球対称に分布している場合を考え，その非線形成長を考える．現実のゆらぎは必ずしも球対称ではないが，ゆらぎの非線形成長のおおまかなふるまいを調べる簡単なモデルとしてはきわめて有用である．また，この球対称モデルをもとに，さらに進んだ天体の構造形成モデルが考えられている．ここでは球対称な密度ゆらぎがあった場合のゆらぎの進化について述べる．

いま，物質に固定されたある球殻の半径の変化 $R(t)$ を追うことを考える．球対称分布の場合，球殻にかかる力はその球殻の内部にある物質の質量 M だけで決まり，外部の分布には依存しない．球殻は物質に固定されているので R が変化しても，内部に含まれる質量 M は一定である．したがって，その運動方程式は

$$\frac{d^2R}{dt^2} = -\frac{GM}{R^2} \tag{3.61}$$

となり，逆2乗則をもつ中心力場中の質点の1次元運動の方程式と同等である．

膨張宇宙に埋め込まれた球殻を考えると，その球殻は初期条件として外向きの速度を持つ．このため，解のおおまかなふるまいは，球殻の全エネルギーの正負によって次のようになる．球殻の全エネルギーが負であるときには，ポテンシャルエネルギーを振り切って運動することができない．運動エネルギーがゼロになった時点で膨張が止まり，その後収縮に転じる．そして最終的には中心に戻って崩壊することになる．これは重力ポテンシャルに束縛された，いわゆる束縛解である．一方，全エネルギーが正であればもはや運動エネルギーがゼロになることなく，減速しながら永遠に膨張しつづける．こちらは重力ポテンシャルに束縛されていない，非束縛解である．

式（3.61）の解は初等的に求められる．まずこの方程式を1回積分することで

$$\left(\frac{dR}{dt}\right)^2 = \frac{2GM}{R} + 2E \tag{3.62}$$

が得られる．ただし E は積分定数であり，$E < 0$ は束縛解，$E > 0$ は非束縛解にそれぞれ対応している．この式は初等的に積分でき，その解 $R(t)$ はパラメー

タ表示により

$$\begin{cases} R = A^2(1 - \cos\theta) \\ t = \dfrac{A^3}{\sqrt{GM}}(\theta - \sin\theta) \end{cases} \quad (E < 0) \qquad (3.63)$$

$$\begin{cases} R = A^2(\cosh\theta - 1) \\ t = \dfrac{A^3}{\sqrt{GM}}(\sinh\theta - \theta) \end{cases} \quad (E > 0) \qquad (3.64)$$

となる．ここで A は積分定数である．この定数は球対称分布のどの球殻を選ぶかという不定性に対応するので，とくにここで定める必要はない．

さて，宇宙のある点での密度ゆらぎ δ はその点での密度 ρ と宇宙全体の平均密度 $\bar{\rho}$ により $\delta = \rho/\bar{\rho} - 1$ で与えられた．いま球殻内の密度は $\rho = M/(4\pi R^3/3)$ である．背景密度として，簡単のためアインシュタイン–ド・ジッター宇宙を考えると $\bar{\rho} = 1/(6\pi G t^2)$ である．すると球殻内の密度ゆらぎに対応する量は

$$\delta(t) = \frac{9GMt^2}{2R^3} - 1 = \begin{cases} \dfrac{9}{2}\dfrac{(\theta - \sin\theta)^2}{(1 - \cos\theta)^3} - 1 & (E < 0) \\ \dfrac{9}{2}\dfrac{(\sinh\theta - \theta)^2}{(\cosh\theta - 1)^3} - 1 & (E > 0) \end{cases} \qquad (3.65)$$

である．ここで最後の等式では式 (3.63)，(3.64) を代入した．時刻 t は式 (3.63)，(3.64) のそれぞれの第 2 式によりパラメータ θ と関係づけられている．

式 (3.65) の非束縛解 ($E > 0$) は時刻とともに $\delta = -1$ に際限なく近づいていく．すなわちこれは初期の球殻内の密度が宇宙の平均密度よりもわずかに小さい領域の進化に対応し，銀河がほとんど形成されないような領域，すなわちボイド領域の形成とみなすことができる．したがって，この場合は天体の形成には対応しない．

一方，束縛解 ($E < 0$) は有限時間の間に密度が無限大になって崩壊する解である．だが，実際の宇宙におけるゆらぎの崩壊においては，ここで無視している物質の粒子性や，圧力あるいは速度分散によって密度が無限大になることはないと考えられる．そのかわりに十分密度が高くなるとビリアル平衡に達して有限の半径を持つ広がった天体が形成されるであろう．そのような天体から熱が逃げて冷却すると，さらに収縮して星や銀河などの天体になると考えられるのである．

束縛解において膨張がちょうど止まって収縮に転ずる転回点の時刻はパラメー

タが $\theta = \pi$ となる時点である．式（3.63）より，このときの時刻と球殻の半径は

$$t_{\mathrm{turn}} = \frac{\pi A^3}{\sqrt{GM}}, \quad R_{\mathrm{turn}} = 2A^2 \tag{3.66}$$

である．また，この時点で密度ゆらぎは式（3.65）より，

$$\delta_{\mathrm{turn}} = \frac{9\pi^2}{16} - 1 \simeq 4.55 \tag{3.67}$$

となる．

また，崩壊する時刻は $\theta = 2\pi$ となる時点で，そのときの時刻と球殻の半径は

$$t_{\mathrm{coll}} = \frac{2\pi A^3}{\sqrt{GM}}, \quad R_{\mathrm{coll}} = 0 \tag{3.68}$$

であり，ゆらぎは発散する．

ここで，この球対称なゆらぎは完全に半径ゼロまで崩壊せずに，最終的にビリアル平衡に達し，半径 R_{vir} の天体になると考えてみる．ここまでどの半径の球殻を選ぶかは任意であったが，最終的にビリアル平衡に達した天体の質量を含むような球殻にとってあるものとしよう．この天体の質量を M とする．ビリアル定理によると，この天体の運動エネルギー K_{vir} とポテンシャルエネルギー U_{vir} の間には $2K_{\mathrm{vir}} + U_{\mathrm{vir}} = 0$ の関係が成り立つ．また，球殻の転回点の時刻 t_{turn} におけるポテンシャルエネルギーを U_{turn} とする．この時刻では運動エネルギーがゼロである．したがってエネルギー保存則により $K_{\mathrm{vir}} + U_{\mathrm{vir}} = U_{\mathrm{turn}}$ が成り立つ．これら 2 式から K_{vir} を消去して，$U_{\mathrm{vir}} = 2U_{\mathrm{turn}}$ が導かれる．ポテンシャルエネルギーは半径に反比例するから，結局 $R_{\mathrm{vir}} = R_{\mathrm{turn}}/2 = A^2$ が得られる．すなわち最終的にビリアル平衡に達した天体の半径は転回点の半径のちょうど 1/2 である．

球殻の半径がちょうど $R_{\mathrm{vir}} = A^2$ になるのは $\theta = 3\pi/2$ の時点である．ただし，球殻が R_{vir} に達したときにすぐにビリアル平衡に達するとは考えられない．少なくとも半径 R_{vir} を粒子が自由落下して中心部分に到達する程度の時間が必要である．したがって，何の抵抗も受けずに球殻が中心まで落ちる時刻である t_{coll} に平衡状態になったものと考えてもよいであろう．このときの密度ゆらぎの値は

$$\delta_{\mathrm{vir}} = \frac{M/(4\pi R_{\mathrm{vir}}^3/3)}{\bar{\rho}(t_{\mathrm{coll}})} - 1 = 18\pi^2 - 1 \simeq 177 \tag{3.69}$$

で与えられる．すなわち，球対称モデルでは，重力崩壊してビリアル平衡になった領域の密度ゆらぎは形成時点で約 177 であることになる．

ここで線形理論との対応関係を導いておくと有用である．球対称モデルでは非線形なゆらぎの成長までを追うことができたが，その初期の段階ではゆらぎが小さいので線形理論と一致するはずである．式 (3.65) により，ゆらぎ δ と時刻 t をパラメータ θ で展開することにより

$$\delta = \frac{3}{20}\theta^2 + \mathcal{O}(\theta^4) \tag{3.70}$$

$$t = \frac{A^3}{6\sqrt{GM}}\theta^3 + \mathcal{O}(\theta^5) \tag{3.71}$$

となる．したがって，最低次の近似で $\delta \propto t^{2/3}$ となって，式 (3.29) で与えられた線形理論の成長解に一致する．この最低次の項が線形理論のゆらぎを表しているので，これを δ_L とおく．係数も含めて，具体的には

$$\delta_\mathrm{L}(t) = \frac{3}{20}\left(\frac{6\sqrt{GM}}{A^3}t\right)^{2/3} \tag{3.72}$$

である．ゆらぎが小さい $\delta \ll 1$ のときは式 (3.65) の球対称解も式 (3.72) の線形近似もほぼ同じであるが，非線形領域へと入るにしたがって両者はずれていく．

ここで，球対称ゆらぎ δ も線形ゆらぎ δ_L も時間の単調増加関数であることに注意すると，両者の間に対応関係が付けられることになる．この関係をいったん導いておけば，線形ゆらぎの値から実際の非線形ゆらぎの値を推定することができるようになる．この関係は式 (3.72) に式 (3.63) あるいは式 (3.64) の t を代入した式と，式 (3.64) を使えばパラメータ θ を媒介変数として与えられる．特に転回点と崩壊点の時刻における線形ゆらぎの値は

$$\delta_\mathrm{L}(t_\mathrm{turn}) = \frac{3(6\pi)^{2/3}}{20} \simeq 1.06 \tag{3.73}$$

$$\delta_\mathrm{L}(t_\mathrm{coll}) = \frac{3(12\pi)^{2/3}}{20} \simeq 1.69 \tag{3.74}$$

となる．

この対応は球対称ゆらぎのときにしか正しくないが，一般のゆらぎの成長に対しても非線形天体の形成時期を線形理論から見積もるモデルとして活用されてい

る．つまり，一般の初期条件によるゆらぎの成長に対しても，線形理論によって成長させたゆらぎが 1.69 になった時点を天体形成時期とみなすというモデルがよく使われる．このモデルは後で述べるプレス–シェヒター理論でも用いられている．なお，ここではアインシュタイン–ド・ジッター宇宙を考えたが，一般の宇宙モデルに拡張してもこの 1.69 という数字はあまり変わらない．

3.3.3 ゼルドビッチ近似

一般のゆらぎに対しての非線形成長はあまりに複雑で解析的に厳密に取り扱うことはできない．これに対してゼルトビッチは非線形領域をある程度記述するモデルとして比較的単純な近似法を与えた．この近似はゼルドビッチ近似と呼ばれ，非線形領域のふるまいを調べるのによく用いられている．

上に述べた線形理論においては密度ゆらぎ $\delta(\boldsymbol{x}, t)$ を共動座標 $\boldsymbol{x}$ の点ごとに記述した．このような変数の扱いはオイラー的見方と呼ばれる．この見方では，物質の運動の結果として密度が変化するが，物質がどのように運動したのかということはあらわな変数としては現れない．一方，物質の運動そのものを変数にとることもでき，こちらはラグランジュ的見方と呼ばれる．ゼルドビッチ近似はこのラグランジュ的見方に基づく近似である．

はじめに物質がまったく一様に分布していると仮想的に考えてみる．そのとき個々の物質素片の座標値 $\boldsymbol{q}$ をその物質素片を表すラベルと考える．実際の一様でない物質分布は，この一様分布から物質素片を適当にずらすことによって実現される．この物質素片に固定された座標 $\boldsymbol{q}$ をラグランジュ座標といい，これは物質素片を固定すれば時間的に変化しない．一方，本来の空間座標 $\boldsymbol{x}$ をオイラー座標という．ある時刻 t においてある物質素片 $\boldsymbol{q}$ が存在するオイラー座標を $\boldsymbol{x}(\boldsymbol{q}, t)$ とする．ゼルドビッチ近似とは，この物質素片の運動が

$$\boldsymbol{x}(\boldsymbol{q}, t) = \boldsymbol{q} - b(t) \nabla_{\boldsymbol{q}} \psi(\boldsymbol{q}) \tag{3.75}$$

という形で与えられるとする近似である．ここで $b(t)$ と $\psi(\boldsymbol{q})$ はゆらぎの成長とパターンを表すものであり，右辺の微分はラグランジュ座標について行う．この形から分かるように，ゼルドビッチ近似では，ラグランジュ座標に固定したポテンシャル $\psi(\boldsymbol{q})$ の勾配によって決まる方向と速度によって一直線上に物質が動く．その速度変化は関数 $b(t)$ によって全体で一様に変化する．

148 第 3 章 構造形成論の基礎

ここでまだ関数 $b(t)$ と $\psi(\boldsymbol{q})$ が未定であるが，ゆらぎが線形段階にあるときに，その成長が線形理論に一致するように選ばれる．ゆらぎの線形理論はオイラー座標で表現されているので，式（3.75）で与えられる物質素片の分布をオイラー座標でみるとどのような密度ゆらぎになるかを考える．オイラー座標の密度場は質量保存の関係 $\rho(\boldsymbol{x},t)\,d^3x = \bar{\rho}(t)\,d^3q$ により，ヤコビアンによって表され，

$$\rho(\boldsymbol{x},t) = \bar{\rho}(t)\det\left|\left|\frac{\partial \boldsymbol{x}}{\partial \boldsymbol{q}}\right|\right|^{-1} = \bar{\rho}(t)\det\left|\left|\delta_{ij} - b(t)\frac{\partial^2\psi(\boldsymbol{q})}{\partial q_i\,\partial q_j}\right|\right|^{-1} \tag{3.76}$$

により与えられる．ここで，ゆらぎが小さいときには $\boldsymbol{x}$ と $\boldsymbol{q}$ の値は近いので，変数 $b(t)$ の値は小さい．そこで式（3.76）を $b(t)$ について展開して 1 次の項まで残すと，密度ゆらぎは

$$\delta(\boldsymbol{x},t) = \frac{\rho(\boldsymbol{x},t)}{\bar{\rho}(t)} - 1 \simeq b(t)\triangle_{\boldsymbol{q}}\psi(\boldsymbol{q}) \simeq b(t)\triangle\psi(\boldsymbol{x}) \tag{3.77}$$

となる．ここで $\triangle_{\boldsymbol{q}} = \nabla_{\boldsymbol{q}}^2$ はラグランジュ座標によるラプラシアン，$\triangle = \nabla^2$ はオイラー座標によるラプラシアンである．最後の近似ではラグランジュ座標とオイラー座標がゆらぎの 1 次であることを使った．

この最後の形を線形理論の成長解の形 $\delta(\boldsymbol{x},t) = D(t)\delta_{\text{init}}(\boldsymbol{x})/D(t_{\text{init}})$ と比べてみる．$D(t)$ は線形成長因子であり，アインシュタイン–ド・ジッター宇宙では $D(t) \propto t^{2/3}$ である．ここでは一般の場合を考える．t_{init} は考えている初期時刻で δ_{init} はそのときの初期ゆらぎである．すると，ポアソン方程式（3.18）も考慮して，

$$b(t) = D(t), \quad \psi(\boldsymbol{q}) = \frac{\Phi(\boldsymbol{q},t_{\text{init}})}{4\pi G\bar{\rho}(t_{\text{init}})D(t_{\text{init}})} \tag{3.78}$$

とおけば，線形理論の成長解を再現することが分かる．このように，線形理論で導かれる成長因子と初期ポテンシャルのみによってその後の成長が決められるので，構成は単純である．にもかかわらず，オイラー座標の線形理論と比べてかなり非線形な領域まで比較的正確な近似になっていることが確かめられている．このため，ゆらぎの非線形成長のモデルとしてよく用いられる．

ここで，ゼルドビッチ近似の限界についても述べておこう．近似式（3.76）から分かるように，線形成長因子 $D(t)$ が成長してくるとヤコビアンが発散しう

る．これはオイラー座標 x の 1 点に，異なるラグランジュ座標 q の物質が移動してくる場合に発生する．たとえばある点に異なる方向から物質が落ち込んできてぶつかるような場合である．このとき局所的に密度は発散する．一般にこのような発散する場所の集合は面をなし，そのような面をコースティックス面（caustic surface）という．球対称解のところでも述べたように，このような密度の発散は，実際には圧力や速度分散によって発生しないものと考えられる．

またゼルドビッチ近似ではコースティックス面を物質が通り過ぎた後も，もともと進んでいた方向へ進みつづける．だが，実際にはいったん密度の高いところを通り過ぎた物質には今度は逆向きに加速度が働き，物質は逆方向へ戻ろうとするであろう．このような効果はゼルドビッチ近似では表現されていない．したがって，ゼルドビッチ近似はコースティックス面が形成される以前まで有効な近似法である．コースティックス面の形成前後でも成長をよりよく近似するように，ゼルドビッチ近似を改良する方法もいくつか考えられている．

3.3.4 N体シミュレーション

構造形成の非線形性を調べるのにもっとも直接的な方法は，コンピュータ・シミュレーションを行うことである．コンピュータ上に仮想的な宇宙を作り，その進化を数値計算によって追っていくのである．コンピュータは原理的に 0 と 1 の組み合わせによってすべてが表されており，その自由度は有限である．一方，密度場の自由度は空間の点の数，すなわち無限大である．そこで，シミュレーションにおいては，無限大の自由度の系を有限の自由度の系で近似することが必要になる．そこである程度小さいスケールの構造を無視して，興味あるスケールの構造を調べるのである．どのくらい小さい構造まで調べられるかをシミュレーションの解像度という．

ダークマターによる構造形成の場合には，シミュレーションの原理は比較的単純である．ダークマターには重力以外の相互作用が働かない．そこで，物質を有限個数 N の粒子の集まりであると考えて，その粒子間に重力相互作用のみが働くものとする．ある初期条件のもと，個々の粒子の位置と速度をコンピュータ上に記憶させておく．一つ一つの粒子に働く重力を求めて加速度を計算する．その加速度と粒子の持つ速度をもとにして時間をすこし進め，粒子が移動する先の位

150 第 3 章 構造形成論の基礎

置と速度を計算する．これを繰り返して，宇宙初期から現在にいたるダークマターの分布構造を具体的につくって，その進化を調べるのである．この手法を用いたシミュレーションを N 体シミュレーションという．

もう少し具体的に見てみよう．ある時刻 t における粒子 i $(i = 1, 2, \cdots, N)$ の共動座標における位置と速度をそれぞれ $\boldsymbol{x}_i$, $\boldsymbol{u}_i = \dot{\boldsymbol{x}}_i$ とする．これら $6 \times N$ の数値はコンピュータ上に記憶され，位相空間における物質分布を粒子で表現したものとなっている．ある粒子に着目すると，その粒子の共動座標の速度 $\boldsymbol{u}$ の時間変化率は次のラグランジュ微分

$$\frac{d\boldsymbol{u}}{dt} = \frac{\partial \boldsymbol{u}}{\partial t} + \left(\frac{d\boldsymbol{x}}{dt} \cdot \frac{\partial}{\partial \boldsymbol{x}} \right) \boldsymbol{u} = \frac{\partial \boldsymbol{u}}{\partial t} + (\boldsymbol{u} \cdot \nabla) \boldsymbol{u} \tag{3.79}$$

で与えられる．ここで左辺の時間微分は着目する粒子の速度変化率を表したラグランジュ的見方のもとでの微分を表し，右辺の時間に関する偏微分は空間のある一点を固定してその場所での速度変化率を表したオイラー的見方のもとでの偏微分である．すると，オイラー的見方での運動方程式であるオイラー方程式 (3.8) をラグランジュ的見方に直すと，圧力のないダークマター $(p = 0)$ に対して粒子 i の運動方程式は

$$\frac{d\boldsymbol{u}_i}{dt} + 2H\boldsymbol{u}_i = \boldsymbol{g}_i \tag{3.80}$$

となる．ここで $\boldsymbol{g}_i = -a^{-2}\nabla\Phi(\boldsymbol{x}_i, t)$ は共動座標における粒子 i の位置での重力加速度を表す量である．左辺第 2 項は宇宙膨張による引きずられの効果を表している．重力加速度が求められれば，時間が少し進んだ $t + \Delta t$ における時刻での粒子の位置と速度は

$$\boldsymbol{x}_i(t + \Delta t) = \boldsymbol{x}_i(t) + \boldsymbol{u}_i(t)\Delta t \tag{3.81}$$

$$\boldsymbol{u}_i(t + \Delta t) = \boldsymbol{u}_i(t) + (\boldsymbol{g}_i(t) - 2H\boldsymbol{u}_i(t))\,\Delta t \tag{3.82}$$

によって求めることができる[*9]．これを何度も繰り返すことにより，膨張宇宙の物質分布の時間進化を非線形段階まで含めて追っていけるのである．

ここで，もっとも重要かつ計算時間のかかるのが重力加速度 $\boldsymbol{g}_i$ の計算である．

[*9] ここでは原理を説明しているだけで，必ずしもこのような変数が使われるとは限らない．たとえば，この例は時間間隔について 1 次精度しかない．実際には数値的な安定性などの観点から異なる変数を使ったり，時間間隔を最適に選ぶなどさまざまな工夫が施される．

重力は長距離力であることに対応して，重力加速度は局所的には定まらない．式（3.12）で与えられる重力ポテンシャルの勾配から，重力加速度は

$$\boldsymbol{g}_i = G \int d^3x \, \rho(\boldsymbol{x}, t) \frac{\boldsymbol{x} - \boldsymbol{x}_i}{|\boldsymbol{x} - \boldsymbol{x}_i|^3} \tag{3.83}$$

となる．ここで，$\bar{\rho}$ の項の寄与は $\boldsymbol{x} - \boldsymbol{x}_i$ の角度積分により打ち消しあって消えている．N 体シミュレーションでは，密度は点粒子で表現されているので，密度場は各粒子の位置におけるデルタ関数の和

$$\rho(\boldsymbol{x}, t) = \frac{m}{a^3} \sum_{j=1}^{N} \delta^3 \left(\boldsymbol{x} - \boldsymbol{x}_j \right) \tag{3.84}$$

となる．ここで通常，各粒子の質量 m はすべて同じものとする．したがって，

$$\boldsymbol{g}_i = \frac{Gm}{a^3} \sum_{j(j \neq i)} \frac{\boldsymbol{x}_j - \boldsymbol{x}_i}{|\boldsymbol{x}_j - \boldsymbol{x}_i|^3} \tag{3.85}$$

となる．

　ここで，二つの粒子の位置が近づきすぎると，その粒子対 i, j に対する式（3.85）の項が非常に大きくなる．この場合，その二つの粒子の間の引力がその他の粒子全体からの寄与に比べて大きくなり，2 体相互作用によって軌道がお互いに大きく曲げられることになる．ところが，このような 2 体相互作用は連続な物質分布では起こらないものである．近似的に連続分布を粒子で置き換えたために現れてしまうのであり，本来あってほしくない相互作用である．そこで，宇宙構造形成の N 体シミュレーションでは，このような 2 体相互作用が起こらないように重力加速度を修正するということが行われている．すなわち，粒子の重力加速度を

$$\boldsymbol{g}_i = \frac{Gm}{a^3} \sum_{j=1}^{N} \frac{\boldsymbol{x}_j - \boldsymbol{x}_i}{\left(|\boldsymbol{x}_j - \boldsymbol{x}_i|^2 + \varepsilon^2 \right)^{3/2}} \tag{3.86}$$

と修正する．こうするとある距離 ε 以下に近付いた粒子にはもはや大きな加速度は働かない．このパラメータ ε はソフトニング長と呼ばれていて，粒子を点粒子でなくこの半径ぐらいに広がったものと考えることに対応する．

　この重力加速度は粒子すべてについて求める必要があり，これをまともに実行しようとすると，各時間ステップごとに $\mathcal{O}(N^2)$ の項を計算することになる．粒

子数が増えるとこの計算にかかる時間は非常に大きくなり，実行するのが難しく
なる．そこで，この各粒子の重力加速度をいかに速く計算するかが N 体シミュ
レーションでは非常に重要になってくる．

重力加速度をより速く求める一つの方法は，粒子対の和を直接取らずに空間を
細かく格子に分けてそのグリッド上で重力ポテンシャルを計算し，その微分か
ら重力加速度を求めるやり方である．これを粒子・メッシュ法（Particle-Mesh
method; PM 法）という．この方法では，まず粒子の空間の位置から，グリッド
上の密度を計算する．その次にポアソン方程式（3.11）をフーリエ変換によって
数値的に解く．そうして得たグリッド上の重力ポテンシャルの値の勾配から，各
粒子の位置での重力加速度を内挿により求めるのである．

数値的なフーリエ変換は一見，フーリエ空間の各点について空間の各点を足し
合わせるためにグリッド数 N_g の 2 乗の演算を必要とするように見える．十分な
解像度を保つためにはグリッド数は粒子数と同じぐらいにしなければならないの
で，直接粒子のペアを足し合わせるのと計算時間の面で変わりがないように見え
る．ところが，フーリエ変換の計算には，高速フーリエ変換法（FFT）という数
値アルゴリズムがよく知られており，実際には $\mathcal{O}(N_\mathrm{g} \log_2 N_\mathrm{g})$ 程度の演算で済ん
でしまうのである．これはたとえば，空間を 1 辺あたり 1000 分割した $N_\mathrm{g} =$
10^9 の 3 次元グリッドに対し，$\mathcal{O}(N_\mathrm{g}^2)$ のアルゴリズムでは 30 年かかる計算も
30 秒で終わってしまうことになる！

このように PM 法は高速に重力加速度を求められる単純で強力な手法ではあ
るが，グリッドサイズ以下の解像度がないというのが欠点である．このため，比較的
近くにある粒子から受ける力を正確に評価できない．そこでこれを改良すべく考え
出されたのが，粒子・粒子/粒子・メッシュ法（Particle-Particle/Particle-Mesh
method; P^{3}M 法）である．この方法では，各粒子について，その粒子から遠く
にある粒子から受ける力を PM 法によって評価し，近くにある粒子から受ける
力は式（3.86）の直接の和により評価するという方法である．この方法により，
FFT による高速性を保持しつつ，近距離の力も正確に評価できるようになる．

フーリエ変換を用いずに高速化する手法として，ツリー法（Tree method）と
いうものもある．加速度を計算するとき，直接和（3.86）ではあらゆる粒子を
別々に考えていたが，ツリー法ではある程度遠くにある粒子群をまとめて一つの

点で代表させてしまうという近似をする．これにはいろいろなやり方が考えられるが，よく行われているのは立方体のシミュレーションボックスを，1 辺の長さがもとの半分になる 8 個の立方体に分割し，同様にそれら各立方体をさらに 8 個に分割し，ということを繰り返していく．この分割の連鎖は立方体の中に粒子が一つしか含まれなくなったところで打ち切る．したがって場所によって分割の回数は異なる．こうして階層的な立方体ができ，各立方体には一般に親と子の立方体がある．ただしもともとのシミュレーションボックスの立方体は親を持たず，粒子を一つしか含まない立方体は子を持たない．すべての立方体同士の親子関係を図にすると，もとの立方体を木の幹にして，ちょうど木が何度も枝わかれしている様子に似ている．枝の先端に粒子が一つずつ対応している．この準備のもと，個々の粒子に働く力を次のように計算する．

ある粒子から見てある程度小さな立体角以下におさまって見える立方体の中にあるすべての粒子は，その立方体中の粒子の重心にすべての粒子があるものとして，一つ一つの粒子からの力を計算せずに一度の計算で済ませる．こうすることで考えている粒子の近くにある粒子についてはずっと小さな立方体までツリーをたどってより良い精度と位置で力を計算し，遠くにある粒子は比較的大きな立方体で位置を近似する．この方法の演算数は粒子数に対し，$\mathcal{O}(N \log N)$ のように増加することが知られていて，直接すべての和をとる $\mathcal{O}(N^2)$ の演算に比べて計算時間が $\log N/N$ 倍と，非常に速くなる．

これら以外にも重力加速度を計算するさまざまな方法が開発されているが，いずれにしても計算時間を短縮するために近似を伴う．すべての粒子のペアの引力をそのような近似なしにすべて足しあげる直接法は，通常のコンピュータで行うと時間がかかりすぎるので非現実的である．だが，この重力計算をすることだけに特化した専用の計算機を用いることによって直接法による N 体計算を現実的に行うことができる．実際に，このための専用チップを開発して搭載した GRAPE というハードウェアが開発されて実用化されている．

実際の N 体シミュレーションによって宇宙の構造形成の様子を表した例を図 3.3 に示した．このシミュレーションでは $N = 512^3$，すなわち約 1 億 3 千万体を用いている．

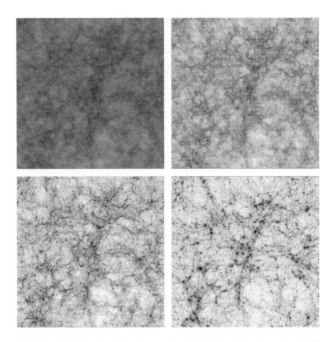

図 3.3 N 体シミュレーションによる冷たいダークマター分布の時間進化(吉田直紀氏,東京大学データレゼボワール提供).左上,右上,左下,右下の順にそれぞれ $z = 20, 5, 2, 0$ に対応する.

3.4 ガウシアン密度ゆらぎの統計

　ゆらぎは空間の点ごとにランダムに変化する変数で表される.一般にゆらぎは統計的な性質によりその特徴を定量的に記述される.さまざまな物理現象に対して,一般的によく現れてくる統計的性質にガウシアンゆらぎというものがある.通常のモデルでは宇宙初期の密度ゆらぎもガウシアンゆらぎの性質を持っていると考えられている.以下に見るように,ゆらぎの重力成長が線形領域にある限りそのガウシアン性は保たれる.このガウシアン密度ゆらぎの統計的な性質を調べることで,構造形成が全体としてどう進むのかを議論することができる.

3.4.1 ガウシアン密度ゆらぎ

ガウシアン密度ゆらぎにおいては，密度ゆらぎ $\delta(\boldsymbol{x})$ の値の空間的な分布がガウス分布に従う．すなわち，空間のある点における密度ゆらぎの値が δ から $\delta + d\delta$ の微小区間内にある確率は

$$P(\delta)\,d\delta = \frac{1}{\sqrt{2\pi}\sigma} \exp\left(-\frac{\delta^2}{2\sigma^2}\right) \tag{3.87}$$

で与えられる．ここで σ は密度ゆらぎの分散

$$\sigma^2 \equiv \langle \delta^2 \rangle \tag{3.88}$$

で，平均 $\langle \cdots \rangle$ は空間的な平均値を表している．

このガウス分布は，ランダムな要素を含むさまざまな物理現象においてよく現れてくるもので，一般的に重要な分布である．この分布が普遍的によく現れる理由の一つは中心極限定理というもので説明される．一般に多数の独立なランダム変数があるとき，それらのランダム変数の和も一つのランダム変数である．中心極限定理によれば，もともとのランダム変数がどのような分布を持っていようともその和の分布はガウス分布となるのである．

インフレーション理論のモデルによって生成される密度ゆらぎも通常のモデルではほぼガウシアン密度ゆらぎとなる．また，観測的にも宇宙背景放射のゆらぎや宇宙大規模構造を調べることにより，宇宙の初期ゆらぎはほぼガウス分布で説明できることが知られている．このため，良い近似で初期ゆらぎはガウシアン統計に従うと考えられているのである．

初期ゆらぎがガウシアン統計に従うならば，密度ゆらぎが線形領域にある限り重力成長しても依然ガウシアン統計に従う．線形領域では空間の各点におけるゆらぎは $\delta(\boldsymbol{x}, t) = D(t)\delta_{\mathrm{init}}(\boldsymbol{x})$ で与えられるので，分布関数 (3.87) の形はそのまま成り立つことが分かる．ただし，ゆらぎの分散 σ^2 は $D^2(t)$ に比例して時間変化する．

3.4.2 プレス–シェヒター理論

密度ゆらぎの線形成長解を球対称モデルにより非線形領域まで外挿し，天体形成を解析的に記述するモデルが考えられている．一般にゆらぎは球対称ではない

が，ある時期に形成される天体の数密度を見積もるのにこのモデルが用いられ，現象論的に良いモデルであることが知られている．これはプレス–シェヒター理論と呼ばれ，宇宙論的な構造形成理論において広く用いられている．

質量が M から $M + dM$ の間にあるような天体の，単位体積あたりの数を $n(M)\,dM$ とするとき，この $n(M)$ を質量関数という．プレス–シェヒター理論はこの関数を解析的に求めるモデルである．まず，ある点のまわりに半径 R の球を考えると，ゆらぎが小さい場合その球の内部に存在する質量は $M = 4\pi R^3 \bar{\rho}/3$ である．このように半径と質量が対応し，その球の内部で密度ゆらぎを平均した量を質量スケール M のゆらぎ δ_M という．ガウシアンゆらぎでは，このような平均操作した量もガウシアン統計にしたがうので，その分布関数は

$$P(\delta_M)\,d\delta_M = \frac{1}{\sqrt{2\pi\sigma^2(M)}} \exp\left(-\frac{{\delta_M}^2}{2\sigma^2(M)}\right) \tag{3.89}$$

で与えられる．ここで $\sigma^2(M)$ は平均されたゆらぎ δ_M の分散である．

ここで，十分初期のある 1 点に存在する物質素片が時間発展とともにどうなるかを考える．プレス–シェヒター理論では，その点において線形成長解から求めた質量スケール M のゆらぎ δ_M がある値 δ_c を越えたとき，近くに質量 M の天体が形成され，その物質素片はその天体の一部として取り込まれると考える．この臨界値 δ_c は，式（3.74）で与えられる球対称モデルの崩壊点を与える線形ゆらぎの値 $\delta_c \simeq 1.69$ が通常用いられる．この臨界値を越える領域[*10]の割合は質量スケールの関数として

$$P_{>\delta_c}(M) = \int_{\delta_c}^{\infty} P(\delta_M)\,d\delta_M = \frac{1}{\sqrt{2\pi}} \int_{\delta_c/\sigma(M)}^{\infty} e^{-x^2/2}\,dx \tag{3.90}$$

となる．ここで $P_{>\delta_c}$ という記号は臨界値 δ_c を越える確率を表す．すると，質量が M よりも大きな天体へ取り込まれた物質の量は，単位体積あたり $\bar{\rho}P_{>\delta_c}(M)$ である．ここで，質量が M から $M + dM$ の間に形成された天体に取り込まれる単位体積あたりの物質の質量は，$\bar{\rho}P_{>\delta_c}(M)$ と $\bar{\rho}P_{>\delta_c}(M + dM)$ との差で与えられるが，この量は質量関数を用いて $n(M)M\,dM$ とも書くことができる．ただしここでは一度形成された天体がより大きな天体にさらに取り込まれるとい

[*10] ここでいう領域とは，ラグランジュ空間における領域である．

うプロセスを無視している*11.

また，このままの考え方では，もともとゆらぎが負，すなわち密度が平均密度よりも低い領域にある質量素片はいつまでたっても天体に取り込まれないことになってしまう．時間が十分経過して $\sigma(M)$ が十分に大きくなる極限で式（3.90）は 1/2 に近づく．これでは，宇宙に存在する物質の半分は永遠に天体形成に寄与しない．プレス–シェヒター理論では，上のように見積もられる天体形成に取り込まれる質量を，単に 2 倍するという処方で，この問題を回避する．こうして，

$$n(M)M\,dM = 2\bar{\rho}\left|\frac{dP_{>\delta_{\mathrm{c}}}}{dM}\right|dM \tag{3.91}$$

という方程式が得られる．式（3.90）と式（3.91）とにより，プレス–シェヒター質量関数は

$$n(M) = \sqrt{\frac{2}{\pi}}\frac{\bar{\rho}}{M^2}\left|\frac{d\ln\sigma(M)}{d\ln M}\right|\frac{\delta_{\mathrm{c}}}{\sigma(M)}\exp\left(-\frac{\delta_{\mathrm{c}}{}^2}{2\sigma^2(M)}\right) \tag{3.92}$$

となる．

簡単な場合として，ゆらぎの分散がべき乗の形 $\sigma(M) \propto M^{-\alpha}$ で与えられるときを考えてみる．これはゆらぎのパワースペクトルがべき乗の形 $P(k) \propto k^n$ で与えられる場合に対応し，そのべき指数の関係は式（3.48）と同様の関係により，$\alpha = (n+3)/6$ となる．このとき，式（3.92）の質量関数の形は

$$n(M) = \frac{2}{\sqrt{\pi}}\frac{\bar{\rho}\alpha}{M_*{}^2}\left(\frac{M}{M_*}\right)^{\alpha-2}\exp\left[-\left(\frac{M}{M_*}\right)^{2\alpha}\right] \tag{3.93}$$

となる．ここで M_* は $\sigma(M_*/2^{1/(2\alpha)}) = \delta_{\mathrm{c}}$ で定義される質量であり，これより大きな質量の天体の数は指数関数的に少なくなっていることが分かる．

プレス–シェヒター理論によると線形理論の外挿によって，非線形な天体形成を現象論的に扱うことができる．特に銀河や銀河団の形成を調べる解析的なモデルとして広く使われている．プレス–シェヒター理論により予言される天体形成率は時間的な発展も含めて N 体シミュレーションと比較しても良い一致を示す．上に述べたようにプレス–シェヒター理論には理論的に正当性の明らかではない

---

*11 これはプレス–シェヒター理論におけるクラウド・イン・クラウド問題と呼ばれる．この問題を回避するため，確率過程微分方程式を解くことによってこの確率を評価する試みもある．

処方をいくつか含んでいる．このため，この理論を信頼して使うことのできる理由は，N 体シミュレーションの結果をよく再現するというところにある．

3.4.3　ピーク統計

我々は宇宙の物質のうち，銀河などとして光っているものしか観測できない．だが，宇宙の物質のほとんどはダークマターであって光を放たない．光を放ち得るバリオンのうち，実際に銀河などとして光っているものはさらにわずかである．すると，銀河分布を用いて宇宙の大規模構造を観測しても，それがそのままダークマターを含む物質全体の分布を表しているとは限らない．我々の知りたいのはむしろ物質全体の分布の方である．

銀河の数密度が物質密度に単純に比例するならば，銀河分布を測定すれば十分である．だが，銀河の形成が複雑な非線形過程である以上，一般にはそのような比例関係は成り立たないと考えられる．とはいえ，銀河は物質密度のゆらぎを種にして形成されたのであるから，銀河分布と物質分布の間に何の関係もないということはない．この意味で，銀河分布は物質分布をバイアスして（すなわち偏って）なぞっているということができるのである．このようなバイアスがどのようなものであるのかは銀河形成過程がどのようなものであるかを知らなければ分からない．だが現在のところ，完全な非線形過程である銀河の形成についてよく分かっているとはいいがたい．

銀河形成を現象論的に表すものとして，密度が局所的に極大になっているピークの位置に銀河が形成されるという簡単なモデルを考える．このようなモデルをピークモデルという（図 3.4）．ここで，密度の低い場所でピークになっていて

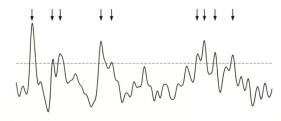

図 3.4　ピークによる銀河形成モデル．あるしきい値よりも大きな値を持つ密度のピークに銀河ができる．

も銀河は形成されず，密度ゆらぎがあるしきい値 δ_{th} よりも大きな場所にある
ピークのみが銀河になるとするモデルがよく考えられる．さらに，ピークを求める前に密度場をある決まったスケール R_{s} でならしてからピークを求める．そうでなければ小さなスケールのゆらぎがたくさんのピークを作ってしまうからである．このときのスケール R_{s} をスムージングスケールという．

ピークモデルを直観的にとらえるため，密度ゆらぎを地形にたとえてみよう．すると密度の大きい部分が山，小さい部分が谷となる．この場合，あるしきい値となる標高よりも高い位置に存在する山の頂の部分が天体形成の場所に対応する．

このピークモデルは銀河の形成を表すだけでなく，銀河団など他の天体の形成を表すモデルと考えてもよい．このモデルにおいては，二つのパラメータ δ_{th}, R_{s} があるが，これらの値は考えている天体に応じて現象論的に決められる．スムージングスケール R_{s} としては，対応する天体の典型的な質量スケールが $M \sim \bar{\rho} R_{\mathrm{s}}^3$ となるように決めるのが自然である．また，しきい値 δ_{th} はその天体の数密度を再現するように決められる．このようにしてパラメータを決定すると，与えられた密度ゆらぎのパワースペクトルからピークがどのような統計に従うかが決まる．

一般には，任意のゆらぎからピークの統計を導くことは数学的に複雑な問題である．だが，スムージングスケールよりも十分長いスケールで，かつ密度ゆらぎがガウシアン統計に従う線形領域の極限ではその関係は比較的単純な形になることが知られている．この極限では，密度ゆらぎのパワースペクトル $P(k)$ が与えられたとき，ピーク数密度の空間的ゆらぎから求めたパワースペクトル $P_{\mathrm{pk}}(k)$ は近似的に

$$P_{\mathrm{pk}}(k) \approx b^2 P(k) \tag{3.94}$$

となり，単に密度ゆらぎのパワースペクトルに比例する．ここで比例係数を与える定数 b はパワースペクトル $P(k)$ とピークを決めるパラメータ δ_{th}, R_{s} から決まる．具体的には，スケール R_{s} でならされた密度ゆらぎの分散 σ_{s}^2 を用いて $b = \delta_{\mathrm{th}}/\sigma_{\mathrm{s}}^2$ で与えられる．この関係式（3.94）は密度ゆらぎ δ とピークの数密度のゆらぎ δ_{pk} が $\delta_{\mathrm{pk}} = b\delta$ のように比例する線形バイアスモデルと呼ばれるものでも成り立つ．この意味で b はバイアスパラメータと呼ばれる．ここで考えているピークモデルは厳密には線形バイアスではないが，線形領域では近似的に線

形バイアスに近いものになるのである.

式 (3.94) から, しきい値 δ_{th} が大きければ大きいほど, ピークのパワースペクトルはもとの密度ゆらぎのそれに対して増幅されることが分かる. さきほどの地形との対応でいうならば, 高い山の頂というのは, 富士山のように孤立して存在することはまれで, アルプス地方に見られるようにいくつもの頂が近くに群れ集まることのほうが多い. すなわちピークの数密度の空間的ゆらぎがより大きくなるのである. しきい値 δ_{th} が大きければ大きいほどその増幅率は大きくなる.

実際に, 銀河の数密度のゆらぎよりも銀河団の数密度のゆらぎの方が大きいことが知られている. これは銀河団が銀河分布のピークに対応していると考えればこのピークモデルである程度説明できる. また, 明るい銀河の数密度のゆらぎは暗い銀河の数密度のゆらぎに比べて大きいことが知られている. これは明るい銀河ほどまれな天体であり, 大きなしきい値を持つので, ゆらぎがより大きく増幅されると考えることにより, ピークモデルである程度理解できる.

3.5 銀河分布統計とバイアス

現在の宇宙の大規模構造を調べるための直接的な方法は, 銀河の空間的な分布地図を用いることである. 前節で説明したように, 銀河の分布は密度ゆらぎを反映している. そこで銀河の空間分布地図を使ってその性質を調べることにより, 密度ゆらぎの情報を得ることができるのである. ここで銀河分布と密度ゆらぎの関係においてバイアスという概念が重要になる.

3.5.1 銀河サーベイ

銀河の大規模な空間分布を調べるためには, 一つ一つの銀河の位置を測定すればよい. 多数の銀河の位置を一つずつ決めていく観測のことを銀河サーベイという. 地球から見て銀河の見える方向, すなわち天球面上での位置は容易に測定することができる. 天球面上の位置だけをカタログにしたものを撮像サーベイという. 図 3.5 は撮像サーベイによって得られた銀河の天球面上での分布の例である. だが, 銀河の 3 次元的な空間分布を知るためには銀河までの距離を測定する必要がある.

銀河サーベイにおいて, 銀河までの距離を推定するには, ハッブルの法則

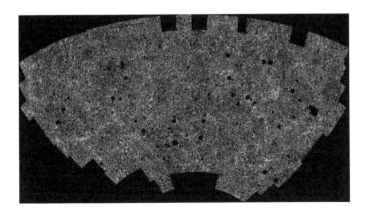

図 3.5 APM (Automatic Plate Measuring machine) サーベイによる天球面上における 2 次元銀河分布．黒い穴のようなものは，観測上の理由により銀河が観測されていない領域．銀河を撮影した写真乾板を自動的に読み取ることによりデータ化したもの (Maddox *et al.* 1990, *MNRAS*, 246, 433)．

$$cz = H_0 r \tag{3.95}$$

を利用する．ここで c は光速度，z は銀河の赤方偏移を表し，r は銀河までの距離を表す．H_0 はハッブル定数である．この有名な関係は赤方偏移 z が 1 よりも十分小さい近傍宇宙で成り立つものであり，赤方偏移が大きくなってくるともう少し複雑な関係となる．いずれにしても銀河の赤方偏移とその距離との間にはほぼ 1 対 1 の関係があり，赤方偏移を測定すれば距離が推定できるのである．こうして得られる銀河の 3 次元的な位置を決めていく観測を赤方偏移サーベイという．

銀河の赤方偏移は銀河からの光の強さを波長ごとに分解したスペクトルを取ることで決定する．特定の原子や分子から出る光はある決まった波長を持っており，その波長はスペクトル中に輝線となって現れる．輝線の波長は赤方偏移により本来の波長よりも長くなっている．観測された輝線の波長と本来の波長の比から赤方偏移が決定される．ある輝線がどの原子，あるいは分子の輝線であるかは，複数の輝線の相互関係などによって定められる．

銀河の天球面上の位置を測定するのと比べると，銀河のスペクトルを測定するのは容易ではない．天球面上の位置は空のある範囲を撮像することで複数の銀河

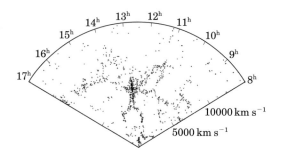

図 3.6 CfA 赤方偏移サーベイによる銀河分布（de Lapparent *et al.* 1986, *ApJL*, 302, 1）．

の位置を一度に決められるが，スペクトルは銀河一つ一つに分光器を当てて測定する必要があるためである．さらにスペクトルを取るにはそれなりに時間をかけて光を集めなければならない．このため多数の銀河の距離を測定するには時間と労力がかかる．このため大規模な赤方偏移サーベイは通常，何年もかかるプロジェクトになる．

1986 年に発表された CfA 赤方偏移サーベイは銀河の数が約 1100 個であったが，100 Mpc に及ぶ大規模な構造を描き出した（図 3.6）．このサーベイは天球面上のある細長い領域にある銀河の赤方偏移サーベイである．図の一番下に我々の銀河系があり，点の一つ一つが各銀河に対応する．扇型の半径方向は銀河の赤方偏移を表している．角度方向は天球面上での位置を表す．天球面上での細長い領域のうち，長辺方向の位置が表されていて，短辺方向の位置は問わずプロットされている．したがって，我々の銀河から見て，半径方向へ薄くスライスした宇宙を見ていることになる．このようなプロットは赤方偏移サーベイによる銀河分布を図示するのによく使われ，コーン図と呼ばれている．

この図で半径方向の単位は km s^{-1} で表されているが，これは赤方偏移 z を後退速度 cz で表したものである．近傍宇宙では，後退速度 100 km s^{-1} はちょうど $1h^{-1}$ Mpc に対応する．ここで $h = H_0/(100 \,\mathrm{km\,s^{-1}\,Mpc^{-1}})$ は規格化されたハッブル定数である．

図から，100 Mpc のスケールに及ぶ構造が見て取れる．銀河がフィラメント状あるいはウォール状に連なっていたり，また銀河がほとんどない大きなボイド領域が存在する．当時，このような大規模構造の存在は驚くべきことであっ

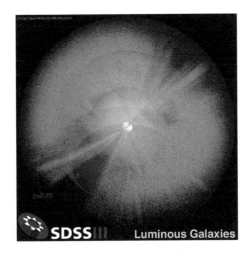

図 3.7 SDSSIII において得られた遠方銀河の 3 次元的な配置を表す図. 赤方偏移が 0.25 から 0.75 にある 90 万個の明るい銀河が示されている (David Kirkby (University of California, Irvine) and the SDSS-III Collaboration).

た. 同時にこのような構造をつくり出すメカニズムを理解すべく, 宇宙の構造形成理論の研究は大きく進展したのである.

その後も, 11000 個の銀河を調べた CfA2 赤方偏移サーベイ, 26000 個の銀河を調べたラスカンパナス赤方偏移サーベイなどをはじめとして, いくつもの大規模な赤方偏移サーベイが行われた. 2003 年に観測の終了した 2dF (Two-degree Field) 赤方偏移サーベイでは, 25 万個の銀河が調べられている. さらに, SDSS (スローンデジタルスカイサーベイ) は, 2008 年までに 7500 平方度に及ぶ天域において 80 万個の銀河と 10 万個のクェーサーに対する赤方偏移を決定した. SDSS は専用望遠鏡を持っていて, もっと宇宙の広い領域などを調べるため, 遠方にある銀河などに観測対象を移して現在も観測が続けられている (図 3.7).

図 3.8 は SDSS の描き出した銀河分布を表すコーン図である. SDSS の観測領域は天球面の約 1/4 にもおよび, もはや CfA サーベイなどのように細長い領域ではない. したがってコーン図では全体を表しきれないため, この図ではサーベイの一部の銀河のみを表示してある. この図の半径は $600h^{-1}$Mpc にもおよび, CfA サーベイの約 6 倍の深さがある.

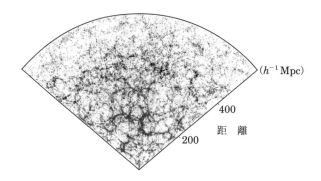

図 3.8 SDSS 赤方偏移サーベイによる銀河分布（Park *et al.* 2005, *ApJ*, 633, 11）．

　2dF 赤方偏移サーベイや SDSS サーベイでは，通常の銀河のサーベイばかりでなく，赤方偏移が $z \sim 0.3$ 付近の遠方にある明るく赤い銀河だけを選び出すサーベイや，赤方偏移が $z \sim 2$ 付近のさらに遠方にあるクェーサーを選び出すサーベイが同時に行われている．このように現在では，近傍宇宙のみならず，遠方宇宙の赤方偏移サーベイも勢力的に行われるようになっている．だが，赤方偏移サーベイによってこれまでに観測された領域は観測可能な宇宙のうちごく一部である．SDSS により赤方偏移が $z < 0.2$ の近傍宇宙の様子はだいぶ明らかになってきたが，さらに遠方宇宙に関しては広大な領域がまだ未観測のまま残っている．光の速度が有限であることから，遠方宇宙をサーベイすることは昔の宇宙を見ることでもある．したがって，遠方の宇宙のサーベイでは，広い宇宙の姿を描き出すだけでなく，宇宙の歴史をたどることができるのである．赤方偏移サーベイによって宇宙の姿を描き出す手法は将来に渡って今後もさらに重要になるであろう．

　ここで気を付けなければいけない注意点として，赤方偏移サーベイで得られる銀河の距離は実際には多少本来の位置からずれるということがある．これは各銀河が膨張宇宙に対して膨張運動とは別に固有の運動をしていることからくる．たとえば，本来同じ距離にある二つの銀河があったとして，一方は我々の方へ向かう速度を持ち，もう一方は我々から遠ざかる速度を持っているとする．この場合，ドップラー効果により相対的に二つの銀河の赤方偏移は異なって見えることになる．その典型的な速度は約 $300\,\mathrm{km\,s^{-1}}$ 程度である（銀河団中などではもっ

と大きくなる）．これは距離に直すと $3h^{-1}\,\mathrm{Mpc}$ 程度に対応する．したがって赤方偏移サーベイで得られる銀河地図は本来の銀河分布に比べて視線方向へこのような変形を受けたものになる．実際の空間における銀河分布を実空間の銀河分布，赤方偏移で測られる銀河分布を赤方偏移空間の銀河分布という．また，実空間と赤方偏移空間の間の変形を赤方偏移変形と呼ぶ．構造形成の解析を行う場合には，この赤方偏移変形の効果は理論的に補正されて解析される．

3.5.2　2点相関関数

　銀河サーベイにより銀河の3次元的な点分布が明らかにされるが，これを宇宙の構造形成理論と比較するには統計的な解析を行う必要がある．そこでまずは，銀河の空間分布が全体としてどういう性質を持っているのかを特徴づける統計量を定義する必要がある．この目的のために用いられる簡単な方法の一つは，銀河が空間的にどのように群れ集まっているかを表す2点相関関数，あるいは簡単に相関関数と呼ばれる統計量である．

　2点相関関数の定義は次の通りである．まず，距離 r だけ離れた2点 $\boldsymbol{x}_1$, $\boldsymbol{x}_2$ のまわりにそれぞれ取った微小体積 d^3x_1, d^3x_2 の両方に銀河が含まれる確率 $P(\boldsymbol{x}_1,\boldsymbol{x}_2)\,d^3x_1\,d^3x_2$ を考える．ここでいう確率とは，距離 $r=|\boldsymbol{x}_2-\boldsymbol{x}_1|$ を固定しながら，この2点を空間のいろいろな場所に取ってみたときの起こりやすさを意味している．もし，銀河がお互いに無関係にまったくランダムに分布しているならば，宇宙全体の銀河の平均数密度を $\bar{n}$ として，この確率は $\bar{n}^2\,d^3x_1\,d^3x_2$ で与えられる．

　だが，実際の銀河の分布は銀河団のようにお互いに銀河が群れ集まったり，あるいはボイドのように銀河がお互いに離れあったりと，まったくランダムな分布はしていないため，確率はこの値からずれる．そのずれを

$$P(\boldsymbol{x}_1,\boldsymbol{x}_2)\,d^3x_1\,d^3x_2 = \bar{n}^2\left[1+\xi(r)\right]d^3x_1\,d^3x_2 \qquad (3.96)$$

とかいて，この値 $\xi(r)$ を2点相関関数と定義するのである．2点相関関数 $\xi(r)$ の値の大きさは，距離 r の銀河の対の数が完全なランダム分布よりどれくらい多いかを表す．つまりこの関数は，距離スケールごとに銀河がどれくらい強く群れ集まっているかを統計的に表すものである．相関関数は距離 r によって負にもなりうる．この場合には銀河の対の数が完全なランダム分布よりも少ない．

166　第 3 章　構造形成論の基礎

　より実際的に相関関数を計算するときには銀河の対を数え上げるという方法が取られる場合が多い．つまり，ある一つの銀河に着目し，その銀河を中心として距離が r と $r + dr$ の間にあるような他の銀河の数 dN を数える．これをなるべく多数の銀河を中心にして繰り返し，その平均値 $\overline{dN}$ を計算する．この数は点 $\boldsymbol{x}$ に銀河があるときにそこからベクトル $\boldsymbol{r}$ だけ離れた微小体積 d^3r のなかに銀河がある条件付確率 $P(\boldsymbol{x} + \boldsymbol{r}|\boldsymbol{x})\,d^3r$ をベクトル $\boldsymbol{r}$ について角度積分したもので与えられる．この条件付確率は $\boldsymbol{x}$ と $\boldsymbol{r}$ のまわりにある微小体積に同時に銀河が存在する確率 $P(\boldsymbol{x} + \boldsymbol{r}, \boldsymbol{x})\,d^3r\,d^3x$ を，d^3x に銀河が存在する確率 $\bar{n}\,d^3x$ で割り算した $\bar{n}^{-1}P(\boldsymbol{x} + \boldsymbol{r}, \boldsymbol{x})\,d^3r$ で与えられる．したがって，

$$\overline{dN} = 4\pi r^2\,dr\,P(\boldsymbol{x} + \boldsymbol{r}|\boldsymbol{x}) = \frac{1}{\bar{n}}4\pi r^2\,dr\,P(\boldsymbol{x} + \boldsymbol{r}, \boldsymbol{x}) = 4\pi \bar{n} r^2\,dr\,[1 + \xi(r)]$$

(3.97)

と計算される．すなわち，銀河対の数え上げである $\overline{dN}$ から 2 点相関関数が求まるのである．

　現在までに得られている SDSS 赤方偏移サーベイの銀河分布から計算した比較的小スケールの 2 点相関関数を図 3.9 に示す．この図では赤方偏移変形は理論的に補正されていて，実空間における銀河の 2 点相関関数が計算されている．この図に表されている黒丸と誤差棒は観測値に対応する．

　CfA サーベイの観測の頃から非線形領域の 2 点相関関数はべき則 $\xi(r) = (r/r_0)^{-\gamma}$ でよく表されることが知られていた．ここでパラメータ r_0 は相関関数の値が 1 になる距離を表していて，相関長と呼ばれる．また，パラメータ γ は，相関関数が距離の関数として変化を表すべき指数である．このパラメータの値が大きいほど相関関数は距離とともに速く減少する．SDSS サーベイの相関関数によってあてはめたべき則の相関関数は図中の直線で示されており，そのパラメータの値は $r_0 = 5.59 \pm 0.11 h^{-1}\,\mathrm{Mpc}$, $\gamma = 1.84 \pm 0.01$ となる．さらに図をよく見てみると，$10h^{-1}\,\mathrm{Mpc}$ 付近のスケールでべき則からずれていることも分かる．このようなべき則からのずれは SDSS サーベイのような大規模な赤方偏移サーベイではじめて明らかになったものである．

　上の相関関数はほとんど非線形領域から準線形領域のものであったが，SDSS サーベイにおいては明るい銀河のみを選び出す赤方偏移サーベイも行っており，

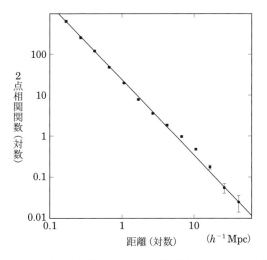

図 3.9 SDSS 赤方偏移サーベイによる銀河分布から求めた比較的小スケールの 2 点相関関数（Zehavi *et al.* 2005, *ApJ*, 630, 1）．

これだと通常の銀河のサーベイよりも広い体積を調べられる．そのサーベイによって，より大スケールの線形領域の 2 点相関関数を示したのが図 3.10（168 ページ）である．ただし，この図では赤方偏移変形は補正されていない．線形領域での赤方偏移変形は相関関数の全体的な振幅のみを増やす効果があることが知られている．したがって実空間での相関関数はこの図よりも若干全体的な振幅が小さくなるが，形は同じである．ほぼ $100h^{-1}$ Mpc 付近に相関関数のピークが見られる．このピークは，3.2.8 節で述べたバリオン音響振動の表れである（141 ページ）．このスケールは晴れ上がり時のバリオン・光子混合流体の音速と，そのときの宇宙年齢の積に対応する．これはおおまかには晴れ上がり時点での地平線サイズの程度である．その振動スケールが相関関数のピークとなって現れているのである．線形領域における相関関数のふるまいは，以下に述べるように線形領域のパワースペクトルから予言でき，それを通じてさまざまな宇宙論パラメータの依存性が計算できる．図にはいくつかパラメータを変えてみたときの理論予言が描き込んである．

ここまで，点分布である銀河の分布から相関関数を求める方法を説明した．と

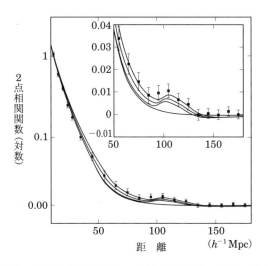

図 3.10 SDSS 赤方偏移サーベイによる明るい銀河の分布から求めた線形領域の 2 点相関関数（Eisenstein *et al.* 2005, *ApJ*, 633, 560）．実線は理論曲線で，上の 3 本の線はすべて $\Omega_\mathrm{b} h^2 = 0.024$, $n = 0.98$ を仮定した．上から順に $\Omega_\mathrm{m} h^2 = 0.12, 0.13, 0.14$ に対応する．一番下の線はバリオンのない $\Omega_\mathrm{b} = 0$, $\Omega_\mathrm{m} h^2 = 0.105$ のモデルである．内部の図はバリオンによるピークの部分を拡大したものである．

ころが，我々が本当に知りたいのは銀河がなぞっている密度ゆらぎの性質である．このため，相関関数は密度ゆらぎの場 $\delta(\boldsymbol{x})$ とどのような関係にあるのか考える必要がある．密度ゆらぎは連続的な場であるから，それに対応して，銀河の数密度の場 $n(\boldsymbol{x})$ という概念を導入する．この場は点 $\boldsymbol{x}$ のまわりの局所的な平均密度を表すものとする．すると，ある点 $\boldsymbol{x}$ のまわりの微小体積 d^3x 中の銀河の数の平均値 $n(\boldsymbol{x})\,d^3x$ は，この体積中に銀河が存在する確率を与える．なぜなら，銀河は同じ位置に二つ以上存在できないので，微小体積中の銀河の数は必ず 0 か 1 になるからである．

この数密度場の概念を使って 2 点相関関数を表してみる．距離 r だけ離れた点 $\boldsymbol{x}_1$, $\boldsymbol{x}_2$ のまわりの微小体積 d^3x_1, d^3x_2 中に同時に銀河が含まれる確率は $n(\boldsymbol{x}_1)n(\boldsymbol{x}_2)\,d^3x_1\,d^3x_2$ となる．これを 2 点間の距離 $r = |\boldsymbol{x}_2 - \boldsymbol{x}_1|$ を固定してさまざまな場所で平均したものは，式 (3.96) により，2 点相関関数で表される．

$$\langle n(\boldsymbol{x}_1)n(\boldsymbol{x}_2)\rangle = \bar{n}^2\left[1+\xi(r)\right]. \tag{3.98}$$

ここで，銀河の数密度のゆらぎ

$$\delta^{(\mathrm{g})}(\boldsymbol{x}) = \frac{n(\boldsymbol{x})-\bar{n}}{\bar{n}} \tag{3.99}$$

を定義すると，2点相関関数は

$$\xi(r) = \langle \delta^{(\mathrm{g})}(\boldsymbol{x}_1)\delta^{(\mathrm{g})}(\boldsymbol{x}_2)\rangle \tag{3.100}$$

と表される．もしバイアスがなく，銀河の数密度場 $n(\boldsymbol{x})$ が物質の密度場 $\rho(\boldsymbol{x})$ に比例するとすると，両者のゆらぎは一致し $\delta^{(\mathrm{g})}(\boldsymbol{x}) = \delta(\boldsymbol{x})$ となるので，相関関数は

$$\xi(r) = \langle \delta(\boldsymbol{x}_1)\delta(\boldsymbol{x}_2)\rangle \tag{3.101}$$

と表すことができる．

相関関数は式（3.41）で定義したパワースペクトルと密接な関係がある．実際，式（3.101）の相関関数に，式（3.39）のフーリエ展開を代入してから式（3.41）を用いると，

$$\xi(r) = \langle \delta^*(\boldsymbol{x}_1)\delta(\boldsymbol{x}_2)\rangle = \frac{1}{V}\sum_{\boldsymbol{k}_1,\boldsymbol{k}_2} \langle \delta^*_{\boldsymbol{k}_1}\delta_{\boldsymbol{k}_2}\rangle e^{-i\boldsymbol{k}_1\cdot\boldsymbol{x}_1+i\boldsymbol{k}_2\cdot\boldsymbol{x}_2}$$
$$= \frac{1}{V}\sum_{\boldsymbol{k}} P(k)e^{i\boldsymbol{k}\cdot(\boldsymbol{x}_2-\boldsymbol{x}_1)} = \frac{1}{V}\sum_{\boldsymbol{k}} P(k)e^{i\boldsymbol{k}\cdot\boldsymbol{r}} \tag{3.102}$$

と計算される．ただし，ゆらぎは実数であることを用いた．ここでベクトル量 $\boldsymbol{r} = \boldsymbol{x}_2 - \boldsymbol{x}_1$ が左辺に現れているが，波数ベクトル $\boldsymbol{k}$ の和を取ると $r = |\boldsymbol{r}|$ にしか依存しない．この式から2点相関関数はパワースペクトルの3次元的なフーリエ変換であることが分かる．直交関係は

$$\int d^3x e^{-i\boldsymbol{k}\cdot\boldsymbol{x}}e^{i\boldsymbol{k}'\cdot\boldsymbol{x}} = V\delta^{\mathrm{K}}_{\boldsymbol{k},\boldsymbol{k}'} \tag{3.103}$$

であるから式（3.102）の逆変換は

$$P(k) = \int d^3r \xi(r)e^{-i\boldsymbol{k}\cdot\boldsymbol{r}} \tag{3.104}$$

となる．このように，相関関数とパワースペクトルがお互いにフーリエ変換で結びついているという関係のことを，ウィーナー–ヒンチン関係という．すなわち，

170 | 第 3 章　構造形成論の基礎

相関関数とパワースペクトルは数学的には等価な内容を含んでいるのである.

　構造形成の線形理論においては密度ゆらぎの統計的性質として相関関数よりもパワースペクトルのほうが取り扱いやすい. したがって, 理論的に予言されたパワースペクトルをフーリエ変換することによって相関関数を導けば, 直接観測と比較することができる. ただし, 非線形領域においてはパワースペクトルはもはや理論的に特に取り扱いやすいわけではなく, 数値シミュレーションによって直接相関関数を計算して観測と比較するということも行われる.

3.5.3　パワースペクトル

　銀河分布から相関関数を求める代わりに, 直接パワースペクトルを求めるということも行われる. パワースペクトルは相関関数と違って実空間の統計量ではないので, その方法は一通りではない. ここではもっとも標準的な方法を簡素化して説明する.

　密度ゆらぎのパワースペクトルに関しては 3.2.6 節で説明した. 式 (3.39) で与えられるゆらぎのフーリエ変換を考えると, その逆変換は

$$\delta_{\boldsymbol{k}} = \frac{1}{\sqrt{V}} \int d^3x \delta(\boldsymbol{x}) e^{-i\boldsymbol{k}\cdot\boldsymbol{x}} \tag{3.105}$$

となる. 同様に銀河の数密度のゆらぎ $\delta^{(\mathrm{g})}(\boldsymbol{x})$ からフーリエ係数 $\delta_{\boldsymbol{k}}^{(\mathrm{g})}$ を計算し, そこから銀河のパワースペクトル $P_{\mathrm{g}}(k) = \langle |\delta_{\boldsymbol{k}}^{(\mathrm{g})}|^2 \rangle$ が求められる.

　ただし, ここで問題点が一つある. それは, 銀河サーベイの全体の体積が有限であることである. 理論的には全体の体積 V は十分大きなものと考えている. したがって, 式 (3.105) のフーリエ係数 $\delta_{\boldsymbol{k}}$ はその波数のスケールよりもずっと大きな体積 $V \gg |\boldsymbol{k}|^{-3}$ で積分しなければならない. だが, 観測ではかならず有限の体積でしか積分できないので, 理論的に予言されるパワースペクトルと観測で測定されるパワースペクトルに食い違いが生じるのである. 特に, 観測体積が複雑な形をしている場合にその効果が著しい.

　この食い違いがどのように生じるのかを式で考えてみる. まず, サーベイの体積を表す次のような関数

$$W(\boldsymbol{x}) = \begin{cases} 1 & (\text{サーベイ体積中}) \\ 0 & (\text{サーベイ体積外}) \end{cases} \tag{3.106}$$

を定義する．これをサーベイのウィンドウ関数という．銀河が一様にサンプリングされていない場合にはウィンドウ関数のサーベイ体積中の値に重みをつけることもあるが，いまは簡単に扱うため，一様なサンプリングを仮定している．このときサーベイ体積は

$$V_S = \int d^3x \, W(\boldsymbol{x}) \tag{3.107}$$

で与えられる．

この体積中で式（3.105）の積分を銀河の数密度に対して行うと，サーベイの有限体積中のみから見積もられるフーリエ係数として，

$$F_{\boldsymbol{k}} = \frac{1}{\sqrt{V_S}} \int d^3x \, \delta^{(\mathrm{g})}(\boldsymbol{x}) W(\boldsymbol{x}) e^{-i\boldsymbol{k}\cdot\boldsymbol{x}} \tag{3.108}$$

が得られる．ここに数密度ゆらぎとウィンドウ関数のフーリエ展開

$$\delta^{(\mathrm{g})}(\boldsymbol{x}) = \frac{1}{\sqrt{V}} \sum_{\boldsymbol{k}} \delta^{(\mathrm{g})}_{\boldsymbol{k}} e^{i\boldsymbol{k}\cdot\boldsymbol{x}}, \quad W(\boldsymbol{x}) = \frac{1}{\sqrt{V}} \sum_{\boldsymbol{k}} W_{\boldsymbol{k}} e^{i\boldsymbol{k}\cdot\boldsymbol{x}} \tag{3.109}$$

を代入する．ただしここで V はフーリエ変換を行う体積で，サーベイ体積とは異なることに注意する．V は V_S を含んだより大きな体積である．すると，

$$F_{\boldsymbol{k}} = \frac{1}{\sqrt{V_S}} \sum_{\boldsymbol{k}'} \delta^{(\mathrm{g})}_{\boldsymbol{k}'} W_{\boldsymbol{k}-\boldsymbol{k}'} \tag{3.110}$$

という形の和で表される．このような和の形を畳み込み（convolution）という．すなわち，有限体積で見積もられるフーリエ係数 $F_{\boldsymbol{k}}$ は真のフーリエ係数 $\delta^{(\mathrm{g})}_{\boldsymbol{k}}$ がウィンドウ関数 $W_{\boldsymbol{k}}$ で畳み込まれた（convolved）ものである．観測によって得られるパワースペクトルはこの畳み込まれたフーリエ係数により計算される $P_S(k) = \langle |F_{\boldsymbol{k}}|^2 \rangle$ である．

ここで平均としては本来アンサンブル平均を取るべきであるが，サーベイ体積が一つしかない実際の観測でそれはできない．そこで，隣り合う波数ベクトルをある程度の幅で平均するということを行う．この有限体積のパワースペクトルを式（3.110）から計算すれば，本来のパワースペクトルにより，

$$P_S(\boldsymbol{k}) = \frac{1}{V_S} \sum_{\boldsymbol{k}'} P_{\mathrm{g}}(|\boldsymbol{k}'|) \, |W_{\boldsymbol{k}-\boldsymbol{k}'}|^2 \tag{3.111}$$

と，やはり畳み込みの形で表される．サーベイ体積が等方的でない場合には得ら

れるパワースペクトル $P_S(\boldsymbol{k})$ も等方的ではなくなり，波数ベクトルの大きさだけでなく方向にも依存する．通常は方向についてさらに平均化する．

ウィンドウ関数のフーリエ係数 $W_{\boldsymbol{k}}$ は式（3.109）の逆変換

$$W_{\boldsymbol{k}} = \frac{1}{\sqrt{V}} \int d^3 x W(\boldsymbol{x}) e^{-i\boldsymbol{k}\cdot\boldsymbol{x}} \tag{3.112}$$

で与えられるから，波数 $|\boldsymbol{k}|$ がサーベイサイズの逆数に比べて十分大きいときには振動積分が打ち消し合ってゼロに近づき，逆に十分小さいときには一定値に近づく．すると，式（3.111）において $\boldsymbol{k}-\boldsymbol{k}'$ の絶対値が十分大きければ和には寄与しない．したがって，$F_{\boldsymbol{k}}$ の波数 $\boldsymbol{k}$ の絶対値が大きいときには $\boldsymbol{k} \approx \boldsymbol{k}'$ のときのみ和に寄与する．フーリエ展開におけるパーセバルの関係[*12]から，

$$\sum_{\boldsymbol{k}} |W_{\boldsymbol{k}}|^2 = \int d^3 x \, |W(\boldsymbol{x})|^2 = V_S \tag{3.113}$$

が導かれるので，このとき $|W_{\boldsymbol{k}}|^2/V_S$ は波数空間におけるデルタ関数的な役割をする．したがって，サーベイサイズよりも十分短い波長について，式（3.111）は $P_S(\boldsymbol{k}) \approx P_g(k)$ となって，正しく見積もられる．

もし，サーベイの体積がでこぼこであったり，一部で小さな体積が抜けていたりして，サーベイ体積の形が空間的に複雑に変化している場合は，その変化のスケールまでウィンドウ関数 $W_{\boldsymbol{k}}$ がゼロに近づかない．この場合には畳み込みの影響は比較的短いスケールにまで及ぶ．

図 3.11 は 2dF 赤方偏移サーベイから求めたパワースペクトルである．黒丸と誤差棒が観測値に対応する．図のパワースペクトルは赤方偏移空間における銀河分布から直接求めたもので，赤方偏移変形は補正されていない．また，畳み込みの影響も含まれている．そこで，この観測値を理論と比較するに際しては，理論値にこれら赤方偏移変形と畳み込みの効果を加える必要がある．ここで図示されているスケールは線形領域に対応するので，これらの効果を理論的に含めることはそれほど難しくない．そのように得られた理論曲線が実線で表されている．ここで理論のパラメータは観測値に合うように調整された値 $\Omega_{\mathrm{m}} h^2 = 0.168$，$\Omega_{\mathrm{b}}/\Omega_{\mathrm{m}} = 0.17$，$\sigma_8^{\mathrm{gal}} = 0.89$ が用いてある．パラメータ σ_8^{gal} の意味はすぐ後に

[*12] フーリエ解析におけるよく知られた関係．

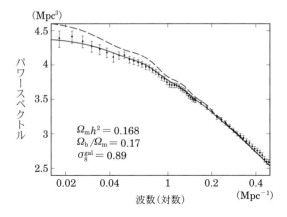

図 **3.11** 2dF 赤方偏移サーベイによる銀河分布から計算したパワースペクトル（Cole *et al.* 2005, *MNRAS*, 362, 505）.

述べる．実線に対応するモデルの，畳み込みをする前のパワースペクトルは破線で表されている．図から見て取れるように，理論によって計算されるパワースペクトルの観測値との一致は非常によい．相関関数の場合と同様，バリオン音響振動の効果も見て取れる．このように理論と観測が一致するパラメータを選べるということは我々の構造形成の理論的理解が基本的に正しいことを意味している．

調整されているパラメータの一つの $\sigma_8^{\rm gal}$ はパワースペクトルの全体の振幅を表すもので，伝統的によく使われている．この量は，$8h^{-1}$ Mpc の半径の球のなかに含まれる銀河の数のゆらぎの空間的な分散の平方根で定義される．具体的にパワースペクトルとの関係を導くため，点 $\boldsymbol{x}$ を中心とする半径 $8h^{-1}$ Mpc の球に含まれる銀河の数を $N_8(\boldsymbol{x})$ とする．すると

$$N_8(\boldsymbol{x}) = \int d^3x' W_8(|\boldsymbol{x}-\boldsymbol{x}'|) n(\boldsymbol{x}') \tag{3.114}$$

とかける．ここで $W_8(r)$ は $r \leqq 8h^{-1}$ Mpc のとき 1，$r < 8h^{-1}$ Mpc のとき 0 となるような，この球のウィンドウ関数である．いま，球の体積を $V_8 = 4\pi(8h^{-1}{\rm Mpc})^3/3$ とすると，$N_8(\boldsymbol{x})$ の空間的な平均値は $\bar{N}_8 = \bar{n} V_8$ である．これを用いると銀河の数のゆらぎは

$$\delta_8(\boldsymbol{x}) \equiv \frac{N_8(\boldsymbol{x}) - \bar{N}_8}{\bar{N}_8} = \frac{1}{V_8} \int d^3x' W_8(|\boldsymbol{x}-\boldsymbol{x}'|) \delta^{(\rm g)}(\boldsymbol{x}') \tag{3.115}$$

となる．ここでウィンドウ関数と数密度ゆらぎのフーリエ展開を代入してゆらぎ
の分散を求めると，

$$(\sigma_8^{\mathrm{gal}})^2 \equiv \frac{1}{V} \int d^3x \left\langle |\delta_8(\boldsymbol{x})|^2 \right\rangle = \frac{1}{V_8{}^2} \sum_{\boldsymbol{k}} |W_{8,\boldsymbol{k}}|^2 P_{\mathrm{g}}(k) \tag{3.116}$$

が得られる．ここで $W_{8,\boldsymbol{k}}$ は球のウィンドウ関数のフーリエ係数であり，具体的
に計算すると

$$\begin{aligned}
W_{8,\boldsymbol{k}} &= \frac{1}{\sqrt{V}} \int d^3x W_8(\boldsymbol{x}) e^{-i\boldsymbol{k}\cdot\boldsymbol{x}} \\
&= \frac{4\pi}{\sqrt{V}k^3} \left(\sin kR_8 - kR_8 \cos kR_8\right) \\
&= \frac{V_8}{\sqrt{V}} \frac{3j_1(kR_8)}{kR_8}
\end{aligned} \tag{3.117}$$

となる．ここで $R_8 = 8h^{-1}\,\mathrm{Mpc}$ であり，また $j_1(x) = (\sin x - x\cos x)/x^2$ は 1
次の球ベッセル関数である．したがって，式（3.116）の分散は

$$\left(\sigma_8^{\mathrm{gal}}\right)^2 = \frac{1}{V} \sum_{\boldsymbol{k}} \left[\frac{3j_1(kR_8)}{kR_8}\right]^2 P_{\mathrm{g}}(k) \tag{3.118}$$

で与えられる．したがって，パワースペクトル $P_{\mathrm{g}}(k)$ の全体的な振幅はこの分
散に比例するのである．パワースペクトルの振幅以外の形は初期ゆらぎと遷移関
数により決定される．

　初期ゆらぎの振幅の値について現状で信頼に足る予言をする理論はない．そこ
でこのパラメータ σ_8^{gal} は観測から決めなくてはならないまったく自由なパラ
メータとなっている．つまり，このパラメータには宇宙論的な情報は含まれてい
ない．パワースペクトルに含まれている宇宙論的な情報は，もっぱらその形にあ
る．パワースペクトルの形は初期ゆらぎと遷移関数により決まっている．このた
め，パワースペクトルの形の中には，初期ゆらぎのべき指数 n，ハッブル定数
h，物質成分の密度パラメータ Ω_{m}，バリオンの密度パラメータ Ω_{b}，ニュートリ
ノの平均質量 m_ν など，構造形成の物理過程に根ざしたさまざまな情報が含まれ
ている．つまり，パワースペクトルや相関関数の観測を用いると，これらの基本
的なパラメータを決定できるのである．

3.5.4 バイアス

ここまで銀河分布から相関関数やパワースペクトルを求め，密度ゆらぎに対するそれらの統計量との比較を説明してきた．銀河の数密度と物質の密度が比例する場合には両者のゆらぎは一致するので，この比較は可能である．だが，一般にこの比例関係が成り立っている理由はない．3.4.3節のピーク統計のところで述べたように，銀河が密度ゆらぎのピークに形成されるというバイアスモデルでは，線形領域でのバイアスはパワースペクトルを単に定数倍するという効果しかないことを見た．したがって，パワースペクトルの振幅のみ影響を受け，その形には影響しない．すなわち，銀河と密度ゆらぎのパワースペクトルをそれぞれ $P_\mathrm{g}(k)$, $P_\mathrm{m}(k)$ とすると，$P_\mathrm{g}(k) = b^2 P_\mathrm{m}(k)$（$b$ はバイアスパラメータと呼ばれる定数）が成り立つ．このようなバイアスの性質を線形バイアスという．

線形バイアスにおいては，フーリエ空間で見て，線形領域にある物質密度のゆらぎ $\delta_{\boldsymbol{k}}$ と銀河数密度のゆらぎ $\delta_{\boldsymbol{k}}^\mathrm{g}$ の間に，

$$\delta_{\boldsymbol{k}}^\mathrm{g} = b \delta_{\boldsymbol{k}} \tag{3.119}$$

の関係がある．相関関数はパワースペクトルのフーリエ変換なので，やはり線形領域で同じく定数倍されるのみである．すなわち，銀河と密度ゆらぎの相関関数をそれぞれ $\xi_\mathrm{g}(r)$, $\xi_\mathrm{m}(r)$ とすると，$\xi_\mathrm{g}(r) = b^2 \xi_\mathrm{m}(r)$ が成り立つ．

線形領域では，ピークモデルの場合に限らず，バイアスの詳細によらずにかなり一般的な条件のもとで，バイアスは線形バイアスになることが示される．線形領域での構造形成は力学的にも取り扱いやすい上，不定性の大きな銀河形成の詳細に立ち入ることなしに一つのバイアスパラメータ b で取り扱えるという利点があるからである．

線形バイアスの場合でも，バイアスパラメータを理論的に決めることは難しい．ピークモデルにおいてはどのようなピークを選ぶかということに直接依存していたことを思い出そう．一般にバイアスパラメータの値は銀河形成の詳細に依存する．この問題は現代でもまだ不明の点が多い．将来的に銀河形成の理解が進めばこのパラメータを理論から決めることもできるようになるかもしれないが，現在では，観測的に決めるべき不定パラメータとなっている．

線形領域でバイアスパラメータはパワースペクトルの振幅を定数倍するだけで

あるが，これはパラメータ σ_8^{gal} と働きが同じである．密度ゆらぎの振幅のパラメータ σ_8^{m} を式（3.118）と同様に密度ゆらぎのパワースペクトルによって定義すると，$\sigma_8^{\mathrm{gal}} = b\sigma_8^{\mathrm{m}}$ が成り立つ．つまり，銀河の観測によって決められる振幅は密度ゆらぎの振幅とバイアスの積で与えられ，この両者は区別できない．両者ともに理論的に決まらないパラメータであるため，銀河サーベイでは振幅はまったく自由に決められる．バイアスをゆらぎの初期振幅から区別するためには，赤方偏移変形の効果を利用したり，またはパワースペクトルや相関関数以外の統計量を用いたりすることで可能であることが知られている．あるいは宇宙背景放射のゆらぎの観測を使って物質のゆらぎの振幅 σ_8^{m} を決めることができバイアスパラメータを分離できる．

バイアスは銀河形成の条件から現れるため，銀河の種類によってバイアスパラメータの値も異なる．たとえば楕円銀河は銀河団の中心部に多く存在し，渦巻銀河はそれよりも広がって存在することが知られている．つまり，楕円銀河の方が渦巻銀河よりも強く群れ集まっていることになり，したがって相関関数やパワースペクトルは楕円銀河の方が大きくなるはずである．

ここで，2dF 赤方偏移サーベイにおける銀河の色に応じて赤い銀河と青い銀河の 2 種類に分類し，それぞれのパワースペクトルを示したのが図 3.12 である．おおまかに赤い銀河は楕円銀河に対応し青い銀河は渦巻銀河に対応すると考えることができる．すると図から赤い銀河の方がパワースペクトルの値が大きくなっていることが理解できる．また，広いスケールに渡って両方のパワースペクトルは形が同じである．これは赤い銀河のバイアスパラメータ b_{red} と青い銀河のバイアスパラメータ b_{blue} が異なり，それぞれ密度ゆらぎのパワースペクトルの $b_{\mathrm{red}}{}^2$ 倍と $b_{\mathrm{blue}}{}^2$ 倍になっていることを示している．こうして線形領域では，用いる銀河の種類によらずに密度ゆらぎのパワースペクトルの形を決めることができるのである．

一方で，非線形領域におけるバイアスは単純ではない．この領域ではどのような条件のもとに銀河ができるのかという銀河形成の詳細が深く絡み，まだ不明な点が多い．この領域ではバイアスは一つのバイアスパラメータだけで特徴づけることができなくなる．たとえば，銀河と密度ゆらぎのパワースペクトルの比でバイアスパラメータを定義したとしても，非線形領域ではスケールによってその比

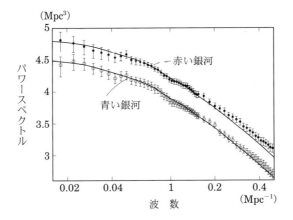

図 3.12 2dF 赤方偏移サーベイによる異なる種類の銀河によるバイアスの違い (Cole *et al.* 2005, *MNRAS*, 362, 505). 赤い銀河は黒丸, 青い銀河は白丸に対応し, 実線は $\Omega_{\rm m}h = 0.168$, $\Omega_{\rm b}/\Omega_{\rm m} = 0.17$ を仮定した線形モデルで, 振幅は適当に合わせてあり, 畳み込みの効果も含まれている.

が変化する. すなわち, バイアスパラメータが定数でなく, スケール依存するようになる. さらに銀河の数密度のゆらぎと物質の密度ゆらぎとは単純な比例関係でとらえることはできなくなる. すなわち非線形バイアスとなる. さらにまた, 線形バイアスでは銀河の数密度が物質の数密度で決定的に決まっていたが, 非線形領域ではこの性質も崩れる. これを現象論的に扱う確率的バイアスというものも考えられている.

いずれにしても非線形領域においてバイアスは複雑にふるまうのでその取り扱いには注意が必要である. この問題は将来, 銀河形成論の進展に伴って徐々に明らかになっていくものと考えられる.

第4章

宇宙マイクロ波背景放射の温度ゆらぎ

　宇宙マイクロ波背景放射は，誕生後およそ 40 万年の時代の宇宙の姿を伝える宇宙最古の化石である．

　COBE 衛星によって，そのスペクトルは黒体放射，すなわちプランク分布と非常によく一致していることが示された．このことは宇宙初期に高温の熱平衡状態が実現していたこと，すなわちビッグバンの存在を証明するものである．

　宇宙マイクロ波背景放射の温度の天球上の空間分布は非常に等方的であり，宇宙の一様等方性の証拠となっている．

　一方で，黒体放射からのごくわずかなずれや，温度の空間分布のわずかな違い（ゆらぎ）を測定できれば，初期宇宙や構造形成の重要な情報が得られる．理論研究によってこれらのこと，とりわけ温度の空間分布を詳細に求めれば宇宙の進化を記述する宇宙論パラメータを精密に決定できることが分かって以来，観測研究が活発に進められ，COBE，WMAP，Planck といった人工衛星によって全天に渡る温度ゆらぎの地図が得られるに至った．

　その結果，観測可能な宇宙の空間曲率は 0 に近く（つまり三角形の内角の和は観測可能な宇宙においてつねに 180 度），全エネルギー密度のうち 7 割が正体不明のダークエネルギー，残りの 8 割以上がこれまた正体不明のダークマター，そして全体のわずか 5% 程度が性質の知れた通常の物質であることが明らかにされたのである．

4.1 温度ゆらぎの進化と構造

4.1.1 スペクトル歪みと温度ゆらぎ

ペンジアスとウィルソンが空のあらゆる方向から「ほぼ」同じ強度でやってきている宇宙マイクロ波背景放射を発見したのは 1965 年のことであった．そのとき以来，宇宙マイクロ波背景放射のスペクトルがはたしてプランク分布であるのか，また，その放射強度（あるいは温度）が天球上のどの部分でも正確に同じなのか，あるいは温度にわずかな違い，すなわち温度ゆらぎが存在するのかどうかについて，大きな興味が持たれ，理論研究および観測が続けられた．

プランク分布は熱平衡状態が実現している場合のスペクトルである．宇宙がかつて高温の熱平衡状態にあった，ということこそがビッグバンであり，プランク分布はビッグバンの直接的な証拠となるのである．もしプランク分布からのわずかなずれが見つかれば，そのずれは宇宙の熱史に対して重要な情報をもたらす．

一方，現在の宇宙には多様な階層構造が存在している．これらの構造の中でも，宇宙大規模構造や銀河団など，大きなスケールのものは，宇宙初期に生じたごくわずかな密度の空間分布の濃淡，すなわち密度ゆらぎが重力によって成長して形成された考えられている（3 章参照）．物質に密度ゆらぎが存在していれば，宇宙マイクロ波背景放射にも温度ゆらぎが同様に存在しているはずである．宇宙マイクロ波背景放射で見ているのは，水素原子形成期（以後，英語の recombination にならって再結合期と呼ぶ[*1]）であり，ビッグバンから約 40 万年後の時代である．現在の宇宙は 138 億歳であるから，温度ゆらぎを通して我々は現在の構造を作り出した種を観測しているのである．

宇宙マイクロ波背景放射が非常に高い精度で黒体放射であることは，1990 年の COBE 衛星による観測結果から明らかになった．その温度は $2.725 \pm 0.001\,\mathrm{K}$ である．このことは宇宙初期に高温の熱平衡状態が実現していたこと，すなわちビッグバンの存在を証明するものである．図 4.1 を参照されたい．COBE はさらに，プランク分布からのずれについても強い制限を与えた．光子のエネルギー

[*1] この時期に宇宙が光に対して透明になることから晴れ上がりと（日本語では）呼ばれることも多く，これまでの 3 章ではその名称を用いていたが，ここでは国際的学術用語である再結合期を用いることとする．

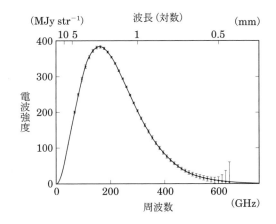

図 4.1 COBE 衛星の FIRAS 検出器によって測定された宇宙マイクロ波背景放射の強度．データ（黒丸）の誤差は 200 倍に拡大してある．実線は 2.725 K のプランク分布．

密度のプランク分布は，振動数 ν，温度を T としたときに，

$$u_{\rm PL}(\nu) = \frac{8\pi h_{\rm P}}{c^3} \frac{\nu^3}{\exp(h_{\rm P}\nu/k_{\rm B}T) - 1} \tag{4.1}$$

である．ここで $h_{\rm P}$ はプランク定数，c は光速度，$k_{\rm B}$ はボルツマン定数である．なおこの式は見かけの上では式（1.11）とは異なっているようだが，式（1.11）は単位立体角あたりなので，その分を積分して 4π が現れる．また式（1.11）の放射強度は単位面積・単位時間あたりの量だが，エネルギー密度は単位体積あたりなので，時間に光速度をかけて体積に直す関係から（1.11）と上式は光速度の重みが一つ異なっている．

さて，この分布を振動数について積分することで，現在の光子のエネルギー密度が（式（1.14）と同じものであるが）

$$c^2 \rho_\gamma = \int_0^\infty d\nu\, u_{\rm PL}(\nu) = \frac{8\pi^5 k_{\rm B}^4}{15 c^3 h_{\rm P}^3} T^4 \tag{4.2}$$

$$= 4.17 \times 10^{-13} (T/2.725{\rm K})^4 \ [{\rm erg\, cm^{-3}}] \tag{4.3}$$

であることが分かる．宇宙を平坦にするのに必要な臨界密度に比べるとこの値は非常に小さく，実際に臨界密度で割った密度パラメータで表すと $\Omega_\gamma =$

$\rho_\gamma/\rho_{\mathrm{cr},0} = 2.47 h^{-2} \times 10^{-5}$ でしかない．無次元ハッブル定数 h に観測値の概数 0.7 を代入すると，5×10^{-5} となる．

このプランク分布からのずれ（歪み）の定量化のために量としてよく用いられるのが，以下に述べる化学ポテンシャル μ とコンプトン y パラメータである．

熱い初期宇宙では，熱平衡状態を保つために絶えず電子と光子が反応を繰り返していた．そこでは，1 個の電子と 1 個の光子がその数を保存したまま散乱するコンプトン散乱の他に，光子が一つ余分に生み出される 2 重コンプトン散乱，また電子が核子と散乱する際に光子を生み出す制動放射（Bremsstrahlung，あるいは free-free 放射）などの反応が生じている．そしてこれらの反応を通じて，光子はつねにプランク分布を実現している．たとえば，何らかの重たい粒子がある特定の振動数の光子を大量に放出して崩壊するような過程があったとしても，その光子はエネルギー分布を変え，その数も調節されてプランク分布へと同化されるのである．

しかし，やがて温度が下がって，余分な光子を生み出す過程がもはや有効に働かなくなるときが訪れる．そうなると，先の重粒子の崩壊のような余分な光子が生成される現象が起きると，もはやその余分な光子を吸収することはできない．光子の数は保存していなければならないからである．その余分な光子が，化学ポテンシャルとして分布関数に現れる．

無次元化学ポテンシャル μ は，プランク分布の分母の指数関数項に $\exp(h_{\mathrm{P}}\nu/k_{\mathrm{B}}T + \mu)$ と付け加わる量として定義できる．この μ に対して，COBE の FIRAS 検出器により，$|\mu| < 9 \times 10^{-5}$ という制限を得た．宇宙では，余分な光子が大量に生み出されるような過程は働いていなかったのである．

宇宙の温度がさらに下がると，ついにはコンプトン散乱さえ有効に働かなくなる．そうなると，もはや余分な光子が生成されたとしても，エネルギーの再分配が行われなくなり，宇宙マイクロ波背景放射（となった光子）へは直接の影響を及ぼさずに，生成の過程で決まるエネルギーを赤方偏移によって減じながら，現在に至ることになる．

しかし，宇宙のある場所で局所的に（たとえば銀河団の中で）大量の熱い（運動エネルギーの大きい）電子が存在していれば，宇宙マイクロ波背景放射に影響を与える．逆コンプトン散乱を通じて，電子から光子へとエネルギーが輸送され

るのである．エネルギーの低い光子，つまり振動数の小さい（波長の長い）光子は，電子からエネルギーを得て，そのエネルギーを増加させる．つまり長波長側の光子を短波長側へと移送するのである．このようなエネルギー輸送の過程は，次のカンパニエーツ（Kompaneets）方程式によって表される

$$\frac{\partial f}{\partial y} = \frac{1}{x^2} \frac{\partial}{\partial x} \left(x^4 \frac{\partial f}{\partial x} \right). \tag{4.4}$$

ここで $x \equiv h_P \nu / k_B T$, f は光子の分布関数でプランク分布の場合には $f_{PL} = 1/\left(\exp(x) - 1 \right)$, y はコンプトン y パラメータと呼ばれる量で，

$$y \equiv \int \frac{k_B T_e}{m_e c^2} n_e \sigma_T c \, dt = \int \frac{k_B T_e}{m_e c^2} \, d\tau_e \tag{4.5}$$

と定義される．ここで T_e は電子の温度であり，電子の密度 n_e，トムソン散乱の断面積 σ_T で定義される $\tau_e \equiv \int c n_e \sigma_T \, dt$ は，トムソン散乱の光学的厚みである．

プランク分布からのずれが小さい，すなわち $\delta f / f \equiv (f - f_{PL}) / f \ll 1$ という近似を置くことで，この方程式は

$$\frac{\delta f}{f} = y \frac{x e^x}{e^x - 1} \left[x \frac{e^x + 1}{e^x - 1} - 4 \right] \tag{4.6}$$

と解くことができる．この式が，プランク分布からの歪みを与えるのである．長波長側の極限，すなわちレイリー–ジーンズ近似が成り立つ範囲では，$x \ll 1$ を代入して，$\delta f / f = (\delta T / T)_{RJ} = -2y$ を得る．長波長側の光子が短波長側に輸送されるために，長波長側では光子の数が減り，宇宙マイクロ波背景放射の温度は下がるのである．これとは逆に，短波長側では温度が上昇する．このような熱い電子によって引き起こされる宇宙マイクロ波背景放射のスペクトルの歪みの効果を，スニヤエフ–ゼルドビッチ（Sunyaev-Zel'dovich，略して SZ）効果と呼ぶ．

コンプトン y パラメータに対しては，COBE の FIRAS 検出器は，宇宙全体では，$y < 1.5 \times 10^{-5}$ という制限を得た．宇宙全体に，熱い電子をまき散らすような現象は過去に生じなかった，ということである．しかし，このことがすぐに，宇宙のどこでも y の値が小さい，ということにはならない．COBE は角度分解能が 7 度であり，それより小さい角度に対応した構造に付随した熱い電子については，検出することができなかったのである．実際に，銀河団には熱いガスが存在していて，その電子による SZ 効果は，観測されている．

4.1.2 1次温度ゆらぎ

宇宙マイクロ波背景放射の温度ゆらぎは、さまざまな物理的な過程によって生成される。温度ゆらぎの空間スケールによっても生成の物理過程が異なったものとなる。ここでは、できるだけ数式を使わずにその生成の物理過程がどのようなものであるのか概観していく。

温度ゆらぎの種となる密度ゆらぎは、宇宙初期のインフレーションの過程で生成された。以下ではフーリエ変換をイメージして、密度ゆらぎを波長、または波数ごとに分解して考える。密度ゆらぎ $\delta\rho/\rho$ の値が 1 に比べて十分に小さければ、線形近似を用いることが可能であり、その場合にはおのおのの波長のゆらぎは独立に成長し、互いに混じることはない。

さて、密度ゆらぎは生まれるとすぐにインフレーションによってその波長がいったん地平線よりも引き延ばされる。地平線の外にある限り、ゆらぎは進化することなく凍結される。

インフレーションが終了し、時間とともに地平線のサイズがゆらぎの波長より早く拡大し始めると、やがて地平線が波長と等しくなる時期が訪れる。宇宙マイクロ波背景放射の温度ゆらぎにとって、この時期が再結合期（水素原子結合期、宇宙の晴れ上がり）より前か後かでその発展が大きく異なったものとなる。

再結合期は宇宙誕生後およそ 40 万年、赤方偏移 $z_{rec} = 1100$ である。添え字の rec は再結合期の値を表す[*2]。共動座標で表したその時期の宇宙の地平線の大きさ d_H^c は、物質優勢を仮定すれば

$$d_H^c(t_{rec}) \equiv \int_0^{t_{rec}} \frac{c\,dt}{a} = \int_0^{a_{rec}} \frac{c\,da}{Ha^2} = \frac{c}{H_0} \int_0^{a_{rec}} \frac{1}{\sqrt{\Omega_m/a^3}\,a^2}$$

$$= \frac{2c}{H_0\sqrt{\Omega_m}} a_{rec}^{1/2} = \frac{2c}{H_0\sqrt{\Omega_m}}(1+z_{rec})^{-1/2}$$

$$= 180(\Omega_m h^2)^{-1/2} \left(\frac{1100}{1+z_{rec}}\right)^{1/2} \quad [\text{Mpc}] \tag{4.7}$$

である。ここで a はスケール因子で赤方偏移と $a = 1/(1+z)$ という関係がある。

次に再結合期の地平線が、現在観測する際に空の上でどれだけの見込む角度（天球上での見かけの角度）に対応しているのかを調べておこう。現在の地平線

[*2] 1章では、脱結合の意味で dec という添え字にしてある。

の大きさは，もし宇宙項（ダークエネルギー）の寄与を無視すれば，上の式の z_{rec} の代わりに $z = 0$ を代入すれば求まるので（現在は共動座標と物理座標の値が一致することに注意），$d_H(t_0) = 2c/(H_0\sqrt{\Omega_m})$ である．再結合期の地平線 $d_H^c(t_{rec})$ を我々は $d_H(t_0)$ へだてて観測しているから，空の見込む角度は

$$\theta_H = d_H^c(t_{rec})/d_H(t_0) = (1 + z_{rec})^{-1/2} = 0.031\,[\text{rad}] = 1.7\,[\text{deg}] \qquad (4.8)$$

に対応する．月や太陽の視直径が $0.5\,\text{deg}$ であることを思い出すと，これがどのくらいの大きさを占めるのか検討がつくのではないだろうか．

波長が再結合期の地平線よりも長いゆらぎは，再結合期までインフレーションでの値を凍結している．温度ゆらぎにも，インフレーションによって生成された部分が残っている．しかし，密度ゆらぎの存在がさらなる温度ゆらぎを生み出す．再結合の時期に密度が集中している場所では重力ポテンシャルの値が負になる．そこから放たれた光子は重力の井戸から抜け出すために，エネルギーを失うこととなる．そのために赤方偏移するのである．一方，密度が平均よりも低い場所では重力ポテンシャルの値が正であり，そこからの光子は青方偏移することになる．

この，重力による赤方偏移，青方偏移効果から生じる温度ゆらぎを，理論的に最初に見い出した人の名にちなんでザックス–ヴォルフェ（Sachs-Wolfe，略してSW）効果と呼ぶ．この重力ポテンシャル自身もまた，初期の値を凍結している．

一方，波長が再結合期の地平線よりも短いゆらぎは，まだ宇宙に大量の自由電子が存在していた時期に地平線の中に入る．その時期には，光子・陽子（バリオン）・電子は散乱によって互いに強く結びつき，単一の流体のようにふるまう．この流体を「光子・バリオン流体」と呼ぼう．これは圧縮性の流体であり，その中の密度ゆらぎは音速に従って伝播する音波である．音速によって到達できる限界領域を，光の場合の地平線にならって，音地平線と呼ぶ．各時刻での音波は，音地平線を最大波長とする定常波を構成する．時間とともに音地平線は伸びていき，それと同時に，定常波の波長も伸びていくことになる．

再結合期以前の光子・バリオン流体の音速は，そこでの圧力を p，密度を ρ とすれば，

$$c_s^2 = \frac{\dot{p}}{\dot{\rho}} = \frac{dp}{da} \bigg/ \frac{d\rho}{da} \qquad (4.9)$$

と表される。ここで，ドット「˙」は時間微分である。光子の状態方程式は，$p_\gamma = c^2\rho_\gamma/3$，バリオンは $p_\mathrm{b} = 0$ であるので，$p = p_\gamma$，$\rho = \rho_\gamma + \rho_\mathrm{b}$ となる。$\rho_\gamma \propto a^{-4}$，$\rho_\mathrm{b} \propto a^{-3}$ に注意して，

$$
\begin{aligned}
c_\mathrm{s}^2 &= \frac{dp}{da} \bigg/ \frac{d\rho}{da} \\
&= \left(-4c^2\rho_\gamma/3\right) / \left(-4\rho_\gamma - 3\rho_\mathrm{b}\right) \\
&= \frac{c^2}{3} \frac{1}{1 + 3\rho_\mathrm{b}/4\rho_\gamma}
\end{aligned}
\tag{4.10}
$$

を得る。

バリオンの密度は，

$$
\rho_\mathrm{b} = \rho_{\mathrm{b},0}(1+z)^3 = \rho_{\mathrm{cr},0}\Omega_\mathrm{b}(1+z)^3 = 1.98 \times 10^{-29}\,\Omega_\mathrm{b}h^2(1+z)^3 \quad \left[\mathrm{g\,cm}^{-3}\right]
\tag{4.11}
$$

と表され，光子の密度は，$T = 2.725\,\mathrm{K} \times (1+z)$ であることに注意すれば式 (4.2) から得られる。結局，$3\rho_\mathrm{b}/4\rho_\gamma = 3.0 \times 10^4\,\Omega_\mathrm{b}h^2/(1+z)$ となる。

この音速を用いて，共動座標系では音地平線は，

$$
d_\mathrm{s}^c(t) \equiv \int_0^t dt\frac{c_\mathrm{s}}{a} \simeq (c_\mathrm{s}/c)d_\mathrm{H}^c(t)
\tag{4.12}
$$

と書かれる。再結合期の音地平線の値は，物質優勢を仮定すれば，式 (4.7) が使えて，観測値 $\Omega_\mathrm{b}h^2 = 0.02$ を用いることで

$$
\begin{aligned}
d_\mathrm{s}^c(t_\mathrm{rec}) &= \frac{1}{\sqrt{3\left(1 + 3\rho_\mathrm{b}/4\rho_\gamma\right)}}\frac{2c}{H_0\sqrt{\Omega_\mathrm{m}}}(1 + z_\mathrm{rec})^{-1/2} \\
&= 84\left(\Omega_\mathrm{m}h^2\right)^{-1/2} \quad [\mathrm{Mpc}]
\end{aligned}
\tag{4.13}
$$

と求められる。

地平線の場合と同様に，再結合期の音地平線が我々観測者にとってどれだけの空の見込む角度に対応するのかを計算してみよう。それはその時期の音地平線を現在の地平線で割ることで得られるので

$$
\theta_\mathrm{s} = d_\mathrm{s}^c(t_\mathrm{rec})/d_\mathrm{H}(t_0) = 0.014\,[\mathrm{rad}] = 0.80\,[\mathrm{deg}]
\tag{4.14}
$$

となる。月の視直径とほぼ同じ大きさの内部に，音波モードの光子・バリオン流

体の振動が存在していることになる.

さらに短い波長のゆらぎは,音波としての振動の後に,光子と電子の間に働く粘性による減衰(ダンピング)を被ることになる.最初にこの効果を指摘したシルク(J. Silk)の名前を取って,シルク(Silk)ダンピング*3 と呼ぶ(131 ページ参照).粘性が及ぶ限界,すなわちそれ以下の波長ではシルクダンピングによってゆらぎが消されてしまう波長は,酔歩の物理過程に従うことから次のように求めることができる.

まず,単位時間あたりの光子と電子との散乱の回数が $cn_e\sigma_T$ であることから,光子の平均自由行程は,その逆数に光速度をかけることで得られ,$\lambda_f = 1/n_e\sigma_T$ となる.共動座標系では,$\lambda_f^c = 1/an_e\sigma_T$ である.さて宇宙年齢での散乱の回数を N とすれば,その間に光子は衝突を繰り返しながら光子の道筋に沿って(共動座標系で)$N\lambda_f^c$ だけ進む.物質優勢において共動座標での地平線が $2c/Ha$ であることから*4 $N\lambda_f^c = 2c/Ha$ となる.

これらより,酔歩での拡散のスケール(N ではなく $\sqrt{N}$ に比例する)は共動座標系で $\lambda_d^c = \sqrt{N}\lambda_f^c = \sqrt{2c\lambda_f^c/Ha}$ となる.実際の値を代入すれば,

$$\lambda_d^c = 1.62 \times 10^4 (\Omega_m h^2)^{-1/4}(\Omega_b h^2)^{-1/2}(1+z)^{-5/4} \quad [\text{Mpc}] \qquad (4.15)$$

となる.物質優勢宇宙では $(1+z) \propto t^{-2/3}$ なので,$\lambda_d^c \propto t^{5/6}$ である.すなわち,共動座標で測った拡散のスケールは,赤方偏移の大きい方が短く,時間とともに $t^{5/6}$ に比例して長くなっていくことが分かる.時々刻々と大きなスケールのゆらぎが消されていくのである.

再結合期の赤方偏移 $z_{\text{rec}} = 1100$ を代入すれば,

$$\lambda_d^c(t_{\text{rec}}) = 2.55(\Omega_m h^2)^{-1/4}(\Omega_b h^2)^{-1/2} \quad [\text{Mpc}] \qquad (4.16)$$

となり,空の見込む角度は

$$\theta_d = \lambda_d^c(t_{\text{rec}})/d_H(t_0) = 1.9 \times 10^{-4}[\text{rad}] = 6.4 \ [\text{arcmin}] \qquad (4.17)$$

となる.ここで観測値として $\Omega_m h^2 = 0.15$, $\Omega_b h^2 = 0.02$ を代入した.見込む

---

*3 シルク減衰とも呼ばれる.

*4 共動座標の宇宙の地平線 d_H^c は,式(4.7)を参照すれば,物質優勢では,$d_H^c = 2c(1+z)/H_0\sqrt{\Omega_m(1+z)^3} = 2c/Ha$ となることが分かる.ここで $1+z = 1/a$ に注意されたい.

角度でこの値以下の波長の温度ゆらぎはシルクダンピングによってかき消されてしまうことになる.

まとめると,再結合期での温度ゆらぎは,長い波長では初期条件を凍結していて,中間の波長では音波モードの振動が存在し,短い波長では減衰しているのである.

我々観測者はこれらの再結合期の温度ゆらぎを現在の地平線の距離だけ隔たった場所から測定する.その伝播の間にもさまざまな物理過程が働き,温度ゆらぎを改変させる.ここでは,物理過程の原因が宇宙全体の空間構造や進化と関係している部分と,より局所的な効果による部分に分けて考えることとする.

前者としては,宇宙の膨張則が急激に変化することで重力ポテンシャルが変化し,そこから生じる新たな重力の赤方偏移,青方偏移の効果がまず考えられる.ザックス–ヴォルフェ効果の一種であるが,重力ポテンシャルの時間変化に対する時間積分として得られる効果であるために,積分ザックス–ヴォルフェ (Integrated Sachs-Wolfe,略して ISW) 効果と呼ぶ.

密度ゆらぎの線形理論からは,宇宙で物質が優勢であれば,重力ポテンシャルは時間進化しないことが知られている.しかし,たとえば宇宙項によって膨張が加速されるようになると,重力ポテンシャルは浅くなってしまう.加速によって自己重力による密度ゆらぎの成長が抑えられるために,ポテンシャルが浅くなるのである.これは宇宙項のエネルギー密度が物質のエネルギー密度と等しくなる時期以降に顕著に現れる効果である.

フリードマン方程式からその時期の赤方偏移はすぐに $z = (\Omega_\Lambda/\Omega_{\mathrm{m}})^{1/3} - 1 \simeq 0.3$ と求められる(式 (2.28) 右辺括弧内の 1 番目の Ω_{m} に比例する項と,3 番目の Ω_Λ の項とが等しくなると置けばよい).ここでは,空間曲率を 0 と仮定し,$\Omega_\Lambda = 0.7$,$\Omega_{\mathrm{m}} = 0.3$ とした.つまり,ISW 効果は,現在の近くでとても重要になる.また,効果の及ぶスケールは典型的にはこの時期の地平線の大きさとなる.

地平線よりも小さいスケールでもこの効果は生じるのであるが,さまざまな場所で生じる青方偏移,赤方偏移が結果として互いに打ち消しあってしまう.結果として地平線スケールがもっとも卓越することになる.現在に近い時期での地平線スケールであるから,観測で見込む角度としては非常に大きなものとなる.

ISW 効果としては,その他にも再結合期直後に生じる部分もある.再結合の時

期はすでに物質優勢期ではあるが，まだ膨張に対する放射の影響を完全に無視できない．そこで，再結合直後しばらくの間は，重力ポテンシャルが浅くなっていくのである．先の ISW 効果に比べ遙かに早い時期（early）に起きるため，こちらを early ISW 効果，先ほどのものを遅い時期（late）なので late ISW 効果と区別して呼ぶことがある．再結合期直後ではまだ地平線が小さいために，early ISW 効果が及ぶ範囲は，late ISW 効果に比べて小さいスケールに限定される．

宇宙全体の空間構造と関係した温度ゆらぎの改変として，空間曲率による効果が挙げられる．光子が伝播する際に，再結合期と我々観測者の間の空間がレンズとして働き，温度ゆらぎのパターンが見かけ上拡大，ないしは縮小する，というものである．

より局所的な構造による温度ゆらぎへの影響には次のようなものが考えられている．まず，主として銀河系内で生じるシンクロトロン放射，制動放射，星間塵の放射などである．これら銀河系の放射は，温度ゆらぎの観測にとってはノイズであり，除去する必要がある．幸いに，これらの放射は波長依存性があるために，多波長で観測することで効率よく取り除くことが可能である．周波数でいうと 60 GHz あたりがもっとも銀河系の放射が弱いので，COBE や WMAP といった衛星では，このあたりの振動数での結果を主として用いて温度ゆらぎの解析を行っている．

その他にも，銀河団に存在している高温のガスによる SZ 効果，さらにはイオン化した領域が運動することで宇宙マイクロ波背景放射を引きずり，ドップラー効果を起こすことによる温度ゆらぎの生成（力学的な SZ 効果と呼ぶ），銀河などの重力を支配しているダークハローの進化に伴う ISW 効果，ダークハローの重力場による重力レンズ効果など，温度ゆらぎに対する 2 次的な効果は多数存在する．

4.1.3　ボルツマン方程式

4.1.2 節で述べたビッグバン膨張宇宙での温度ゆらぎの発展は，具体的にはボルツマン方程式によって表される．ここでは，ボルツマン方程式の導出について見ていくこととする．以下では，密度ゆらぎなどの一様等方からのずれは，一次までを考慮するいわゆる線形近似を用いる．なお，以下では一般相対論の初歩的な

190　第 4 章　宇宙マイクロ波背景放射の温度ゆらぎ

知識はあるものとして説明してあるので，一般相対論を勉強していない読者は詳しい説明は読み飛ばして，結果のボルツマン方程式だけ着目していただきたい．

　密度ゆらぎの存在により一様等方からゆらいでいる時空上での，2 点間の 4 次元距離の 2 乗 ds^2 は，ある座標条件（ニュートン的なゲージ条件）の下では

$$ds^2 = -(1 + 2\Psi(\boldsymbol{x}, t))\, dt^2 + a(t)^2\, (1 + 2\Phi(\boldsymbol{x}, t))\, \gamma_{ij}\, dx^i\, dx^j \tag{4.18}$$

と表される．ここで，$\Psi(\boldsymbol{x}, t)$ と $\Phi(\boldsymbol{x}, t)$ はおのおの重力ポテンシャルと曲率ゆらぎで，γ_{ij} は曲率がゼロの平坦な空間の場合には，3 次元の単位行列（クロネッカーのデルタ）である．ここでは光速 $c = 1$ としている．以下では，必要に応じて c を復活させることにする．

　次に，光子の分布関数を f とすると，ボルツマン方程式は，

$$\frac{Df}{Dt} \equiv \frac{\partial f}{\partial x^\mu}\frac{dx^\mu}{dt} + \frac{\partial f}{\partial p^\mu}\frac{dp^\mu}{dt} = C[f] \tag{4.19}$$

である．ここで，D は全微分，x^μ, p^μ はそれぞれ座標と運動量の 4 元ベクトル，$C[f]$ は光子に対する電子からの散乱の影響を表す項である．

　この式に測地線方程式

$$\frac{d^2 x^\mu}{d\lambda^2} + \Gamma^\mu_{\alpha\beta}\frac{dx^\alpha}{d\lambda}\frac{dx^\beta}{d\lambda} = 0 \tag{4.20}$$

を組み合わせる．ここで λ はアフィンパラメータである．ヌル（null）の測地線を伝搬する光の場合には，4 元運動量ベクトルは $p^\mu = dx^\mu/d\lambda$（$p^0 = dt/d\lambda$, $p^i = dx^i/d\lambda = p^0\, dx^i/dt$）であり，この p^μ を用いて測地線方程式は，

$$\frac{dp^\mu}{dt} = g^{\mu\nu}\left(\frac{1}{2}\frac{\partial g_{\alpha\beta}}{\partial x^\nu} - \frac{\partial g_{\nu\alpha}}{\partial x^\beta}\right)\frac{p^\alpha p^\beta}{p^0} \tag{4.21}$$

と書き直すことができる．

　さて，運動量 p^μ の空間成分の大きさは $p^2 \equiv p^i p_i = (1 + 2\Psi)(p^0)^2$ となることから，線形近似では $p = (1 + \Psi)p^0$ である．一方，方向ベクトルは $\gamma^i = a(p^i/p)(1 + \Phi)$ と表される．ここで $\gamma_{ij}\gamma^i\gamma^j = 1$ で規格化してある．p^μ の代わりに (p, γ^i) を用いてボルツマン方程式を表せば，

$$\frac{\partial f}{\partial t} + \frac{\partial f}{\partial x^i}\frac{dx^i}{dt} + \frac{\partial f}{\partial p}\frac{dp}{dt} + \frac{\partial f}{\partial \gamma^i}\frac{d\gamma^i}{dt} = C[f] \tag{4.22}$$

となる.

このボルツマン方程式の左辺第3項は,光子の運動量の時間変化,すなわち赤方偏移を表している.この項を重力ポテンシャルなどを用いて具体的に表すために,測地線方程式 (4.21) を用いる.線形近似を適用すれば,

$$\frac{1}{p}\frac{dp^0}{dt} = -\left(\frac{\partial \Psi}{\partial t} + \frac{da}{dt}\frac{1}{a}(1-\Psi) + \frac{\partial \Phi}{\partial t} + \frac{2}{a}\frac{\partial \Psi}{\partial x^i}\gamma^i\right) \tag{4.23}$$

となる.結局ボルツマン方程式の左辺第3項は

$$\begin{aligned}
\frac{1}{p}\frac{dp}{dt} &= \frac{1}{p}\frac{d(1+\Psi)p^0}{dt} \\
&= \frac{1}{p}\frac{dp^0}{dt}(1+\Psi) + \left(\frac{\partial \Psi}{\partial t} + \frac{\partial \Psi}{\partial x^i}\frac{dx^i}{dt}\right) \\
&= -\left(\frac{da}{dt}\frac{1}{a} + \frac{\partial \Phi}{\partial t} + \frac{1}{a}\frac{\partial \Psi}{\partial x^i}\gamma^i\right)
\end{aligned} \tag{4.24}$$

と表せる.ここで,2次以上のゆらぎを無視したため,$(p^0/p)d\Psi/dt \simeq d\Psi/dt$ や $(dx^i/dt)\partial\Psi/\partial x^i = (p^i/p^0)\partial\Psi/\partial x^i \simeq (\gamma^i/a)\partial\Psi/\partial x^i$ などの近似を用いた.

式 (4.24) の右辺第1項は宇宙膨張による赤方偏移,第2項は曲率ゆらぎによって波長が引き延ばされることで生じる赤方偏移,第3項は場所によって重力ポテンシャルが異なるためにポテンシャルの井戸に入ったり出たりする際に生じる赤方偏移効果である.

ボルツマン方程式 (4.22) の左辺第4項 $(\partial f/\partial \gamma^i)(d\gamma^i/dt)$ は空間曲率や重力ポテンシャルによる重力レンズ効果などによって光子の経路が直線からずれる効果を表している.

さて,ボルツマン方程式に現れている光子の分布関数は,重力の効果や,光子と電子の間のトムソン散乱ではエネルギーの輸送は行われない(むしろエネルギー輸送を伴うコンプトン散乱の古典極限で輸送を伴わないものをトムソン散乱と定義している).そのため,プランク分布を乱すことがない.結局,ゆらぎは温度の違いとして測定されることとなる.そこで運動量(周波数)依存性については積分し,光子のエネルギー密度のゆらぎに対する式に書き直すことができる.

光子のエネルギー密度を分布関数 f を用いて表せば(式 (4.2) 参照),$c^2\rho_\gamma = (8\pi/c^3 h^3)\int dp\, p^3 f$ なので,ゆらぎは

192 第 4 章 宇宙マイクロ波背景放射の温度ゆらぎ

$$\frac{\delta\rho_\gamma}{\rho_\gamma} = \frac{8\pi}{c^3 h^3 \rho_\gamma} \int dp\, p^3 f - 1 \tag{4.25}$$

と表される. ここで $\rho_\gamma \propto T^4$ なので, 温度ゆらぎは $\Theta \equiv (1/4)\delta\rho_\gamma/\rho_\gamma$ と定義される ことになる. この Θ に対するボルツマン方程式は, 式 (4.22) に式 (4.24) を代入することで次のように得られる.

$$\frac{\partial\Theta}{\partial\eta} + \gamma^i \frac{\partial}{\partial x^i}\left(\Theta + \Psi\right) + \frac{d\gamma^i}{d\eta}\frac{\partial}{\partial\gamma^i}\Theta + \frac{\partial\Phi}{\partial\eta} = \tilde{C}[\Theta]. \tag{4.26}$$

なお, ここではスケール因子の時間微分の項が煩雑なため, 時間微分の代わりに共形時間 (conformal time) と呼ばれる量 $\eta \equiv \int dt/a$ での微分を採用している.

散乱項 $C[f]$ については, ここでは光子と電子との間のコンプトン散乱過程を考える. 陽子と光子の散乱は, 陽子の質量が電子よりも 1800 倍も重いために, コンプトン散乱の散乱断面積 (質量の逆 2 乗に比例) が電子と光子の場合に比べ著しく小さく, 無視できる. 一方で陽子は, クーロン散乱を通じて電子と強く結びついているため, 結局光子は電子とのコンプトン散乱で, 間接的に陽子に相互作用することとなる.

また, ここで考えている状況では, 光子のエネルギーは電子の静止質量エネルギー ($mc^2 = 511\,\mathrm{keV} = 6 \times 10^9\,\mathrm{K}$) に比べ十分低いので, 散乱全断面積は非相対論的極限であるトムソン散乱全断面積 $\sigma_T = (8\pi/3)(h\alpha/2\pi m_e c)^2 = 6.65 \times 10^{-25}\,\mathrm{cm}^2$ で表される. ここで $\alpha \simeq 1/137$ は微細構造定数である.

コンプトン散乱の非等方性を考慮し, 不変散乱振幅を用いれば散乱項 $C[f]$ を評価することができる. ここではその詳細には立ち入らず, 線形化した最終的な結果だけを記す.

$$C[f] = n_e \sigma_T \Big(f_0 - f + \frac{3}{4}\gamma_i\gamma_j \int \frac{d\Omega}{4\pi}\left(\gamma^i\gamma^j - \frac{1}{3}\delta^{ij}\right) f$$
$$-\gamma_i v_{\mathrm{b}}^i p \frac{\partial f_0}{\partial p}\Big). \tag{4.27}$$

ここで $f_0 \equiv \int (d\Omega/4\pi) f$ は分布関数の等方成分, v_{b} はバリオン (陽子) の速度 (電子の速度に等しい) で, 1 行目は速度に依存しない項, 2 行目が速度の 1 次の項である. 速度の積などの 2 次以上の項は線形化したために落としてある.

1 行目の物理的な意味は，散乱によって等方化される効果であり，トムソン散乱の非等方成分の影響で $\gamma_i\gamma_j$ に比例する項がついてくる．2 行目は電子の運動によって引きずられるドップラー効果である．

　散乱項についてもエネルギーについて積分して Θ についての式に書き直すことができる．結局ボルツマン方程式 (4.26) は

$$
\begin{aligned}
&\frac{\partial\Theta}{\partial\eta} + \gamma^i\frac{\partial}{\partial x^i}(\Theta+\Psi) + \frac{d\gamma^i}{d\eta}\frac{\partial}{\partial\gamma^i}\Theta + \frac{\partial\Phi}{\partial\eta} \\
&= n_e\sigma_T\left(\Theta_0 - \Theta + \gamma_i v_{\mathrm{b}}^i + \frac{1}{16}\gamma_i\gamma_j\Pi_\gamma^{ij}\right)
\end{aligned}
\tag{4.28}
$$

と表すことができる．ここで $\Theta_0 \equiv \int (d\Omega/4\pi)\Theta$ は温度ゆらぎの等方成分，トムソン散乱の非等方成分の影響である $\Pi_\gamma^{ij} \equiv \int (d\Omega/4\pi)(3\gamma^i\gamma^j - \delta^{ij})4\Theta$ は光子流体の非等方な圧力（非等方ストレス）成分であり，f の 4 重極モーメントで与えられる．

　続いて温度ゆらぎを

$$
\Theta(\eta,\boldsymbol{x},\gamma) \equiv \sum_{\boldsymbol{k}}\sum_{\ell=0}^{\infty}\Theta_\ell(\eta)(-i)^\ell\exp(i\boldsymbol{k}\cdot\boldsymbol{x})P_\ell(\boldsymbol{k}\cdot\gamma)
\tag{4.29}
$$

と $\boldsymbol{k}$ についてフーリエ展開し，ℓ について多重極展開する．ここで P_ℓ はルジャンドル多項式であり，$\Theta_1 = v_\gamma$ は光子流体の速度，4 重極モーメント Θ_2 は光子の非等方ストレス Π_γ と $\Theta_2 = (5/12)\Pi_\gamma$ という関係がある．なお，以上の表記は空間の曲率が 0 の場合に成り立つ関係で，それ以外の場合にはルジャンドル陪多項式を用いたより一般化した形で表される．

　式 (4.29) を用いて式 (4.28) を書き換えると

$$
\left.
\begin{aligned}
\frac{d\Theta_0}{d\eta} &= -\frac{k}{3}\Theta_1 - \frac{d\Phi}{d\eta} \\
\frac{d\Theta_1}{d\eta} &= k\left(\Theta_0 + \Psi - \frac{2}{5}\Theta_2\right) - n_e\sigma_T(\Theta_1 - v_{\mathrm{b}}) \\
\frac{d\Theta_2}{d\eta} &= k\left(\frac{2}{3}\Theta_1 - \frac{3}{7}\Theta_3\right) - \frac{9}{10}n_e\sigma_T(\Theta_2) \\
\frac{d\Theta_\ell}{d\eta} &= k\left(\frac{\ell}{2\ell-1}\Theta_{\ell-1} - \frac{\ell+1}{2\ell+3}\Theta_{\ell+1}\right) - n_e\sigma_T\Theta_\ell \quad (\ell>2)
\end{aligned}
\right\}
\tag{4.30}
$$

という連立方程式が得られる．この方程式は ℓ について閉じていないが，実際には，次に見るように，再結合期までは $\ell = 0$ と 1，すなわち密度ゆらぎと速度のみが卓越しており，その後現在に向けて ℓ の大きいところへと伝播していくことになる．

この事実は，投影の効果として理解できる．温度ゆらぎは，再結合期では当時の地平線全体に広がり，そこでの単極子と双極子として存在していたと考えられる．しかし，それを現在測定すると，地平線全体でさえも式（4.8）によれば空の見込む角度にして 1.7 度に対応することになる．双極子 $\ell = 1$ が 180 度に対応することから，地平線は $\ell_h = 180/1.7 \simeq 100$ に対応することになる．つまり，$\ell = 0, 1$ の成分が 100 へと伝播することになるのである．

ボルツマン方程式（4.30）は，実際には密度ゆらぎに対して，適当な初期条件を課して数値的に解く．その際に，Φ や Ψ については，ダークマターとバリオンに対する流体の方程式を別に立てて連立させて解く．このようないわゆるボルツマン・コードは，最近では公開されているものも多く，中でも有名なのがセルジェック（U. Seljak）とザルダリアーガ（M. Zaldarriaga）によって開発された CMBFAST と呼ばれるものである[*5]．

また n_e については，水素原子形成の非平衡過程を解くことで別に得られる．

4.1.4 ボルツマン方程式の近似解

ここでは，温度ゆらぎの生成の物理過程をボルツマン方程式を通して理解するために，数値計算によらず，解析的に方程式の解がどのようにふるまうのかを調べてみる．以下ではダークマターからの重力は外場として扱うことにする．一方光子と電子を介して散乱するバリオン成分（陽子）は，連立させて解かなければならない．

バリオン流体についての式は，基本的には連続の式（保存則）とオイラー方程式（運動方程式）である．しかし，光子流体との間で散乱を通じて運動量の輸送が行われるために，独立した式とはならない．

相対論的な運動量の保存は，$(\rho_\gamma + p_\gamma)\delta V_\gamma = \rho_b \delta V_b$ と表される（光速を $c = 1$

[*5] https://lambda.gsfc.nasa.gov/toolbox/tb_cmbfast_ov.cfm から入手可能である．近年では，CMBFAST をアップデートし，より使いやすくした CAMB (https://camb.info) や CLASS (http://www.class-code.net) が広く用いられている．

とする単位系を用いた）．ここで δV_γ, δV_b は光子とバリオンの速度の変化分で，バリオンの圧力は無視している．式 (4.30) より光子の速度 Θ_1 に対して，散乱によって変化する速度の量は $\delta V_\gamma = n_e \sigma_T (\Theta_1 - v_b)$ であるから，バリオンの運動方程式には，$\delta V_b = -((\rho_\gamma + p_\gamma)/\rho_b) n_e \sigma_T (\Theta_1 - v_b)$ だけの速度変化が運動量の輸送の結果として生じることとなる．ここで $(\rho_\gamma + p_\gamma)/\rho_b = 4\rho_\gamma/3\rho_b \equiv 1/R$ と表される．$R = 3.0 \times 10^4 \Omega_b h^2/(1 + z)$ である．

結果としてフーリエ変換した連続の式とオイラー方程式は

$$\frac{d\delta_B}{d\eta} = -kv_b - 3\frac{d\Phi}{d\eta}$$
$$\frac{dv_b}{d\eta} + \frac{1}{a}\frac{da}{d\eta}v_b = k\Psi + \frac{n_e\sigma_T}{R}(\Theta_1 - v_b) \tag{4.31}$$

と書かれる．

光子の方程式 (4.30) の 1 本目と 2 本目との違いを見ていくことにしよう．まず 1 本目の δ_B と Θ_0 に対する式の係数において，前者は 3 倍大きいように見える．しかし，$\Theta_0 = \delta_\gamma/4$ であること，この 4 は光子の密度がスケール因子の 4 乗に比例することからでてきたこと，さらにバリオンの密度はスケール因子の 3 乗に比例することを思い出せば，その違いは理解できる．2 本目のオイラー方程式については，$da/d\eta$ に比例する項が光子に現れないのは，バリオンと光子の音速の違いによる．また光子の方にだけ Θ_0 すなわち密度ゆらぎに比例する項が現れるのは圧力勾配による効果（バリオンの圧力は無視している）を反映している．

ではいよいよ，式 (4.30) と (4.31) を連立して解くことにする．再結合期までは，光子と電子，陽子流体はよく結合していたと考えられる．このことは，方程式で結合のタイムスケールの逆数を表す $cn_e\sigma_T$ という係数が非常に大きいこと，またはタイムスケール $t_T \equiv 1/cn_e\sigma_T$ がその時期の宇宙年齢 $1/H$ に比べて十分に短いことに対応している．

そこで，方程式 (4.30) を，t_T で展開することにする．まず t_T の 0 次では，$d\Theta_1/d\eta$ の式の右辺から

$$\Theta_1 = v_b \tag{4.32}$$

が得られる．t_T を 0 つまり $cn_e\sigma_T$ を無限大に持っていったときに方程式が意味を持つ条件である．これは光子流体がバリオン流体と同じ速度を持つ，というこ

とを意味している．いわゆる強結合（tight coupling）の状態である．また，ℓ が2以上の Θ_ℓ の時間微分の式からは，$\Theta_\ell = 0$（$\ell \geqq 2$）という解が得られる．光子と電子の結合が強いために，高次のモーメントは指数関数的に減衰するのである．

続いて展開の1次を計算する．当然その効果は0次からのずれと表されるはずなので，$v_b = \Theta_1 + t_T f$ と展開してみることにする．f は，ここでは分布関数ではなく，任意の変数を表す．すると，

$$\frac{d\Theta_1}{d\eta} + \frac{1}{a}\frac{da}{d\eta}\Theta_1 = k\Psi - \frac{f}{R} \tag{4.33}$$

$$\frac{d\Theta_1}{d\eta} = k(\Theta_0 + \Psi) + f \tag{4.34}$$

を得る．前者は，ボルツマン方程式（4.30）から，後者はバリオンのオイラー方程式（4.31）から得られるのは言うまでもない．上記2式から f を消去して，

$$\frac{d\Theta_1}{d\eta} + \frac{1}{a}\frac{da}{d\eta}\frac{R}{1+R}\Theta_1 = \frac{1}{1+R}k\Theta_0 + k\Psi \tag{4.35}$$

を得る．

この式を Θ_0 に関して書き直し，ボルツマン方程式（4.30）の Θ_0 の時間微分に代入すれば結局，

$$\frac{d^2\Theta_0}{d\eta^2} + \frac{1}{a}\frac{da}{d\eta}\frac{R}{1+R}\frac{d\Theta_0}{d\eta} + k^2 c_s^2 \Theta_0 = -\frac{d^2\Phi}{d\eta^2} - \frac{R}{1+R}\frac{1}{a}\frac{da}{d\eta}\frac{d\Phi}{d\eta} - \frac{k^2}{3}\Psi \tag{4.36}$$

を得る．ただしここで，音速 c_s^2 は

$$c_s^2 = \frac{dp_\gamma/d\eta}{d\rho_\gamma/d\eta + d\rho_b/d\eta} = \frac{c^2}{3(1+R)} \tag{4.37}$$

である．

式（4.36）は，宇宙膨張に起因する左辺第2項を除けば，左辺が単振動を表していることは明らかである．またその振動数は音速 c_s で規定される．これは，先に述べたように，光子・電子・バリオン混合流体に，音波モードのゆらぎが生じていることに他ならない．再結合期までは，宇宙には音が満ちあふれていたのである．

次に，実際にこの方程式の解を求めてみる．まず，右辺を0とした場合，すなわち斉次解は，

$$\theta_0^a = (1+R)^{-1/4}\cos{(kd_s^c)} \tag{4.38}$$

$$\theta_0^b = (1+R)^{-1/4}\sin{(kd_s^c)} \tag{4.39}$$

の二つの重ね合わせ $\bar{\Theta}_0 = A\theta_0^a + B\theta_0^b$ である．ここで $d_s^c(\eta) = \int_0^\eta c_s(\eta')d\eta'$ は式（4.12）で定義した共動座標系での音地平線であり，A, B は定数である．ただしここでは R の η に関する 2 階微分は振動のタイムスケールに比べ十分に遅いことから，無視した（この手法は WKB 近似と呼ばれている）．

式（4.36）の右辺を満足させる特解は，グリーン関数の方法を用いれば厳密に得ることができる．しかし，ここでは厳密な解を示すことはせず，まずその物理的意味を見てみよう．右辺第 1 項 $-d^2\Phi/d\eta^2$ が意味するのは，空間の伸びによる時間の遅れの効果である．第 2 項は明らかに宇宙膨張の効果であり，第 3 項 $-k^2\Psi/3$ は重力ポテンシャルへの落ち込みによる青方偏移の効果である．

次に，簡単な仮定を置いて一般解を求めてみることにする．物質優勢の宇宙では，宇宙項が膨張に影響を及ぼすまでは Ψ, Φ ともに時間進化しない．そこで両者の η 微分を 0 とおいて，また簡単のために R も時間進化しないとする．すると斉次解 θ_0^a, θ_0^b の $(1+R)^{-1/4}$ を落としてよいことになる．また，右辺は第 3 項だけ考えればよく，これもまた η によらないことになる．

結局，解くべき方程式は重力場中の単振動となり，特解はたちどころに $\Theta_0 = -k^2\Psi/3(k^2c_s^2) = -(1+R)\Psi$ と求まる．これに斉次解を加え，初期条件を考慮すれば，

$$\Theta_0(\eta) = [\Theta_0(0) + (1+R)\Psi]\cos{(kd_s^c)} + \frac{1}{kc_s}\frac{d\Theta_0}{d\eta}(0)\sin{(kd_s^c)} - (1+R)\Psi \tag{4.40}$$

が一般解である．

続いて，初期条件について見ていくことにする．密度ゆらぎは「断熱ゆらぎ」と「等曲率（あるいは非断熱）ゆらぎ」に分類でき，一般の密度ゆらぎの解はそれら二種類のゆらぎの重ね合わせで書けることが知られている．実は，それらはこの一般解の cos と sin にそれぞれ対応する．

断熱ゆらぎとは，曲率のゆらぎを起源として生成されるもので，インフレー

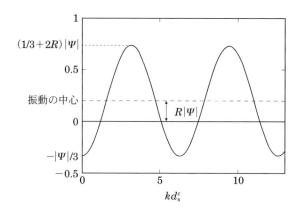

図 **4.2** 音波モードの振動.

ションによって生成されるゆらぎは多くがこちらになる．$\Psi(0) \neq 0$ であり，ボルツマン方程式の長波長極限から，物質優勢を仮定すれば $\Theta_0(0) = -2\Psi(0)/3$，放射優勢を仮定すれば $\Theta_0(0) = -\Psi(0)/2$ という関係が得られる．また，断熱ゆらぎでは $d\Theta_0/d\eta$ の初期値は 0 になる．結局，断熱ゆらぎでは

$$\Theta_0(\eta) = (1/3 + R)\Psi\cos(kd_s^c) - (1 + R)\Psi \tag{4.41}$$

が解である．

さて，温度ゆらぎは観測的には，再結合期でのゆらぎが，そこでの重力ポテンシャルの分だけ重力赤方偏移を受けたものを現在は測定することになる．つまり，$\Theta + \Psi$ が観測量ということになる．そこで $\Theta + \Psi$ を kd_s^c の関数として表すと，

$$\Theta_0(\eta) + \Psi = -\left(\frac{1}{3} + R\right)|\Psi|\cos(kd_s^c) + R|\Psi| \tag{4.42}$$

となる．ただし，ポテンシャルゆらぎ Ψ は，物質が集中していて密度ゆらぎの値が正であれば負になることから，ここでは負の値を取る外場として扱っている．これが観測される温度ゆらぎであり，その振動の中心の値は $R|\Psi|$ で，$kd_s^c = 0$ での値が $-|\Psi|/3$，振幅 $(1/3 + R)|\Psi|$ であることが分かる．図 4.2 を参照されたい．

このように温度ゆらぎは kd_s^c の関数として表すことができる．一方，我々が観測するのは再結合期での温度ゆらぎの値である．結局，再結合期での温度ゆ

らぎを波数 k の関数として表したことになる．温度ゆらぎのパワースペクトル（の平方根）である．長波長での極限では，温度ゆらぎは $-|\Psi|/3$ という値をとる．これが先に述べたザックス–ヴォルフェ効果である．まさに重力による赤方偏移を表していることが分かるであろう．

より大きな波数では，音波モードによる振動が見られる．その振動は，温度ゆらぎのピークが $k_m = m\pi/d_s^c$ に現れる．波数の小さい，すなわちサイズの大きなゆらぎから順に $m = 1, 2, 3, \cdots$ と増加していく．特徴的なことは，m の値が奇数ならば，ピークの高さ（絶対値）が $(1/3 + 2R)|\Psi|$ で，m の値が偶数ならば $(1/3)|\Psi|$ となることである．$R \propto \Omega_b h^2$ を思い出せば，バリオンの量を増加することで奇数番目のピークだけが高くなり，偶数番目はその高さを変えないことが分かる．

等曲率ゆらぎの初期条件では，$\Psi(0) = 0$ である．温度ゆらぎは，エントロピーゆらぎと呼ばれる $S \equiv \delta(n_m/n_r)$ で定義される物質と放射成分の数密度の比のゆらぎによって生成される．物質は，バリオンであってもダークマターであってもよく，また放射については光子でもニュートリノでもかまわない．

等曲率ゆらぎの初期条件に特徴的なことは，初期宇宙では放射優勢であり，放射のごくわずかな密度ゆらぎを物質の莫大な密度ゆらぎで打ち消すことで曲率を 0 にするということである．つまり，光子のゆらぎが物質のゆらぎにくらべてほとんど存在しない初期条件から，光子のゆらぎを作りだすことができる．このことは，解が $\sin$ のモードであることに対応している．

また観測的にも，$\sin$ と $\cos$ の位相の違いが，温度ゆらぎの特徴的なサイズに現れる．断熱ゆらぎの場合はピークが $k_m = m\pi/d_s^c$ であったが，等曲率ゆらぎであれば $k_m = (m - 1/2)\pi/d_s^c$ となる．ピークの位置からどちらの初期条件であったのかが判定できるのである．後述の WMAP や Planck 衛星の観測結果によれば，等曲率ゆらぎは発見されておらず，上限値のみが決まっている．

さて，以上見てきたように，強結合のパラメータ t_T の展開の 1 次からは，音波モードの振動が得られることが分かった．同様に t_T の展開の 2 次からは，拡散によるダンピング，すなわち先に述べたシルクダンピングが得られるが，ここでは詳細には立ち入らないことにする．

4.1.5 温度ゆらぎのパワースペクトル

温度ゆらぎは，全天の電波の強度分布の差として観測的には求められる．3章で取り上げている密度ゆらぎとの違いは，この場合には奥行きの情報がほとんどなく，奥行き方向については積分した量である，ということである．ゆらぎの性質として，ランダムかつガウス分布であると仮定すれば，統計的な性質は，2次元角度パワースペクトルによって表される．または，数学的には同値である角度相関関数と置き換えてもよい．

温度ゆらぎの空間分布を $\Theta(\boldsymbol{x})$ としよう．この温度ゆらぎを，球面調和関数 $Y_{\ell m}$ で次のように展開する．

$$\Theta(\boldsymbol{x}) = \frac{1}{T} \sum_{\ell=1}^{\infty} \sum_{m=-\ell}^{\ell} a_{\ell m}(\boldsymbol{x}) Y_{\ell m}(\theta, \phi). \tag{4.43}$$

ここで $a_{\ell m}$ は温度ゆらぎの振幅を表し温度（ケルビン）の単位を持つように定義する．そのアンサンブル平均は 0 であり，2 乗（アンサンブル）平均を C_ℓ と呼ぶ．すなわち，

$$\langle a_{\ell m} \rangle = 0 \tag{4.44}$$

$$\langle a_{\ell m} a_{\ell' m'}^* \rangle = \delta_{\ell \ell'} \delta_{m m'} C_\ell \tag{4.45}$$

となる．この C_ℓ が，温度ゆらぎの 2 次元角度パワースペクトルであり，温度の 2 乗の単位を持つように定義する．ここで，ℓ は観測の見込む角度とは逆数の関係にあり，双極子モーメント $\ell = 1$ が $180°$ に対応することから，$\ell \simeq 180$ $[1°/\theta]$ である．

この C_ℓ を用いて，温度ゆらぎの 2 乗平均を表すと

$$\begin{aligned}
\langle |\Theta|^2 \rangle &= \frac{1}{T^2} \sum_\ell \sum_{\ell'} \sum_m \sum_{m'} \langle a_{\ell m} a_{\ell' m'}^* \rangle \\
&\quad \times \int \sin\theta d\theta \int d\phi Y_{\ell m}(\theta, \phi) Y_{\ell', m'}^*(\theta, \phi) \\
&= \sum_{\ell=1}^{\infty} \frac{2\ell+1}{4\pi T^2} C_\ell
\end{aligned} \tag{4.46}$$

である．ちなみに，これまでのフーリエ空間での Θ_ℓ との関係は，

$$\frac{2\ell+1}{4\pi T^2} C_\ell = \frac{V}{2\pi^2} \int dk k^2 |\Theta_\ell|^2 / (2\ell+1) \tag{4.47}$$

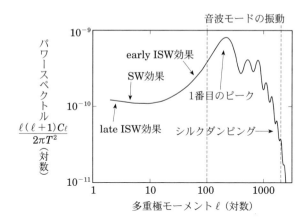

図 4.3 2次元角度パワースペクトル C_ℓ. 冷たいダークマターモデルで,$\Omega_\mathrm{m} = 0.3, \Omega_\Lambda = 0.7, \Omega_\mathrm{b} = 0.04, h = 0.7$ の標準的な値を採用した.縦軸は $\dfrac{\ell(\ell+1)C_\ell}{2\pi T^2}$ を示し,単位は無次元である.

である.右辺,積分の前の係数 $V/2\pi^2$ は,フーリエ変換の定義やアンサンブル平均の係数などによって変わることに注意されたい.

現在の標準的宇宙論モデルである,宇宙項が支配的である冷たいダークマターモデルの場合について,ボルツマン方程式を数値的に解き,C_ℓ を求めた結果が図 4.3 である.この図に現れている特徴について,以下で解説する.

まず,多重極モーメント ℓ が小さいところ,すなわち大きな角度のところでは,$\ell(\ell+1)C_\ell$ はほとんど平らである.これは,SW 効果と,ISW 効果の重ね合わせでこのようになる.SW 効果そのものは,初期密度ゆらぎのパワースペクトルの形に依存して変わる.ここではゆらぎの地平線を横切る際の振幅が一定であるいわゆるスケールフリータイプ(ハリソン–ゼルドビッチ(Harrison-Zel'dovich)タイプとも呼ばれる)のゆらぎを考えている.スケールフリーのゆらぎでは,大きなスケールでは重力ポテンシャルの振幅が波長によらず同じである.その結果,重力ポテンシャルによって引き起こされる温度ゆらぎである SW 効果も ℓ によらず一定の値になるのである.

一方,ISW 効果は,先に述べたように宇宙項が宇宙膨張に影響を及ぼすようになってから重要になる.ほとんど現在の近くなので,その時期の宇宙の地平線

は ℓ が非常に小さいところに対応する．図 4.3 に見られる $\ell = 2$ でのわずかな持ち上がりは ISW 効果によるものである．

もっとも特徴的なのは，$\ell \sim 100$–2000 までに見られる振動であろう．これが，音波モードの振動である．一番小さな ℓ に見られる振動が，ちょうど再結合期の音地平線に対応する大きさである．その先の ℓ に次々現れる振動は，倍音成分である．実際に，音地平線の見込む角度の表式（4.14）を用いれば，音地平線に対応する ℓ は $\ell_s = 180\,(1^\circ/\theta_s) \simeq 220$ となる．図の最初の振動のピークでの ℓ に一致していることが見て取れよう．

しかし，この振動もどこまでも続いているわけではなく，C_ℓ は，$\ell \sim 2000$ で，その大きさを著しく減じている．これはシルクダンピングによるものである．この ℓ についても式（4.17）を用いれば，$\ell_d = 180\,(1^\circ/\theta_d) \simeq 1700$ となる．たしかに図のダンピングの場所と一致している．

4.1.6 温度ゆらぎの宇宙論パラメータ依存性

4.1.5 節で見てきた温度ゆらぎのパワースペクトルは，宇宙論パラメータに依存してその形を変える．以下では，その依存性を見ていくことにする．

まずバリオンの密度である．ここで密度パラメータは Ω_b で表されるが，バリオン密度 ρ_b そのものは $\Omega_b h^2$ に比例することに注意する必要がある．これまで見てきたように，バリオンの密度が，再結合期の音速 c_s や音地平線 d_s^c を決定する．$\Omega_b h^2$ が大きければ，音速が小さくなるからである．音速は，音地平線の大きさ，すなわち音波モードの振動の波長を決めるだけではなく，振動の振幅も決定する．音速が小さければ，重力に抗する圧力が弱いために，振幅が大きくなるのである．結果として，$\Omega_b h^2$ が大きければ，より振幅が大きくなる．実際に，音波モードの振動の解（4.42）から振幅が R に依存することが見て取れる．ただし，そこでも述べたように，$\Omega_b h^2$ が増加すると奇数番目のピークは高くなるが，偶数番目はあまり変わりがないはずである．

実際の数値計算結果が図 4.4 に示してある．たしかに奇数番目（1 番目と 3 番目）は $\Omega_b h^2$ が増加すると高くなっているのが分かる．一方 2 番目のピークは明確な依存性を示していない．

さらに，シルクダンピング（拡散）のスケールも式（4.15）に見るように，

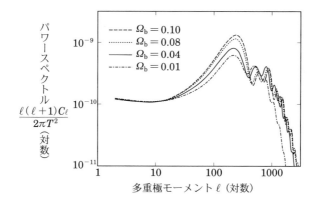

図 4.4 C_ℓ の $\Omega_b h^2$ 依存性. $\Omega_b = 0.01, 0.04, 0.08, 0.10$ の場合についてプロットしてある（$h = 0.7$ に固定）. 他のパラメータは図 4.3 と同じ. 1 番目のピークは, $\Omega_b h^2$ が大きいものほど高くなっているが, 2 番目には明白な依存性が見あたらない. また, Ω_b が小さい方がシルクダンピングの場所がより小さな ℓ, つまり大きなスケールになることが分かる.

$(\Omega_b h^2)^{-1/2}$ に比例していた. バリオンの密度が高いと, 拡散長が短くなり, 対応する空の見込む角度が小さくなる. 実際に図 4.4 を見ると, $\ell \sim 2000$ でのカットオフ（パワースペクトルの急激な減衰）が, $\Omega_b h^2$ を大きくすると, より小さなスケール（大きな ℓ）に移行するのが見て取れる.

次に物質の密度である. 物質の密度 ρ_m は $\Omega_m h^2$ に比例する. この値が変わると, 宇宙初期の放射優勢期から, その後の物質優勢期へと転換する時期が変わることになる. この転換時期を等密度期（または, equality 期）と呼び, 赤方偏移を z_{eq} で表すこととする. すると,

$$\rho_m(z_{eq}) = \rho_m(0)(1+z_{eq})^3 = \rho_{cr,0}\Omega_m h^2 (1+z_{eq})^3 = \rho_\gamma(z_{eq})$$
$$= \rho_\gamma(0)(1+z_{eq})^4 = \rho_{cr,0}\Omega_r h^2 (1+z_{eq})^4 \quad (4.48)$$

であることから, $1+z_{eq} = \Omega_m/\Omega_r = 24000\Omega_m h^2$ となる. ただしここで Ω_r は放射の密度パラメータで, ニュートリノの寄与を考慮すると光子の密度パラメータ $\Omega_\gamma = 2.47 h^{-2} \times 10^{-5}$ の約 1.69 倍である.

この表式から明らかなように, $\Omega_m h^2$ が小さいと, 物質の量が放射に比べて少

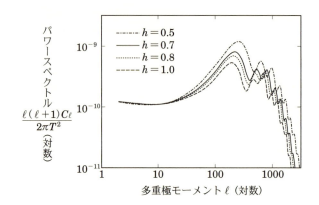

図 4.5 C_ℓ の $\Omega_\mathrm{m} h^2$ 依存性. $\Omega_\mathrm{b} h^2 = 0.02$ は固定したまま, $h = 0.5, 0.7, 0.8, 0.10$ の場合についてプロットしてある. 他のパラメータは図 4.3 と同じ. 1 番目のピークは, $\Omega_\mathrm{m} h^2$ が小さいものほど高くなっている.

なくなるために, 等密度期がより遅くなる (z が小さい時期にずれる) のである. 標準的な宇宙論モデルでの値, $\Omega = 0.3, h = 0.7$ を代入すると, $z_\mathrm{eq} = 3500$ である. これは, 再結合の時期 $z = 1100$ にかなり近い. 再結合期にはまだ, 放射の影響が残っていて, 結果として重力ポテンシャルが崩壊し, early ISW 効果が生じることとなる. 逆に, もし $\Omega_\mathrm{m} h^2$ がもっと大きな値であれば, この効果は効かなくなる.

結果として, 再結合期の地平線程度のスケール, $l \sim 100$ 付近で, $\Omega_\mathrm{m} h^2$ が小さいとより C_ℓ の値が大きいことになる. また, early ISW 効果以外にも, 重力ポテンシャルが崩壊することで, 音波モードの振動をあたかも強制振動させるような効果も生じる. 式 (4.36) の右辺第 1 項 $-d^2 \Phi / d\eta^2$ がそれである. 音波の振動数と, ポテンシャルの崩壊の時間スケールがいずれもほぼその時期の宇宙年齢に近いために起きる現象である. これも結果として C_ℓ の振幅を最初のピーク付近 $\ell \sim 200$ で大きくさせる. $\Omega_\mathrm{m} h^2$ が小さいと, C_ℓ は最初のピーク付近で大きくなるのである.

図 4.5 が $\Omega_\mathrm{m} h^2$ 依存性を数値的に調べたものである. 空間の曲率や宇宙項の量を変えないようにするために, ここでは h を動かしている. また, $\Omega_\mathrm{b} h^2$ も変えないようにするために, Ω_b は h に応じて変化させている. 図から分かること

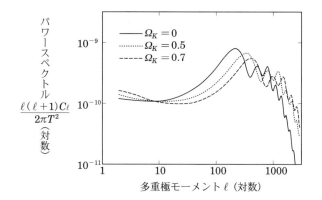

図 4.6 C_ℓ の空間曲率依存性. $\Omega_K \equiv 1 - \Omega_\Lambda - \Omega_m$ の値が $0, 0.5, 0.7$ の場合についてプロットしてある. それに応じて Ω_Λ の値も変えている. 他のパラメータは図 4.3 と同じ. Ω_K が大きいと, 空間がより大きな負曲率を持つ. そのため, Ω_K を大きくしていくと C_ℓ が全体に右, すなわち小さいスケールへと移動していく.

は, $\Omega_m h^2$ が小さいと, 最初のピークに向けて $\ell \sim 100$ あたりにすでにかなりのゆらぎが存在している. しかし, $\Omega_m h^2$ を大きくしていくと, この成分が消え, 最初のピーク自身も下がっていくことが見て取れる. early ISW 効果やポテンシャルの崩壊の寄与が少なくなっていくからである.

空間曲率は, 温度ゆらぎの生成過程には直接の影響をほとんど及ぼさない. 宇宙項と同じように, 現在の近くになって曲率の寄与が膨張則に影響を及ぼす結果としてわずかに ISW 効果を生じること, そして空間の曲がりが地平線スケールで直接見えるために, インフレーションで生み出されるゆらぎに曲率のサイズに応じて影響が現れることぐらいである. 空間の曲率が正で, 閉じたトポロジーであれば, そのサイズを超えたゆらぎはもちろん存在しないことになる. 負の場合にも, 曲率に応じたカットオフが生じる可能性が指摘されている.

空間の曲率は温度ゆらぎの生成過程には影響しないが, 一方で, 温度ゆらぎの空間パターンの見かけを大きく変える働きをする. 再結合期の温度ゆらぎのパターンを, 現在の観測者が見るときに空間がレンズの役割を果たすことで, パターンの拡大 (曲率正), 縮小 (曲率負) を生じるのである. C_ℓ はその結果として, 空間の曲率が正であれば全体に左に, 負であれば右にずれることになる. 図

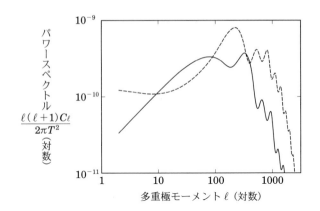

図 4.7 初期条件が等曲率ゆらぎの場合（実線）と断熱ゆらぎの場合（破線）の比較．宇宙論パラメータは図 4.3 と同じ．ただし，等曲率ゆらぎの場合には初期密度ゆらぎの傾きをハリソン–ゼルドビッチから k^1 分だけ傾けてある．等曲率ゆらぎの場合には，音波モードの振動の位相が断熱ゆらぎと $\pi/2$ 異なるために，ピークの位置がずれることが分かる．

4.6 を参照されたい．

これと似た効果が等曲率ゆらぎを考えた場合に生じる．通常の断熱ゆらぎと $\pi/2$ だけ位相がずれているために，ピークの位置が左にずれる．しかし，等曲率ゆらぎの場合には，初期条件の違いから SW 効果が断熱ゆらぎに比べ 6 倍大きくなるために，実際にはほとんどピークが見えなくなる．図 4.7 は，ピークを際だたせるために，初期ゆらぎの指数をスケールフリー（ハリソン–ゼルドビッチ）から大きくずれた値に取っているが，それでも 2 番目のピーク以降の形もずいぶんと断熱ゆらぎの場合と異なっていることが分かるだろう．

C_ℓ はこれ以外にも，初期の星形成に伴う銀河間ガスの再電離過程の影響も受ける．時刻 t_* に起きた再電離によってガスが電離されるとトムソン散乱に対する光学的な厚み $\tau_e(t_*) \equiv \int_{t_*}^{t_0} n_e \sigma_T \, dt$ が生じる．再結合期の温度ゆらぎは，散乱によって $\exp(-\tau_e)$ だけ減衰することになる．C_ℓ は 2 乗温度ゆらぎなので，$\exp(-2\tau_e)$ だけ全体が小さくなることになる．ただし，この減衰は，再電離期の地平線を越えては及ばない．そのため，図 4.8 に見るように，τ_e を変えると，ℓ が大きい部分だけ一様に下がっていくのである．

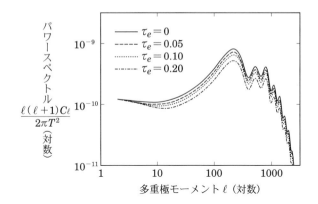

図 4.8 宇宙の再電離の影響を見るために，トムソン散乱の光学的厚み τ_e を $0, 0.05, 0.1, 0.2$ と変化させた．再電離の影響をもっとも受けていない $\ell = 2$ で規格化してある．宇宙論パラメータは図 4.3 と同じ．

この再電離と非常によく似た依存性を示すのが初期パワースペクトル指数 n である．スケールフリー（ハリソン–ゼルドビッチ）の場合の $n = 1$ からずらせば，全体が傾くのである．たとえば，n を 1 より小さく取れば，一番左側（$\ell = 2$）の部分を固定して，全体が値を減じて下に下がる．ちょうど時計回りに少しだけ回したような変化をするのである．これは ℓ が小さいところを除けば，τ_e を変えた場合とほとんど同じ効果を与える．

この他，たとえば，第 4 世代のニュートリノなどの今のところ知られていない質量 0 の粒子を加えることでも C_ℓ の形は変わる．このとき，放射の量が増加することから，$\Omega_\mathrm{m} h^2$ を減少させるのと同じような働きをすることになる．つまり質量 0 の粒子を加えれば，最初のピークの周辺が高くなるのである．

以上見てきたように，温度ゆらぎの角度パワースペクトル C_ℓ は，さまざまな宇宙論パラメータに強く依存してその形を変える．つまり，詳細な温度ゆらぎの測定を空の広い範囲で行えば，宇宙論パラメータを決定できるのである．

4.2 偏光

電磁波である宇宙マイクロ波背景放射には，偏光（偏波）が生じる．一般に電磁波が反射したり，複屈折性の結晶を透過したときなどに偏光する．宇宙マイク

208 第 4 章 宇宙マイクロ波背景放射の温度ゆらぎ

ロ波背景放射は，電子とのトムソン散乱の際に，偏光するのである．偏光は，散乱の情報を伝えるために，宇宙の熱史の重要な指標となると期待される．

4.2.1 偏光の原理

単色の電磁波が等方的な平面波であり $\boldsymbol{k}$ 方向（これを z 方向とする）に伝播する場合には，電場ベクトルは

$$\boldsymbol{E}(\boldsymbol{x},t) = \left(\boldsymbol{\varepsilon}_1 E_1 + \boldsymbol{\varepsilon}_2 E_2\right) e^{i(\boldsymbol{k}\cdot\boldsymbol{x}-\omega t)} \tag{4.49}$$

と表され，$\boldsymbol{k} = (0,0,k)$ である．ここで $\boldsymbol{\varepsilon}_1$, $\boldsymbol{\varepsilon}_2$ はおのおの x, y 方向の単位ベクトルである．また一般に E_1, E_2 は複素数であり，$E_1 = a_1\exp(i\delta_1)$, $E_2 = a_2\exp(i\delta_2)$ のように振幅部分と位相部分に分けて表すことができる．

もし E_1, E_2 が同じ位相（$\delta_1 = \delta_2$）であれば，直線偏光になる．このとき偏光ベクトルの方向は $\boldsymbol{\varepsilon}_1$ から角度 $\theta = \tan^{-1}(E_2/E_1)$ だけ回った方向，振幅は $E = \sqrt{E_1^2 + E_2^2}$ である．

一方，E_1 と E_2 が異なった位相であれば，一般に楕円偏光になる．円偏光はその特別の場合である．これは E_1 と E_2 が同じ振幅で 90 度ずれているときで，その振幅を E_0 とすれば，

$$\boldsymbol{E}(\boldsymbol{x},t) = E_0 \left(\boldsymbol{\varepsilon}_1 \pm i\boldsymbol{\varepsilon}_2\right) e^{i(\boldsymbol{k}\cdot\boldsymbol{x}-\omega t)} \tag{4.50}$$

である．以下では簡単のため，この円偏光を考えることにする．

ここで $\boldsymbol{\varepsilon}_1$, $\boldsymbol{\varepsilon}_2$ が x, y 方向の単位ベクトルであったこと，また平面波はそれに直交する z 方向に伝播することから，$\boldsymbol{E}$ ベクトルの実部分の x, y 方向は

$$E_x(\boldsymbol{x},t) = E_0\cos\left(kz - \omega t\right) \tag{4.51}$$

$$E_y(\boldsymbol{x},t) = \mp E_0\sin\left(kz - \omega t\right) \tag{4.52}$$

であり，時間とともに，振幅 E_0 で回転することが分かるであろう．回転の方向は $\boldsymbol{\varepsilon}_1 + i\boldsymbol{\varepsilon}_2$ の場合には反時計回りであり，左（まわり）円偏光，$\boldsymbol{\varepsilon}_1 - i\boldsymbol{\varepsilon}_2$ の場合には，時計回りなので右（まわり）円偏光と呼ぶ．また前者を正のヘリシティ（helicity），後者を負のヘリシティとも呼ぶ．

この回転の状態を表すには，$\boldsymbol{\varepsilon}_1$, $\boldsymbol{\varepsilon}_2$ よりもむしろその線形結合で表される $\boldsymbol{\varepsilon}_\pm \equiv (\boldsymbol{\varepsilon}_1 + i\boldsymbol{\varepsilon}_2)/\sqrt{2}$ という複素数の基底を用いる方が簡単である．円偏光の場

合に限らず，一般にこの基底を用いて，電場ベクトルは

$$\boldsymbol{E}(\boldsymbol{x}, t) = (\boldsymbol{\varepsilon}_+ E_+ + \boldsymbol{\varepsilon}_- E_-) \, e^{i(\boldsymbol{k} \cdot \boldsymbol{x} - \omega t)} \tag{4.53}$$

と表すことができる．もちろんここで E_+ と E_- はこの基底での電場ベクトルのおのおのの成分である．もし E_+ と E_- が振幅は異なるが，位相が同じであれば，今度は，主軸が $\boldsymbol{\varepsilon}_1$ と $\boldsymbol{\varepsilon}_2$ の楕円偏光であり，$E_-/E_+ \equiv r$ としたときに，その軸比は，$|(1+r)/(1-r)|$ である．E_+ と E_- の位相が異なっていれば，その差の半分が，楕円の x 軸からの回転角に相当する．

　結局，それぞれの基底 $\boldsymbol{\varepsilon}_1$, $\boldsymbol{\varepsilon}_2$, $\boldsymbol{\varepsilon}_+$, $\boldsymbol{\varepsilon}_-$ に対する電場の振幅が偏光状態を表すことになる．すなわち，$\boldsymbol{\varepsilon}_1 \cdot \boldsymbol{E}$ は x 方向の直線偏光の振幅，$\boldsymbol{\varepsilon_2} \cdot \boldsymbol{E}$ は y 方向の直線偏光の振幅，$\boldsymbol{\varepsilon}_+^* \cdot \boldsymbol{E}$ は正のヘリシティの楕円偏光の振幅，$\boldsymbol{\varepsilon}_-^* \cdot \boldsymbol{E}$ は負のヘリシティの楕円偏光の振幅を表す．

　そこで，ストークスパラメータという量を

$$I \equiv |\boldsymbol{\varepsilon}_1 \cdot \boldsymbol{E}|^2 + |\boldsymbol{\varepsilon}_2 \cdot \boldsymbol{E}|^2 = a_1^2 + a_2^2 \tag{4.54}$$

$$Q \equiv |\boldsymbol{\varepsilon}_1 \cdot \boldsymbol{E}|^2 - |\boldsymbol{\varepsilon}_2 \cdot \boldsymbol{E}|^2 = a_1^2 - a_2^2 \tag{4.55}$$

$$U \equiv 2\mathrm{Re}\left[(\boldsymbol{\varepsilon}_1 \cdot \boldsymbol{E})^* (\boldsymbol{\varepsilon}_2 \cdot \boldsymbol{E})\right] = 2a_1 a_2 \cos(\delta_2 - \delta_1) \tag{4.56}$$

$$V \equiv 2\mathrm{Im}\left[(\boldsymbol{\varepsilon}_1 \cdot \boldsymbol{E})^* (\boldsymbol{\varepsilon}_2 \cdot \boldsymbol{E})\right] = 2a_1 a_2 \sin(\delta_2 - \delta_1) \tag{4.57}$$

と定義する．ここで，先に述べた $E_1 = a_1 e^{i\delta_1}$, $E_2 = a_2 e^{i\delta_2}$ の分解を用いた．V については，$|\boldsymbol{\varepsilon}_+^* \cdot \boldsymbol{E}|^2 - |\boldsymbol{\varepsilon}_-^* \cdot \boldsymbol{E}|^2$ と，$\boldsymbol{\varepsilon}_\pm$ の基底を用いた定義の方がその意味が分かりやすいかもしれない．単色光の場合には，以上の定義から明らかなように，四つのストークスパラメータは独立ではなく，$I^2 = Q^2 + U^2 + V^2$ の関係がある．

　それぞれのパラメータの意味について説明する．まず I は電磁波の強度を表している．次に V についてであるが，$\boldsymbol{E}_1$ と $\boldsymbol{E}_2$ が同じ位相であれば，直線偏光であることから $V = 0$ が直線偏光であることの条件となる．すなわち V は楕円偏光の程度を表している．具体的には楕円の二つの主軸の比である．Q と U は，もとの x 軸からの楕円の傾きを表す．円偏光の場合には，$Q = U = 0$ である．

　さて，現実には完全に偏光しているような単色光は存在していない．さまざまな振幅，位相そして偏光状態の電場の重ねあわせになっているのである．その場

合でも，電場の振幅や位相の時間変動が振動数 ω より十分に遅ければ，その変動の時間間隔 Δt（$1/\omega$ よりは長い）の間は完全に偏光している単色光として取り扱ってほぼよいことになる．Δt を越えると，振幅と位相が変化し，もはや単色光と呼べなくなる．このような場合を準単色光と呼ぶ．

実際の測定において，Δt よりも十分に短い時間間隔で測定が行われるのであれば，ほぼ単色光として扱ってよい．そこではこれまでのストークスパラメータは，Δt よりも短い時間での平均の値に置き換えればよい．ただし，平均を取るためにパラメータ間の関係が $I^2 \geqq Q^2 + U^2 + V^2$ と不等号に置き換えられることになる．実際に，完全に偏光を失った状態として $Q = U = V = 0$ になることも考えられる．また，偏光の程度を表す量として

$$\Pi \equiv \frac{\sqrt{Q^2 + U^2 + V^2}}{I} \tag{4.58}$$

を定義することができる．

4.2.2 トムソン散乱による偏光

宇宙マイクロ波背景放射は，再結合期までは電子と繰り返しトムソン散乱を行っていた．また，初期の星形成の結果として，銀河間ガスが再イオン化すれば，そこを通過する放射は再び電子とトムソン散乱を行う．このトムソン散乱が，宇宙マイクロ波背景放射に偏光を生じさせる．

トムソン散乱は，散乱された光子と同じ方向の電場成分を完全に消し去り，散乱に対して直交する成分だけを残す．そのため，非常に効率よく直線偏光を作り出す．たとえば，原点にいる電子に対して x 軸の正方向から光子がやってきて z 軸方向に散乱したとしよう．入射してきた光子は y 方向と z 方向の電場を持っていたとしても，散乱の結果 y 方向の電場だけが残ることになる．直線偏光である（図 4.9）．

しかし，現実はこれほど簡単ではない．電子からみて，宇宙マイクロ波背景放射（図 4.9）の強度はほぼ等方である．もし x 軸正の方向からやってきた光子が y 方向に直線偏光したとしても，y 軸正の方向からやってくる光子は x 方向に直線偏光する．両者の強度が等しければ，結局偏光は打ち消し合うことになる．

しかし，宇宙マイクロ波背景放射はこれまで見てきたように，その強度分布は

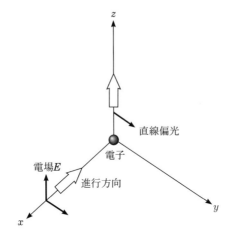

図 4.9 トムソン散乱による直線偏光．x 軸正方向から原点に向けて進行してきた電磁波が原点にいる電子に散乱され，z 軸正方向へとその進路を変える．散乱後は電場は y 方向の電場だけが残り，直線偏光となる．

わずかであるがゆらいでいる．x 方向から飛来する光子と，y 方向からの光子の強度がもしこのゆらぎのために異なっていれば，その差が偏光を生むこととなる．そのために必要なのが，電子から見た温度ゆらぎの 4 重極子モーメント（$\ell=2$）である．双極子モーメントでは，x の正の方向から飛来する光子と負の方向から飛来する光子の強度の違いを生み出すだけなので，偏光は生み出せない．4 重極子モーメントこそ偏光を生む源なのである．

トムソン散乱では直線偏光が生じるために，偏光を記述するパラメータは Q と U である．4.2.1 節で見たように，電場のトムソン散乱から Q や U を定義することができる．偏光の強度を $\Theta_P \equiv \sqrt{Q^2+U^2}$ で定義すれば，この Θ_P に対してボルツマン方程式をたてることができる．ここではその詳細は記さないが，Θ_P を多重極展開すると，$\ell=0$ と $\ell=2$ に温度ゆらぎの 4 重極子 Θ_2 がソース項として現れる．

偏光の存在は温度ゆらぎ Θ の発展にも影響し，Θ に対するボルツマン方程式（4.30）の $\ell=2$ の右辺に，偏光の温度ゆらぎに対する反作用として Θ_P が現れることになる．偏光によって光子流体の粘性（非等方ストレス）が増加し，シルクダンピングが若干強められる．

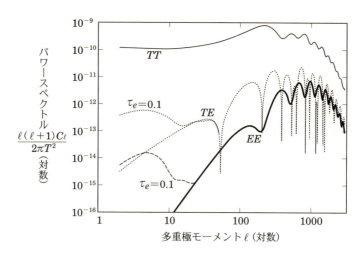

図 4.10 偏光の角度パワースペクトル．宇宙論パラメータは図 4.3 と同じ．太い実線が E モードのパワースペクトル C_ℓ^{EE}．細い実線は温度パワースペクトルを参考のために記してある．また，破線は宇宙再電離を考慮した場合で，トムソン散乱の光学的厚み $\tau_e = 0.1$ の場合．$\ell \sim 5$ に新たなピークが再電離時の散乱によって生成されているのが見て取れる．さらに，点線は温度と偏光の相関の絶対値 $|C_\ell^{TE}|$ で，$\tau_e = 0.1$ の場合については，C_ℓ^{EE} と同様，$\ell \sim 5$ にピークが生じる．縦軸は $\frac{\ell(\ell+1)C_\ell}{2\pi T^2}$ を示し，単位は無次元である．

数値的に得た偏光の角度パワースペクトルが図 4.10 である．偏光は再結合期に生み出されるために，当時の地平線の内側，ℓ が数百のところにピークが存在している．（たとえば初期の星形成からの紫外線放射による）宇宙の再電離過程を考慮にいれると，$\ell \sim 10$ よりも小さいところに新たに偏光が生じることが分かる．この計算では，$z \sim 10$ に起きたと仮定している再電離過程での地平線の大きさに対応して新しいピークが生じるのである．偏光は，宇宙の再電離過程を調べる非常によい道具であることが分かるであろう．実際に，この後見るように WMAP や Planck 衛星は偏光を詳細に測定することで，再電離の時期をはじき出すことに成功した．

偏光について，もう一つ述べておかなければならない重要な性質がある．それは E モードと B モードである．偏光の強度変化が，つねに偏光の方向に沿っ

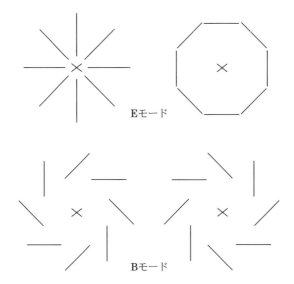

図 4.11 偏光の E モードと B モード．ストークスパラメータ Q や U と異なり，両方とも回転対称性はあるが，パリティ変換に対して E モードは不変であり，B モードは不変ではない．

ているか，または直交している場合を E モードと呼ぶ．これは発散に対応するモードである．一方，B モードは回転に対応するモードである．図 4.11 を参照されたい．

これまでの Q や U は座標系の取り方に依存する量だった．実際に座標系を 45 度ずつ回転させるたびに，$Q \to U \to -Q \to -U \to Q$ と変換していく．その変換は，回転角を Ψ とすると

$$Q' = Q\cos 2\Psi + U\sin 2\Psi \tag{4.59}$$

$$U' = -Q\sin 2\Psi + U\cos 2\Psi \tag{4.60}$$

である．このように座標系に依存する観測量は，実際の観測値として用いるのにはあまり適さない．ところが図 4.11 のように E モード，B モードを定義すれば，これらは回転に対する対称性を持った量である．そのため，観測データの解析には，Q と U の代わりに，E モードと B モードを用いる．

E モード，B モードと全天の Q, U との関係は，球面調和関数を用いた展開

で定義される．しかし数式が煩雑になるので，ここでは空の限られた天域を平面とみなし，Q と U を 2 次元フーリエ変換することで E モードと B モードを定義する．すると

$$E(\boldsymbol{\ell}) = \int d^2\boldsymbol{\theta}\, [Q(\boldsymbol{\theta})\cos(2\phi_\ell) + U(\boldsymbol{\theta})\sin(2\phi_\ell)]\, e^{-i\boldsymbol{\ell}\cdot\boldsymbol{\theta}} \tag{4.61}$$

$$B(\boldsymbol{\ell}) = \int d^2\boldsymbol{\theta}\, [U(\boldsymbol{\theta})\cos(2\phi_\ell) - Q(\boldsymbol{\theta})\sin(2\phi_\ell)]\, e^{-i\boldsymbol{\ell}\cdot\boldsymbol{\theta}} \tag{4.62}$$

である．ここで，電磁波の進行方向に直交する平面を $\boldsymbol{\varepsilon_1}$ と $\boldsymbol{\varepsilon_2}$ の代わりに 2 次元角度ベクトル $\boldsymbol{\theta}$ で表した．ϕ_ℓ は，x 軸と 2 次元フーリエ波数ベクトル $\boldsymbol{\ell}$ とがなす角度である．すると，座標系を角度 Ψ だけ回転したときに生じる Q と U の変化（式（4.59）と（4.60））は ϕ_ℓ の変化 $\phi_\ell \to \phi_\ell - \Psi$ と相殺して，$E(\boldsymbol{\ell})$ と $B(\boldsymbol{\ell})$ は不変に保たれる．実空間では，

$$E(\boldsymbol{\theta}) = \frac{1}{(2\pi)^2} \int d^2\boldsymbol{\ell}\, e^{i\boldsymbol{\ell}\cdot\boldsymbol{\theta}} E(\boldsymbol{\ell}) \tag{4.63}$$

$$B(\boldsymbol{\theta}) = \frac{1}{(2\pi)^2} \int d^2\boldsymbol{\ell}\, e^{i\boldsymbol{\ell}\cdot\boldsymbol{\theta}} B(\boldsymbol{\ell}) \tag{4.64}$$

である．

純粋な E モード偏光（すなわち $B(\boldsymbol{\ell}) = 0$）は，

$$Q(\boldsymbol{\theta}) = \frac{1}{(2\pi)^2} \int d^2\boldsymbol{\ell}\, e^{i\boldsymbol{\ell}\cdot\boldsymbol{\theta}} P(\boldsymbol{\ell})\cos(2\phi_\ell) \tag{4.65}$$

$$U(\boldsymbol{\theta}) = \frac{1}{(2\pi)^2} \int d^2\boldsymbol{\ell}\, e^{i\boldsymbol{\ell}\cdot\boldsymbol{\theta}} P(\boldsymbol{\ell})\sin(2\phi_\ell) \tag{4.66}$$

と表すことができる．ここで $P(\boldsymbol{\ell})$ は，偏光強度 $P = \sqrt{Q^2 + U^2}$ の 2 次元フーリエ変換の係数である．これは，あらかじめ Q しか現れないように $\boldsymbol{\ell}$ の座標系を決め，その座標系に対して観測者の座標系は ϕ_ℓ だけ回転しているとすれば得られる．これを式（4.62）に代入すれば，$B(\boldsymbol{\ell}) = 0$ となることを確認できる．式（4.65）と（4.66）の $\cos(2\phi_\ell)$ と $\sin(2\phi_\ell)$ を交換すれば，純粋な B モード偏光を得られる．

先に述べたように，この E モード，B モードは座標系の取り方によらない．また図 4.11 から明らかなように，鏡像変換（パリティ変換）に対して E モードは不変であり，B モードは不変ではない．さらに，これまで考えてきた自己重力

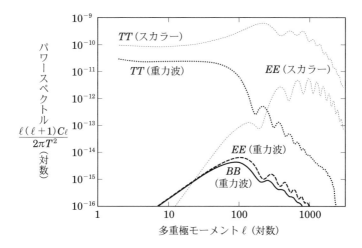

図 **4.12** 重力波モード（テンソルモード）から生成される偏光の角度パワースペクトル．E モードのパワースペクトル C_ℓ^{EE} が太い破線，B モードのパワースペクトル C_ℓ^{BB} が太い実線，温度ゆらぎのパワースペクトル C_ℓ^{TT} も太い破線でプロットしてある．参考のために，スカラーモードの C_ℓ^{TT} と C_ℓ^{EE} も細い破線で描いている．ここでは，テンソルモードの振幅はスカラーモードの 3 割にしてあり，他の宇宙論パラメータは図 4.3 と同じである．再電離は含めていない．

によって成長していく密度のゆらぎは，直接には E モードしか生み出さないことが知られている．なお非線形の効果では B モードも生成される．そこで，密度ゆらぎのようなスカラータイプでないゆらぎ，たとえば重力波がどれだけ存在しているのかについては偏光の B モードが重要な指標となるのである．図 4.12 を参照されたい．

なお偏光は温度ゆらぎの 4 重極子モーメントから生成されることから，温度ゆらぎ程度を上限として，実際には温度ゆらぎの 1/10 程度の大きさしか生成されない．一方で銀河系からのシンクロトロン放射も偏光しており，ただでさえ微弱な宇宙マイクロ波背景放射の偏光成分を測定する際のノイズとなる．そのため，これまでは測定が非常に困難であった．

しかし，4 重極子モーメントから生成されるということは一方で，温度ゆらぎと偏光の間に相関があるということも意味している．そこで，図 4.10 に見るよ

うに，E モードや B モードの角度パワースペクトル C_ℓ^{EE} や C_ℓ^{BB} だけでなく，温度ゆらぎ（T）との相関，C_ℓ^{TE} などもより強いシグナルを与える観測量として実際に用いられている．

鏡像変換に対して対称な宇宙では，異なるパリティを持つ量同士の相関，C_ℓ^{TB} と C_ℓ^{EB} はともにゼロであることを付け加えておく．

4.3 観測の成果

ペンジアスとウィルソンによる 1965 年の発見以来，宇宙マイクロ波背景放射のスペクトルおよび天球上の温度分布を詳細に測定する試みが続けられてきた．観測手法は，地上の電波望遠鏡による観測，気球やロケットによる高高度での観測，そして人工衛星による宇宙からの観測と多岐に及ぶ．

長波長側の電波は大気中の水蒸気による吸収をあまり受けないため地表まで透過してくるが，波長が約 2 mm（周波数にして約 150 GHz）より短くなると大気による吸収のため地上からの観測は困難を極める．宇宙マイクロ波背景放射のスペクトル強度が最大となるのは波長 2 mm 弱である．プランク分布で予言されるようにスペクトルが最大値を持ち，短波長に向けて強度が落ちていること（図4.1）を確認するためには，地上観測ではなく気球，ロケット，ひいては人工衛星での観測が必要であった．

とりわけ，1987 年に名古屋大学とカリフォルニア大学バークレー校の共同で行われたロケット観測により，波長 1 mm 以下でプランク分布からの大きなズレが報告されたことは大きな衝撃を与えた．はたして宇宙マイクロ波背景放射はプランク分布をしているのか？それとも短波長側でズレているのか？最終的な答えは後述の COBE 衛星の観測に委ねられた．

スペクトルの測定と同時進行する形で，温度ゆらぎを検出する試みもアメリカを中心に地上／気球／ロケットを用いて競ってなされた．地球の運動に起因するドップラー効果によって引き起こされる双極的なゆらぎ（ダイポール）は 70 年代に検出されていたが，これまで述べてきた宇宙論的な起源の温度ゆらぎに関しては（後から見ればかなり惜しいところまで行っていたが），これらの観測では限界があり，確定的な検出は COBE 衛星の観測まで待たねばならなかった．

ゆらぎの観測は長波長側での観測でも行えるとはいえ，頻繁に変動する大気の

ゆらぎの影響から地上での観測は困難であったし，気球／ロケットによる観測も大気の影響から完全に解き放たれているわけでもない．さらに，気球やロケットはどうしてもその飛行時間の制約から，測定できる空の領域が狭いものになってしまう．またやはり究極の観測は，スペースで行うものなのである．

ただし，地上観測や気球観測に伴う制約も観測技術の発展とともに解消されつつあり，近年ではこれらの観測も大きな成果を挙げており，またこれからも挙げていくであろうことを付け加えておく．

以下では，近年大きな成果を挙げた三つの衛星ミッション，COBE，WMAP，Planck について解説する．

4.3.1 COBE によって分かったこと

十数年の準備期間を経て，1989 年にアメリカ航空宇宙局（NASA）によって打ち上げられた COBE 衛星は，非常に大きな成果を挙げた．COBE 衛星は三つの検出装置（FIRAS/DMR/DIRBE）を搭載していた．

そのうち DIRBE は赤外線検出器で，宇宙マイクロ波背景放射をターゲットとしていなかった．DIRBE はより短波長側の遠赤外線（240 μm）から近赤外線（1.25 μm）を測定する装置であり，宇宙赤外線背景放射（初代の星や銀河からの光の重ね合わせと考えられている）の測定を目的として大きな成果を挙げた．

残り二つの検出器，FIRAS と DMR は宇宙マイクロ波背景放射がターゲットであり，これらの検出器による成果によって 2006 年のノーベル物理学賞を授与された．

FIRAS は，短波長側における宇宙マイクロ波背景放射のエネルギースペクトルを精密に測定する装置（分光器）であった．その成果は，すでに本章のはじめでも説明したように，スペクトルが非常に高い精度でプランク分布と一致していることを示したことである．

電波強度の天球上の空間分布，すなわち温度ゆらぎを測定したのは，DMR であった．これは角度にして 60 度離れた空の二点の電波強度分布の差，すなわち温度の差を測定することで，強度の絶対値を求めるよりはるかに高い精度で相対的な分布を得る，という装置である．この作業を全天に渡って繰り返し行うことにより，DMR は宇宙マイクロ波背景放射の温度ゆらぎの全天地図を描くことに

218 | 第 4 章 宇宙マイクロ波背景放射の温度ゆらぎ

成功した.

DMR は 31.5 GHz, 53 GHz, 90 GHz の三つの波長帯で電波強度を測定した. 宇宙背景放射の温度は波長によらないはずだから, 複数の波長を用いて波長に依存しない成分のみを抽出することにより, 波長依存性のある銀河系からのシンクロトロン放射, 制動放射, および星間塵からの放射を見積もって引き去ることが可能になった. DMR によって, 初めて全天の温度分布が 10 万分の 1 の精度で得られ, 温度ゆらぎが発見された. 1992 年のことである. COBE は信頼できる最初の温度ゆらぎの発見を成し遂げたのである.

DMR の測定した温度分布が図 4.13 である. 一番上の図は平均温度を示したものなので, どの方向でも 2.725 K となっている. この平均値を差し引くと, 双極子モーメントが見える (真中の図). この双極子モーメントの存在はすでに 70 年代には地上の観測から明らかになっていた. これは地球が宇宙マイクロ波背景放射の静止系に対して行っている固有運動に基づくドップラー効果であると考えられている.

双極子モーメントの意味を考える前に, この図の座標の取り方について簡単に説明しておこう. この図は全天の温度ゆらぎを一度に平面上に表したものである. 座標は「銀河座標」が用いられている. 図の中心が銀河中心に対応し, 東西方向 (長軸の方向) の端は我々から見て銀河中心と逆方向に対応する (つまり, 両端とも同じ点を表している). 南北方向 (短軸の方向) の端は, 北側 (上側) が銀河の北極を, 南側 (下側) が銀河の南極を, それぞれ表している.

双極子モーメントに戻ろう. COBE の得た値は 3.35 mK であり, これは固有速度にすると, 約 370 km s^{-1} に対応している. この固有速度は, 双極子モーメントの大きさに光速をかけ, 平均温度で割ることで得られる. また, 運動の方向はしし座の方向である. すなわち地球はしし座に向かって 370 km s^{-1} で運動していることになるのだが, これはさまざまな運動の重ね合わせとして捉えなければならない. まず, 地球は太陽の回りを 30 km s^{-1} で運動しているが, この効果はすでに引き去られている. したがってこの成分は 370 km s^{-1} には含まれない. しかし, 宇宙マイクロ波背景放射の静止系に対して運動している太陽の周りを, 地球が 1 年間をかけて公転運動していることを示すこの測定は, 地動説の完全な証明になっており興味深い.

図 4.13 COBE に搭載された検出器の一つ，DMR が捉えた宇宙マイクロ波背景放射の温度ゆらぎ．全天の温度ゆらぎが平面上に一度に表されており，銀河座標が用いられている．図の中心が銀河中心の方向に対応し，東西方向の端は我々から見て銀河中心と逆方向に対応する．南北方向の端は，北側が銀河の北極を，南側が銀河の南極を，それぞれ表している．上図は（DMR では測定できない）一様な 2.725 K の成分の模式図，中図は双極子成分，下図はそれらを差し引いて残った成分である（Bennett et al. 1996, ApJL, 464, 1; Legacy Archive For Microwave Background Data Analysis（LAMBDA），NASA Goddard Space Flight Center, http://lambda.gsfc.nasa.gov）．

さて，太陽系は銀河系の中心の周りを $220\,\mathrm{km\,s^{-1}}$ で運動している．この効果を引き去ることで，銀河系がどこに，どのくらいの速さで向かっているのかわかるはずである．この解析の結果，銀河系は $550\,\mathrm{km\,s^{-1}}$ の速度で運動していることがわかった．

銀河系は，局所銀河群と呼ばれる 30 個を越える大小の銀河の集団に属している．銀河系の速度から，局所銀河群の重心に対する銀河系の固有運動を差し引くと，局所銀河群の速度として，$630\,\mathrm{km\,s^{-1}}$ が求まる．その方向は，地球から見ると，うみへび座とケンタウルス座の間である．うみへび座もケンタウルス座も銀河系内の星だが，その方角にずっとベクトルを伸ばし，銀河系の端もはるかに超えて行くと，そこにはおそらく巨大な構造が存在し，局所銀河群全体がそこに向かって落ち込んでいるのだろうと考えられている．また，この運動の方向は，遠方の銀河に対する局所銀河群のメンバー銀河の固有運動の方向とよく一致していることが知られている．すなわち，遠方の銀河の静止系と，宇宙マイクロ波背景放射の静止系は一致するのである．

双極子モーメントを取り除いたのが，図 4.13 の下図である．銀河中心の方向を通って東西方向に伸びている帯状の高温部分は，銀河系からの放射である．銀河面を南北方向に離れた，高銀緯（銀緯は銀河座標の緯度）の部分での温度むらこそ，構造の種となったゆらぎである．

DMR の測定した温度ゆらぎを解析することで，次のことが分かった．まず，温度ゆらぎの大きさが，DMR の角度分解能（半値幅で $7°$）で測定できる範囲内では角度スケールにほぼよらない，すなわちほぼスケール不変なゆらぎを持つことが分かった．これは，数学的には $\ell(\ell+1)C_\ell$ が ℓ によらずほぼ一定であることと等価であり，DMR の観測から $\ell(\ell+1)C_\ell$ は，DMR の分解能に対応する $\ell \sim 20$ までほぼ一定であると判明した．

この角度スケールでは，温度ゆらぎは初期密度ゆらぎ，より正確には重力ポテンシャル Ψ に比例している．すでに述べたザックス–ヴォルフェ効果である．初期密度ゆらぎがスケールフリー，すなわちハリソン–ゼルドビッチスペクトルであれば，その結果得られる $\ell(\ell+1)C_\ell$ は ℓ が小さい部分では平坦になる．たしかにこれまで見てきた図 4.3 などでも，ほぼ平坦になっている．この図でわずかに ℓ が小さいところで上がっているのは late ISW 効果によることはすでに説明

した通りである.

結局，DMR の観測結果を定量的に言い換えると，初期密度ゆらぎの 2 乗平均のパワースペクトルを k^n とおいたとき，$n = 1.2 \pm 0.3$ であることになる. DMR の観測結果は，ハリソン–ゼルドビッチスペクトルでは $n = 1$ であり，それを含む範囲となる. さらに，これとは逆に n を固定した場合には，温度ゆらぎの大きさが決定される. つまり密度ゆらぎのパワースペクトルの振幅が決定されたことになるのである.

DMR の角度分解能では，銀河や大規模構造の種に直接相当する 100 Mpc スケール以下の細かい構造を見ることができない. 再結合期の地平線の大きさが 1.7° に対応していたことを思い出せば，DMR が見たのは地平線を越えたゆらぎ，すなわちインフレーションの時代に生み出されたゆらぎそのもの，および再結合よりももっと後に生じたゆらぎ（late ISW 効果）であることが分かる. 分解能を ℓ に直せば，$\ell = 180/7 = 26$ である. DMR はザックス–ヴォルフェ効果，および late ISW 効果しか測定していないのである.

また，この角度スケールは，共動座標では $d = (7 \times \pi/180)d_{\mathrm{H}}(t_0) = 1900\,\mathrm{Mpc}$ という莫大な大きさに対応している. DMR が決定したパワースペクトルの振幅は，このような巨大なスケールでのみ決定されたものである. しかし，冷たいダークマターモデルと宇宙論パラメータを仮定すれば，3 章で見たように，銀河スケールも含めたすべてのスケールでのパワースペクトルが決定される. 実際にこの DMR の得た 1900 Mpc スケールでの密度ゆらぎのスペクトルの振幅を，理論パワースペクトルによって外挿することで，便宜上よく使われる $8h^{-1}\,\mathrm{Mpc}$ でのゆらぎの大きさに直すことも可能である. その値は，Ω_{m} などの値によって異なるものの，銀河団の観測から得られたものとほぼ同じであった.

DMR によるゆらぎの発見で最大の恩恵を受けたのは，やはりインフレーション理論であろう. 理論から期待されるスケールフリーのゆらぎを観測的に支持したのである. しかし，前節までに述べた宇宙論パラメータの決定に必要な 1 度角スケール以下の構造は分解できなかったため，宇宙論パラメータの決定は次世代の人工衛星の仕事となった. そこで，次世代宇宙マイクロ波測定衛星として計画されたのが WMAP（当初は MAP）である.

4.3.2 COBE から WMAP へ

COBE によるゆらぎの発見から程なく，宇宙マイクロ波背景放射観測研究の焦点は，COBE で分解できなかった小さな角度スケールのゆらぎ，とりわけ，インフレーション理論が本当に正しく，宇宙の幾何が平坦だとすれば存在するであろう，0.8 度角スケール（$\ell = 220$）のピークを $\ell(\ell+1)C_\ell$ に見つけ出すことに移った．

COBE によって ℓ が 20 程度より小さいところでは $\ell(\ell+1)C_\ell$ が一定であることが示された．しかし，インフレーション理論に基づく宇宙理論と線形密度ゆらぎの理論によれば，ℓ の大きいところで $\ell(\ell+1)C_\ell$ は一定のままではない．これまで詳しく見てきたように，$\ell(\ell+1)C_\ell$ は ℓ が大きくなるにつれ次第にせり上がり，$\ell = 220$ 付近で最大値を取り，その後は振幅を弱めながら振動を繰り返す，というふるまいが期待される（図 4.3）．この最初のピークを発見するのに文字通り熾烈な争いが繰り広げられたわけである．

地上観測と気球観測によるハイレベルな観測競争が行われた結果，2000 年頃までにはピークがたしかに存在すること，またそのピークの位置（角度スケール）から，宇宙は平坦であるということが分かってきた．

代表的な地上観測は，チリの高山に設置した望遠鏡を用いたアメリカのプリンストン大学主導の TOCO，代表的な気球観測は，イタリア（ローマ大学）とアメリカ（カリフォルニア工科大学，他）の共同プロジェクト BOOMERanG，およびアメリカのカリフォルニア大学バークレー校主導の MAXIMA であった．これらの観測は，類を見ない大成功を収めた．しかしながら，これら三つの観測データは，同じ角度スケール，つまり $\ell(\ell+1)C_\ell$ の同じ領域を測定しているにも関わらず，測定データの間でいくらかの違いが見られるなどまだ誤差の大きなものであった．当時としては最先端の技術を駆使しても，地上や気球の観測では限界があったのである．したがって，やはり人工衛星による観測が切望された．

一方，COBE によるゆらぎの発見後，人工衛星を打ち上げ，小角度スケールまで観測するというプロジェクトがアメリカで三つ，ヨーロッパではフランスとイタリアを中心として二つ提案された．アメリカでは三つの間の競合となり，結局アメリカ東海岸の NASA ゴダード飛行センターやプリンストン大学を中心としたグループ（COBE の DMR チーム数人が中心）が NASA の承認を得るこ

とに成功し，MAP と名付けられた．DMR チームのうち志を同じくする者と，若手から数人の新メンバーを加えてチームが構成された．開発は順調に進み，MAP 衛星は，2001 年に打ち上げられた．なお，ヨーロッパの計画は Planck 衛星として統合され，2009 年に打ち上げられた．

COBE は地球を周回する軌道であったが，MAP と Planck はラグランジュ 2（L2）と呼ばれる，地球と太陽の作る重力の準安定点に投入された．その理由は，衛星を地球からできるだけ引き離し，地球の磁気圏の影響で検出器が誤作動を起こすことを防ぐためである．実際，COBE の DMR は，磁気圏の影響で 31.5 GHz のデータが使い物にならなかった．L2 点は太陽とは逆の方向に 150 万 km 離れた場所で，衛星は地球とともに 1 年で太陽を周回する．そこでは磁気圏の影響以外に地球から発せられる電波の影響が無視でき，つねに太陽電池パネルを太陽側に向け，検出器は太陽とは逆方向を向けていられる．また，半年で全天を観測できる．

打ち上げ後，データを取得中に，COBE チームの一員で，MAP 衛星の産みの親の一人であり精神的支柱であったプリンストン大学のウィルキンソン（D. Wilkinson）教授が惜しまれつつ亡くなった．2002 年のことである．ウィルキンソン教授の功績を讃え MAP 衛星は，教授の頭文字を取って WMAP と改名された．チームメンバー全員の意向による改名であった．

COBE の DMR は三つの周波数で測定を行ったが，WMAP は 23, 33, 41, 61, 94 GHz の 5 周波数で測定を行った．メンバーの半数近くが DMR のメンバーだったこともあり，観測手法やデータ解析手法は DMR から受け継がれているものも多い．たとえば，DMR 同様 WMAP でも差分検出法を採用し，140 度離れた空の 2 点の電波強度の差を測定し，それを繰り返すことでゆらぎの全天地図を描く，という手法を取った．角度分解能は周波数によって異なるが，もっともよい 94 GHz で 0.2 度角であり，COBE と比較して 35 倍程度小さいスケールの構造を分解することができる計算になる．検出器の感度も COBE をはるかにしのぎ，1 年の測定で温度ゆらぎにして 10^{-6} レベルの精度に到達するものであった．

さらに，DMR になく WMAP にある能力として，偏光成分を測定する能力が挙げられる．DMR は入射光の偏光を気にすることなく一括で扱うが，WMAP は直線偏光，ストークスパラメータでいえば Q と U を分けて検出できる．実

図 **4.14** （上）WMAP の 3 年間のデータから描かれた高角度分解能の温度ゆらぎの全天地図．（下）温度ゆらぎの地図に大角度スケールの直線偏光の方向を重ねたもの．線の長さは偏光度の強さを表す．偏光の角度分解能は温度ゆらぎに比べて大幅に落としてある（Hinshaw *et al.* 2007, *ApJS*, 170, 288; Legacy Archive For Microwave Background Data Analysis（LAMBDA），NASA Goddard Space Flight Center, http://lambda.gsfc.nasa.gov）．

際，WMAP の挙げた大きな成果のうちの一つは，宇宙マイクロ波背景放射の偏光のパワースペクトルを測定したことであった．

WMAP チームは 2003 年 2 月に初年度のデータと解析結果を発表し，2006 年 3 月に 3 年間のデータと解析結果を発表した．その後，2008, 2010, 2012 年に 5, 7, 9 年間のデータと解析結果を発表した．9 年間の運用の後，WMAP は 2010 年 8 月 20 日に運用を停止し，9 月 8 日に L2 を離れ，太陽から 1.07 天文単位離れた太陽周回軌道に投入された．ここでは 3 年間のデータで得られた結果をまとめよう．9 年間のデータから得られた最終結果は 4.4 節で述べる．

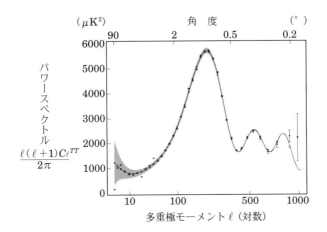

図 4.15 WMAP の 3 年間のデータから得られた温度ゆらぎのパワースペクトル．縦軸は $\ell(\ell+1)C_\ell^{TT}/(2\pi)$ を示し，単位は μK^2 である．誤差棒付きの点が測定点で，誤差棒は検出器のノイズによる寄与を示す（本来はすべての ℓ に対して測定点があるが，見やすさのためにある ℓ の区間ごとに区切って平均化してある）．実線はデータに最も適合する宇宙論パラメータから予言される理論曲線で，その上の誤差棒なしの点は，データ点と同じ ℓ の区間ごとに区切って理論曲線を平均化したもの．灰色で示しているのは，全天データから得られたパワースペクトルの持つ，宇宙論的分散（コスミックバリアンス）と呼ばれる統計的な不定性．たとえば $\ell=2$ では全天から $m=-2,-1,0,1,2$ と五つしかサンプルが取れないことによる．ℓ が大きくなるほど，不定性は $\sqrt{2\ell+1}$ に反比例して小さくなる．コスミックバリアンスは理論曲線を中心に 68% の信頼領域を示している（Hinshaw et al. 2007, ApJS, 170, 288; Legacy Archive For Microwave Background Data Analysis（LAMBDA），NASA Goddard Space Flight Center, http://lambda.gsfc.nasa.gov）．

図 4.14（上）は WMAP によって測定された全天の温度ゆらぎの分布である．なおここでは，銀河系からの放射は差し引いてある．COBE のものとは比べものにならない高角度分解能であることがすぐさま見て取れる．この温度ゆらぎのパワースペクトル C_ℓ^{TT} を示したのが図 4.15 である．ここでは偏光のパワースペクトルと区別するために，温度ゆらぎの意味で TT の添え字を付けておく．

次に，図 4.14（下）は温度ゆらぎの分布に大角度スケールの偏光の方向を示す

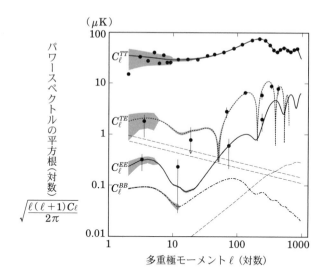

図 4.16 WMAP の 3 年間のデータから得られた温度ゆらぎと偏光度のパワースペクトル．上から順に $C_\ell^{TT}, C_\ell^{TE}, C_\ell^{EE}, C_\ell^{BB}$ の測定点と理論曲線を示す（描かれているのは $\sqrt{\ell(\ell+1)C_\ell/(2\pi)}$ で，単位は μK）．誤差棒と灰色で示された領域の意味は図 4.15 と同じ．C_ℓ^{BB} に関しては 95％の信頼度の上限値を示し，点線の理論曲線は初期重力波の寄与（重力波のパワースペクトルが Ψ のパワースペクトルの 3 割程度だと仮定）で，短い破線は重力レンズ効果による寄与．右斜め下に向かって伸びている 2 本の長い破線は銀河系の放射による偏光スペクトルで，上からそれぞれ C_ℓ^{EE} と C_ℓ^{BB}．銀河系の放射を取り除くことが偏光の測定，とりわけ C_ℓ^{BB} の測定にとって重要なことが分かる（Page et al. 2007, ApJS, 170, 335; Legacy Archive For Microwave Background Data Analysis (LAMBDA), NASA Goddard Space Flight Center, http://lambda.gsfc.nasa.gov）．

線を書き加えたものである．偏光の強度は，この角度スケールでは温度ゆらぎの強度の 100 分の 1 程度しかないため，図に示された偏光データの信号／雑音比（信号に対する雑音の強度）は 2 程度である．残念ながら，精度はあまり良くなく，この 2 程度というのは，ちょうど COBE の DMR 検出器による 2 年間分の観測で得られた温度ゆらぎの地図の精度とほぼ同程度である．

　この偏光データから E モードと B モードの偏光のパワースペクトル C_ℓ^{EE},

C_ℓ^{BB} が測定され，温度ゆらぎと偏光のデータを組み合わせることで，温度と E モード偏光の相関パワースペクトル C_ℓ^{TE} も測定された．図 4.16 は，C_ℓ^{TT}，C_ℓ^{TE}，C_ℓ^{EE} のデータ点，および C_ℓ^{BB} の上限値を示している．上から順にパワースペクトルの大きさが急速に小さくなっているのが分かる．下へゆくほど，観測がどんどん難しくなっていくのである．とりわけ，C_ℓ^{EE} と C_ℓ^{BB} の測定に関しては，いかに銀河系からの放射を取り除くことができるかが鍵となる．

これまで述べてきたように，これらの四つのパワースペクトル（TT, TE, EE, BB）の情報を用いることで，宇宙論パラメータが測定できる．WMAP の 3 年間の観測結果によって宇宙論パラメータが以下のように詳細に決定された．先に確認しておくが，誤差はすべて 1σ，つまり 68% の信頼領域を示すものとする．各パラメータの分布はたいていガウス分布で近似できるため，とくに明記しなければ 2σ，あるいは 95% の信頼領域は誤差を 2 倍することで得られると理解してもらって良い．結果を項目ごとに見ていこう．なお，9 年間のデータから得られた WMAP の最終結果と最新の Planck の成果は 4.4 節で述べる．

4.3.3　宇宙の平坦性とハッブル定数

観測可能な領域において，宇宙の幾何は平坦である．すなわち，観測可能な宇宙を構成するすべての物質やエネルギー要素（光子，ニュートリノ，バリオン，ダークマター，ダークエネルギー）を足し上げると，$\Omega = 1$ である．この章の前半で使ってきた記号では，$\Omega \equiv \Omega_\mathrm{r} + \Omega_\mathrm{m} + \Omega_\Lambda$ になる．もう少し定量的にいえば，WMAP の 3 年間にわたるデータから $\Omega = 1.014 \pm 0.017$ と導かれる．ただし，これはハッブル定数を $H_0 = 72 \pm 8\,\mathrm{km\,s^{-1}\,Mpc^{-1}}$（誤差も含めて）とした結果で，ハッブル定数の制限を加えずに WMAP のデータのみを用いれば Ω への制限は弱くなる．このハッブル定数の制限は，ハッブル望遠鏡を用いた近傍銀河の距離測定から得られた，古典天文学的手法の集大成の意味を持つ値である．

ハッブル定数の代わりに，超新星レガシーサーベイ（Supernova Legacy Survey; SNLS）によって得られた Ia 型超新星の光度距離–赤方偏移関係のデータと WMAP のデータを組み合わせれば $\Omega = 1.011 \pm 0.012$ が得られる．またスローンデジタルスカイサーベイ（SDSS）の銀河分布から得られた角径距離–赤方偏移関係のデータと WMAP のデータを組み合わせれば $\Omega = 1.012 \pm 0.010$ を得

る．どちらにせよ，平坦な宇宙モデルがデータをよく記述しているのが分かる．

インフレーション理論の自然な帰結として $\Omega = 1$ が予言されており，WMAP のデータはその予言を強く支持する．したがって，以下では平坦な宇宙モデルのみに絞って宇宙論パラメータを決定することとする．

また，ダークエネルギーは宇宙定数であるとし，ニュートリノの世代数は素粒子の標準理論に従って 3（電子ニュートリノ，ミューニュートリノ，タウニュートリノ）であるとし，初期密度ゆらぎは断熱的であるとする．特に明記しない限り，初期重力波からの温度ゆらぎと偏光を無視する．

最後に，これから示す結果は，WMAP のデータのみを使って求められたものであり，他のデータを一切使用していない．

さて，宇宙の平坦性を仮定すれば，逆に WMAP データのみを用いてハッブル定数を決めることができ，$H_0 = 73.2 \pm 3.2\,\mathrm{km\,s^{-1}\,Mpc^{-1}}$ と得られる．上記のハッブル望遠鏡から得られた制限よりも 2 倍以上精度の良い値が得られているのは大変興味深い．

4.3.4　宇宙のエネルギー組成

宇宙マイクロ波背景放射からもっともよく決まるパラメータは，バリオン密度と光子密度の比 $\rho_\mathrm{b}/\rho_\gamma$ である．これは，4.1.6 節で述べたように，この比が音速を直接決め，パワースペクトルの振動の波形に直接影響するためである．光子密度は光子の温度のみで決まり，非常に精度良く測定されている．結局 $\rho_\mathrm{b}/\rho_\gamma$ に対する WMAP の結果からの制限は，$\Omega_\mathrm{b} h^2 = (2.229 \pm 0.073) \times 10^{-2}$ となる．誤差は実に 3％しかない！精密宇宙論の面目躍如といったところであろう．

次に，early ISW 効果を通して求まるのが，放射優勢期と物質優勢期の境目の時期，言い換えれば全放射密度と全物質密度が等しくなった時期（equality）である（4.1.6 節参照）．前述のようにこの時期が遅れるほど重力ポテンシャルが浅くなってゆくため，より多くの温度ゆらぎが，この時期の地平線の大きさに相当する $\ell \sim 200$ あたりに生成される．

さて，重要な点はこの時期の赤方偏移が現在の「全」物質量（バリオン＋ダークマター）を「全」放射量（光子＋ニュートリノ）で割ったもので与えられることである．つまり，

$$1 + z_{\mathrm{eq}} = \frac{\Omega_{\mathrm{m}}}{\Omega_{\mathrm{r}}} = \frac{\Omega_{\mathrm{b}} + \Omega_{\mathrm{DM}}}{\Omega_{\gamma} + \Omega_{\nu}} \tag{4.67}$$

である．左辺が WMAP の観測データから（誤差付きで）求められ，$1 + z_{eq} = 3065 \pm 192$ である．Ω_{γ} は光子の温度のみで決まるので既知である．Ω_{b} はすでに述べた．したがって，ニュートリノ密度パラメータ Ω_{ν} が分かりさえすれば Ω_{DM} が求められることになる．これは，ニュートリノの世代数 N_{ν} が与えられれば決まる量であり，

$$\Omega_{\nu} = 0.6905 \times \left(\frac{N_{\nu}}{3.04}\right) \Omega_{\gamma} \tag{4.68}$$

と与えられる．

　素粒子の標準理論ではニュートリノの世代数は 3 であるが，これは種々の理由から $N_{\nu} = 3.046$ に相当する（詳しくはここでは述べない）．この値を仮定すれば，Ω_{DM} のみが残ることとなる．

　以上の考察から，$\Omega_{\mathrm{DM}}h^2 = 0.105 \pm 0.008$，あるいは全物質量として $\Omega_{\mathrm{m}}h^2 = 0.128 \pm 0.008$ が得られる．誤差がバリオン密度の精度に比べて 2 倍ほど悪いのは，次の理由による．バリオンは音速を通して晴れ上がり時期の波形に直接影響する．一方，early ISW 効果は放射優勢の時期にもっとも有効な効果で，宇宙の晴れ上がり時期がすでに物質優勢期に入っているために，効果が弱められる．結果として，全物質密度の測定精度は，バリオンの精度と比べて悪くなるのだ．とはいえ，この効果のおかげで $\Omega_{\mathrm{m}}h^2$ が決まるのだから感謝しなくてはいけない．

　ハッブル定数への制限を組み込むことで，最終的に $\Omega_{\mathrm{m}} = 0.241 \pm 0.034$ が得られる．ハッブル定数の誤差のため，Ω_{m} の誤差は 14% とまだかなり大きい．4.4.2 節で述べるように，WMAP の 9 年間のデータや Planck のデータを用いれば，誤差は大幅に改善する．

　光子やニュートリノの Ω への寄与は現在無視しうるほど小さいので，この結果はすなわち宇宙の全物質を総合しても宇宙のエネルギーの 24% しか説明できないことを示している．残りの 76%，あるいは $\Omega_{\Lambda} = 0.759 \pm 0.034$，がダークエネルギー（今は宇宙定数 Λ と仮定している）として説明されるべき成分である！ 宇宙が平坦であるとすれば，WMAP のデータだけでダークエネルギーの存在が導かれることは注目に値する．

4.3.5 宇宙年齢

これらの量から，現在の宇宙の年齢 t_0 を計算できる．宇宙年齢は以下の積分で与えられる．

$$
\begin{aligned}
t_0 &= \int_0^{t_0} dt = \int_0^1 \frac{da}{Ha} \\
&= 97.78 \text{ 億年} \int_0^1 \frac{da}{\sqrt{\Omega_{\mathrm{m}} h^2/a + \Omega_{\mathrm{r}} h^2/a^2 + \Omega_{\Lambda} h^2 a^2}}.
\end{aligned} \tag{4.69}
$$

ただし，Ω_{r} は現在の全放射密度で光子密度とニュートリノ密度の和で与えられる．この積分を実行すると，$t_0 = 137.3^{+1.6}_{-1.5}$ 億年が得られる．測定誤差はわずかに 1%である！ 9 年間の WMAP の最終結果では 137.4 ± 1.1 億年，Planck の結果では 137.97 ± 0.23 億年が得られた．

$\Omega_{\mathrm{m}} h^2$ 等がそこまでの精度で求まっていないのに不思議に思われるかもしれない．これは積分の中のパラメータのコンビネーションが，お互いの不定性をうまく相殺するようになっているからである．

より物理的にいえば，温度ゆらぎのパワースペクトルのピークよりほぼ直接的に求まる量が晴れ上がりまでの角径距離で，空間曲率ゼロの平坦な宇宙では，$d_A = c \int_{a_{\mathrm{rec}}}^1 da/(Ha^2)$ で与えられる．ここで，$a_{\mathrm{rec}} = 1/(1 + z_{\mathrm{rec}}) \simeq 1/1100 \ll 1$ であるから，平坦な宇宙では，d_A は現在の地平線のサイズ $d_H^c(t_0) = c \int_0^1 da/(Ha^2)$ とほぼ等しい．この量はパワースペクトルのピークの位置から高精度で求まるが，d_A と t_0 は非積分関数がスケール因子 a しか違わない．したがって，t_0 は d_A と同じ精度で求まる，というわけである．

4.3.6 初期密度ゆらぎのスペクトルと初期重力波

これまで決めてきたパラメータは現在の宇宙に関するものばかりだったが，宇宙マイクロ波背景放射から得られる非常に重要な情報として，初期ゆらぎに関する情報がある．特に，初期密度ゆらぎのパワースペクトルを k^n としたときの，べきの指数 n である．

このべき指数が重要である理由は，多数あるインフレーション理論のうち，どれが正しい理論であるかを観測的に判断する際の重要な指標となるからである．

インフレーション理論は，たいてい n が 1 に近いと予言する．

WMAP の 3 年間のデータから，$n = 0.958 \pm 0.016$ が得られている．つまり，統計的な有意性は 2.6σ で n は 1 よりも小さいということが示唆されたのである．

気が早い人は，これをもって「インフレーション理論が証明された」と結論するが，その理由はたいていのインフレーション理論が「n は 1 に近いが 1 よりはズレており，さらに 1 よりは小さい」と予言するからである．

しかし，早計は禁物である．まず，統計的有意性 2.6σ は，確定的証拠とは言い難い．最低でも 5σ はほしい．そして，それは WMAP の 9 年間のデータと，Planck のデータによって達成された（4.4.2 節）．

4.3.7 偏光と宇宙の再電離

WMAP は，3 年間のデータから宇宙マイクロ波背景放射の偏光のパワースペクトルを測定した．そのうち，約 3 度以下での小さい角度スケールで測定された温度ゆらぎ–偏光度の相関スペクトル C_ℓ^{TE} は，WMAP で測定された温度ゆらぎをもとに線形摂動理論を用いて予言することができ，予言と観測がピタリと一致した．これを持って，宇宙マイクロ波背景放射の理論，および宇宙におけるゆらぎの進化の理論の正しさが実証された．

一方，WMAP は 3 度よりも大きな角度スケールでも E モードの偏光 C_ℓ^{EE} を検出した．これは温度ゆらぎの情報から予言することのできない，新しい成分である．前にも述べたように，この角度スケールに現れる偏光は，晴れ上がりの時期に生じたものではなく，より現在に近いところで生じたものである．

偏光は，宇宙マイクロ波背景放射の光子が電子に散乱されなければ生じることはない．しかし，$z \sim 1100$ での晴れ上がり時期に電子はごくごくわずかな量を残してことごとく陽子に捕獲され，中性水素となっているため，晴れ上がり以降に偏光を生成するのは不可能に思える．

WMAP が大角度スケールに検出した偏光は，宇宙が $z \sim 10$ で再び電離し，大量の電子が放出されたことを物語っている．これらの電子はどこから来たのだろうか．

現在，これらは第 1 世代の星，つまり宇宙にできたもっとも最初の世代の星々から放出される強い紫外光が，その周囲にある中性水素を再び電離することに

よってまき散らされたものだと理解されている.

WMAP の 3 年間のデータにより，晴れ上がりからやって来た宇宙マイクロ波背景放射の約 9% が，その後宇宙の再電離によって放出された電子に散乱されたことが分かった．これは，電子の散乱によって宇宙が少し薄曇った，と解釈することができる．その「薄曇り指数」ともいうべき量として，すでにこれまでに何度も出てきているトムソン散乱の光学的厚さ τ_e を用いる．τ_e が小さい近似では，τ_e は電子によって散乱された光子の割合に相当するため，約 9% が散乱されたということは，$\tau_e \sim 0.09$ だということである．WMAP が 3 年間のデータで得た値は $\tau_e = 0.089 \pm 0.030$ である．この τ_e から得られる電子の密度から，宇宙が $z \sim 10$ あたりで電離したことが示される．

τ_e は，宇宙論パラメータの中で，現在もっとも測定精度が悪く，将来的な改善が期待されるパラメータである．詳しくは 4.4.2 節で述べる．

4.3.8 偏光と初期重力波

B モードの偏光についてはいったい何が言えるのだろうか．WMAP も Planck も，まだ C_ℓ^{BB} の検出には成功していない．すなわち，まだ誰も初期重力波の検出には成功していないのである．これはインフレーション理論のモデルを厳しく制限する．インフレーション理論は初期重力波の存在を予言するが，モデルによってはその大きさは WMAP の 9 年間のデータや Planck のデータで発見されてもおかしくないレベルであった．

既存のインフレーション理論の中で予言される最大の重力波の量は，パワースペクトルでいってスカラーモード（密度ゆらぎ）のパワースペクトルの 30% 程度である．これを「テンソル–スカラー比」というパラメータ r で書けば $r = 0.3$ である．2018 年 11 月時点の上限値は 95% の信頼領域で $r < 0.06$ なので，多くのインフレーション理論のモデルがすでに棄却された．これらの展望は 4.4.4 節で述べる．

4.3.9 ゆらぎのガウス性

WMAP や Planck データはインフレーション理論の種々の予言と見事に整合している．宇宙の平坦性，ほぼスケール不変な初期ゆらぎのスペクトルととも

に、「初期ゆらぎのガウス性」も高精度で確認されている（ガウス性については 3.4 節参照）.

ゆらぎのガウス性は、宇宙マイクロ波背景放射の温度の分布をヒストグラム[*6]にしてみればすぐ分かる. ヒストグラムは見事に正規分布、つまりガウス分布に沿っており、これを持って「ゆらぎがガウス的である」と結論できる.

より強力なガウス性のテストは、3 点相関関数（バイスペクトル）を用いて行える. パワースペクトルが天球上の 2 点の相関強度を測定するのに対し、バイスペクトルは天球上の 3 点の相関強度を測定する. 重要なのは、ガウス分布に対してバイスペクトルはゼロになることである.

WMAP や Planck データからは統計的に有意なバイスペクトルは検出されなかった. これはインフレーション理論の正しさをより強固に裏付けるものであり、インフレーション理論に対する観測的な制限の 3 本柱の一つを担っている.

4.3.10　「異常」はあるか？

WMAP や Planck データは、ダークマターやダークエネルギーの存在を認めてしまえば、インフレーション理論に基づく標準宇宙理論の枠組みで完全に説明可能であり、現在の我々の宇宙に関する知見が正しいことを裏付けている.

その一方で、何か標準宇宙理論をひっくり返すような「異常さ」がデータに含まれていないか探査したい、というのは科学者の正常な欲求でもある.

2003 年に WMAP の初年度のデータが発表されて以来、ものすごい数の「異常さ」の報告がなされた. たとえば、宇宙が有限である証拠をつかんだ、非断熱ゆらぎ（等曲率ゆらぎ）を捉えた、宇宙の非等方性を検出した、等々、と報告は多岐に渡る.

[*6] 図 4.14 からヒストグラムを作るには、以下のようにする. まず、図は温度ゆらぎ、つまり温度の平均値からのずれを示しているので、この図の平均温度は 0 だ. そこでまず、ほぼ 0 K を持つピクセルの数を数える. 「ほぼ」0 K というのを定義するため、適当に $0 \pm 1 \mu K$ としよう. 次に、$2 \pm 1 \mu K$ を持つピクセルの数を数える. 同様に、$-2 \pm 1 \mu K$ を持つピクセルの数を数える. 次に 4 ± 1、-4 ± 1 というように作業を繰り返し、すべての温度に対してピクセルの数を数え終わったら、数を縦軸、温度を横軸に取って図を描く. このようにして描いた図をヒストグラムと呼ぶ. 日常生活に馴染みのあるヒストグラムは、8 月の気温の過去の分布などが挙げられる. この場合も、平均気温（たとえば 30°C）前後 2 度を記録した年数を数え、次に $34 \pm 2°C$、$26 \pm 2°C$、と作業を繰り返して、過去の温度分布のヒストグラムを描く.

234 | 第 4 章 宇宙マイクロ波背景放射の温度ゆらぎ

それらの報告の多くは，非常に大角度の温度ゆらぎである $\ell = 2$ のモードに端を発している．WMAP の測定では $\ell = 2$ のパワースペクトルは $6C_2^{TT,\,\text{WMAP}}/(2\pi) = 211\,\mu\text{K}^2$ である．一方，WMAP の観測全体を一番よく再現する理論パラメータを取ると $6C_2^{TT,\,\text{theory}}/(2\pi) = 1252\,\mu\text{K}^2$ と非常に大きな値を予言する．したがって，「小さ過ぎる」$\ell = 2$ のデータが「異常」ではないかと議論されている．

しかし，$\ell = 2$ のデータは統計的には決して「異常」ではない．このような大角度スケールのゆらぎの測定には大きな不定性が伴う（宇宙論的分散（コスミックバリアンス）と呼ばれる．詳しくは図 4.15 の図の説明を参考されたい）．この不定性のため，$\ell = 2$ のデータが理論で予言される値 $1252\,\mu\text{K}^2$，あるいはそれより大きな値と整合する確率は 16%と決して小さくない．つまり，$\ell = 2$ のデータが理論値よりも小さいことに対する統計的有意性は 84%であり，2σ にすら到達していない．図 4.15 の $\ell = 2$ のデータ点と灰色で示された 68%のコスミックバリアンスからの信頼領域を比較されたい．

4.3.11　宇宙論はどこまで分かったか？

COBE，WMAP，Planck の華々しい成果により，ビッグバン理論の正しさは証明され，インフレーション理論はその土台をますます強固にし，宇宙年齢，宇宙の組成，ハッブル定数，再電離の時期といった数々の宇宙論パラメータが求まった．

それでは，宇宙論はもう完成したと言えるのだろうか？

答えは残念ながら否，である．まず，我々は宇宙のエネルギーの 95%を占めるダークエネルギーとダークマターを理解できていない．分かったのは「それらがどのくらいあるか」ということだけだ．

インフレーションにしても，数あるインフレーション理論のモデルのうちどれが正しいのか分からないため，インフレーションが「いつ」「何によって」「どのように」生じたのかまったく分かっていない．いくつかのモデルは棄却されたが，初期重力波（4.4.4 節）の発見が待たれる．

ダークエネルギーとダークマターに関して，宇宙マイクロ波背景放射がこれ以上できることはあまり残っていない．したがって，別の手法——加速器による素

粒子実験や，超新星や銀河サーベイを用いた観測——と宇宙マイクロ波背景放射から得た知見を組み合わせてこれらの正体を解明するのが次のステップとなる．

一方，インフレーション理論に関しては，初期重力波によって生じる B モードの偏光の検出という，大きな目標がある．また，初期密度ゆらぎのスペクトルのべき n をさらに正確に測定するのも大きな目標の一つである．これら二つのパラメータが正確に測定されれば，インフレーションが「いつ」「何によって」「どのように」起こったのか分かるかもしれない．B モードの初検出を狙う，日本，アメリカ，ヨーロッパのさまざまな地上観測や気球観測，2027 年に打ち上げ予定の日本（JAXA）主導の LiteBIRD（ライトバード）衛星などに期待したい．

COBE，WMAP，Planck の結果から我々は多くのことを学んだが，まだやるべき重要なことはたくさんある．あえて簡潔に言うならば，現代宇宙論は「量」を正確に求める時代から，「質」を求める時代へと転換したのだ．小数点以下の桁数を競う精密宇宙論（Precision Cosmology）の時代にあって本質を見失うことがあってはならない．長年宇宙論研究をリードしてきたプリンストン大学のピーブルス（P.J.E. Peebles）教授の警句を紹介しよう．

「英語では Precision（Precise）と Accurate は別な意味である．人々は精密な宇宙論（Precision Cosmology）を競っているが，それが必ずしも正確な宇宙論（Accurate Cosmology）を意味するわけではないことを忘れてはならない」

4.4 その後の観測の成果

4.4.1 温度ゆらぎと偏光のパワースペクトル

本書の初版が出版された 2007 年から 12 年ほど経った．この間，宇宙マイクロ波背景放射の温度ゆらぎと偏光の観測は飛躍的に進展した．2012 年 12 月，WMAP の最終結果となる 9 年間の観測結果が発表された．温度ゆらぎのパワースペクトルを図 4.17（236 ページ）の上図に示す．図 4.15 に示す 3 年目のデータに比べて 3 番目のピークの測定精度が大きく向上したのがわかる．このため $\Omega_{\mathrm{m}} h^2$ の決定精度も向上し，誤差は半分になった．

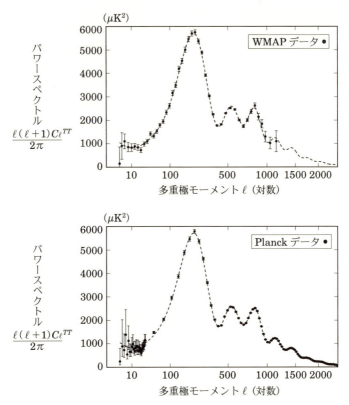

図 4.17 WMAP の 9 年間のデータから得られた温度ゆらぎのパワースペクトル（上図）と，Planck の 29 か月間のデータから得られたパワースペクトル C_ℓ^{TT}．縦軸は $\ell(\ell+1)C_\ell^{TT}/(2\pi)$ を示し，単位は μK^2 である．本来は各 ℓ ごとにデータ点があるが，見やすさのため，ある ℓ の区間ごとに区切って平均化してある．平均する ℓ の区間の取り方は WMAP と Planck で異なる．$\ell \leq 29$ における Planck のデータは平均化せず，各 ℓ ごとのデータ点を示す．誤差棒は標準偏差を表すが，$\ell \leq 29$ における Planck のデータでは 68% の信頼領域を表す．破線は宇宙定数を含む冷たいダークマターモデル（ΛCDM モデル）から計算されたパワースペクトルを示し，宇宙論パラメータはバリオン密度 $\Omega_b h^2 = 0.02237$，ダークマター密度 $\Omega_{\rm DM} h^2 = 0.12$，ハッブル定数 $H_0 = 67.36\,{\rm km\,s^{-1}\,Mpc^{-1}}$，初期密度ゆらぎのパワースペクトルのべき $n = 0.965$，宇宙の光学的厚さ $\tau_e = 0.0544$ で，$k = 0.05\,{\rm Mpc}^{-1}$ における初期曲率ゆらぎ ψ のパワースペクトルの大きさ A_s は $A_s = 2.099 \times 10^{-9}$ である．また，3 種類のニュートリノの全質量として $\sum_{i=e,\mu,\tau} m_{\nu,i} = 0.06\,{\rm eV}$（あるいは $\Omega_\nu h^2 = 6.45 \times 10^{-3}$；式 (1.26) 参照）を仮定した．

2009 年 5 月，欧州宇宙機関（ESA）により Planck（プランク）衛星が打ち上げられた．WMAP よりもさらに感度が良く，広い周波数帯域をカバーする検出器を積んだ Planck は，29 か月間の観測を経て，図 4.17 の下図に示す温度ゆらぎのパワースペクトルを得た．WMAP のパワースペクトルの測定誤差は，$\ell \lesssim 500$ では検出器の雑音ではなくコスミックバリアンス（図 4.15 を参照）によって決まっているので，同じ空を観測する Planck が測定するパワースペクトルも同じ値となる．すなわち，$\ell \lesssim 500$ の温度ゆらぎに関しては，Planck は新しい情報を提供しない．一方，大きな ℓ では WMAP の測定誤差は検出器の雑音で決まっており，WMAP に比べてはるかに小さな雑音を持つ Planck によるパワースペクトルの測定精度の改善は圧倒的である．このため，温度ゆらぎのパワースペクトルの誤差は $\ell \approx 1600$ までコスミックバリアンスで決まり，宇宙論パラメータの決定精度に関していえば温度ゆらぎのパワースペクトルの測定は終了したといって良い．宇宙論パラメータの制限は 4.4.2 節で述べる．

　E モード偏光の測定精度は，さらに劇的に改善した．WMAP の偏光の測定誤差は，すべての ℓ でまだ検出器の雑音で決まっていたからである．図 4.18（238ページ）と 4.19（239 ページ）に温度ゆらぎと E モード偏光の相互相関パワースペクトル，および E モード偏光のパワースペクトルを示す．WMAP の 9 年目のデータは，図 4.16 に示す 3 年目のデータに比べて精度が大幅に向上しているのがわかる（ただし，図 4.16 は $\ell(\ell+1)C_\ell/2\pi$ の平方根を図示しているのに注意）．Planck のデータはさらに高精度であるが，大きな ℓ ではまだ検出器の雑音による測定誤差が大きい．

　大きな ℓ の測定誤差を小さくするには，必ずしも全天を観測する必要はない．地上の望遠鏡を用い，限られた天域を長時間観測して雑音を下げれば，誤差の小さな測定は可能である．図 4.20（240 ページ）に，シカゴ大学が中心となって南極に設置し運用する，口径 10 メートルの望遠鏡（South Pole Telescope; SPT）を用いて測定された温度ゆらぎと E モード偏光の相互相関パワースペクトルと E モード偏光のパワースペクトルを示す．天域の大きさは 500 平方度で，全天の 1%強である．大きな ℓ では Planck よりも誤差の小さな測定が得られている．小さな ℓ では，全天を測定した Planck の方がコスミックバリアンスによる誤差が小さい．

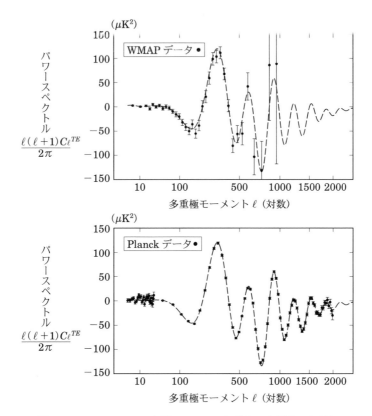

図 4.18 WMAP の 9 年間のデータから得られた温度ゆらぎと E モード偏光の相互相関パワースペクトル（上図）と，Planck の 29 か月間のデータから得られたパワースペクトル C_ℓ^{TE}. 平均する ℓ の区間の取り方は WMAP と Planck で異なる．$\ell \leq 29$ における Planck のデータは平均化せず，各 ℓ ごとのデータ点を示す．破線は図 4.17 と同じ宇宙論パラメータの理論曲線.

このように，全天を測定できる衛星による観測と，地上の望遠鏡による観測は，相補的である．低雑音の検出器を載せた衛星で全天を観測できればベストであるが，高額な衛星計画は，コストの面でつねに可能なわけではない．そこで，望遠鏡を何台か用意して，地上から全天を観測することも考えられる．異なる天域から得られたデータをつなぎ合わせる際に，それぞれの天域の見込み角度に対応する ℓ よりも小さな ℓ の情報は失われるが，大きな ℓ では全天を観測したのと

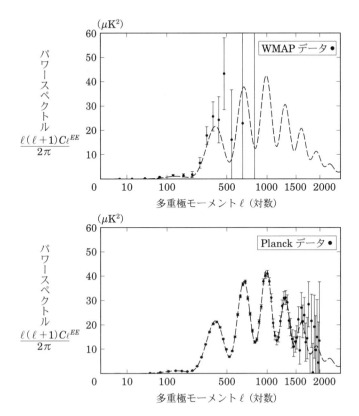

図 **4.19** WMAP の 9 年間のデータから得られた E モード偏光のパワースペクトル（上図）と，Planck の 29 か月間のデータから得られたパワースペクトル C_ℓ^{EE}. 破線は図 4.17 と同じ宇宙論パラメータの理論曲線.

同等の測定誤差が得られる．

　これらの測定データからまずいえることは，WMAP，Planck，SPT のような異なる観測から得られたデータが，一致すべき ℓ で，誤差の範囲内で一致することである．これは，それぞれのデータが精密（高精度）なだけでなく，正確であることを示す重要な結果である．

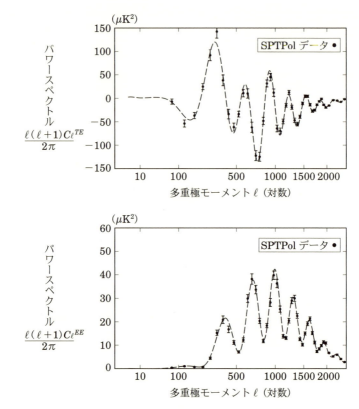

図 4.20 SPT から得られた温度ゆらぎと E モード偏光の相互相関パワースペクトル C_ℓ^{TE}（上図）と，E モード偏光のパワースペクトル C_ℓ^{EE}．破線は図 4.17 と同じ宇宙論パラメータの理論曲線．

4.4.2 宇宙論パラメータ

観測可能な宇宙の幾何学の平坦性（図 4.6）やゆらぎの断熱性（図 4.7）は，WMAP の 9 年目のデータや Planck のデータでも高精度で確認された．そこで，断熱的で平坦な ΛCDM モデルのパラメータを制限する．表 4.1 に，図 4.17, 4.18, 4.19 に示すパワースペクトルから得られた宇宙論パラメータを 68%の信頼領域の誤差とともに示す．Planck の結果には，4.4.3 節で説明する，宇宙マイクロ波背景放射の重力レンズ効果による制限も含めてある．

表 **4.1** 宇宙論パラメータ.

	WMAP（2012）	Planck（2018）
$100\Omega_{\rm b}h^2$	2.264 ± 0.050	2.237 ± 0.015
$\Omega_{\rm DM}h^2$	0.1138 ± 0.0045	0.1200 ± 0.0012
Ω_Λ	0.721 ± 0.025	0.6847 ± 0.0073
n	0.972 ± 0.013	0.9649 ± 0.0042
$10^9 A_s$	2.203 ± 0.067	2.100 ± 0.030
τ_e	0.089 ± 0.014	0.0544 ± 0.0073
t_0 ［億年］	137.4 ± 1.1	137.97 ± 0.23
H_0 $[{\rm km\,s^{-1}\,Mpc^{-1}}]$	70.0 ± 2.2	67.36 ± 0.54
$\Omega_m h^2$	0.1364 ± 0.0044	0.1430 ± 0.0011
$10^9 A_s e^{-2\tau_e}$	1.844 ± 0.031	1.883 ± 0.011
$\sigma_8^{\rm m}$ （3.5.4 節）	0.821 ± 0.023	0.8111 ± 0.0060

WMAP の 9 年間のデータと Planck のデータからそれぞれ得られた宇宙論パラメータを，その 68%の信頼領域とともに示す．上の 6 つのパラメータがフィッティングに用いられたパラメータで，残りはそれらから導かれるパラメータである． WMAP のパラメータは Hinshaw *et al.* 2013, *ApJS*, 208, 19 より，Planck のパラメータは Planck Collaboration, "Planck 2018 results. VI. Cosmological parameters", arXiv:1807.06209 より，それぞれ抜粋した．

Planck の温度ゆらぎのパワースペクトルから得られた宇宙論パラメータの誤差は，WMAP の誤差よりも 2 倍程度小さい．偏光のデータも含めると，誤差はさらに 50%程度小さくなる．よって，初期曲率ゆらぎ ψ のパワースペクトルの大きさ A_s と宇宙の再電離による光学的厚さ τ_e を除けば，パラメータの誤差は 1/3 程度になった．これは重要な成果である．

特筆すべきは，4.3.6 節で述べた「n は 1 に近いが 1 よりはズレており，さらに 1 よりは小さい」というインフレーション理論の予言が，ついに統計的有意性 5σ 以上で確認されたことである．2012 年に発表された，WMAP の 9 年間の観測データのみでは 5σ を達成できなかったが，WMAP のデータを他のデータと組み合わせることで $n = 0.958 \pm 0.008$ が得られ，5σ を達成した．他のデータとは，プリンストン大学が中心となってチリに設置し運用する，口径 6 メートルのアタカマ宇宙論望遠鏡（Atacama Cosmology Telescope; ACT）と前述の

SPT から得られた宇宙マイクロ波背景放射の地上観測データ，そして SDSS 赤方偏移サーベイから得られたバリオン音響振動（3.5.2 節）のデータである．しかし，これは宇宙マイクロ波背景放射のデータのみから得られたのではないし，WMAP と地上観測のデータを組み合わせているので，結果の信頼性を確認するため Planck による観測結果が待たれた．かくして，WMAP チームによる $n < 1$ の発見は Planck の宇宙マイクロ波背景放射のデータのみから確認され，インフレーション理論の強力な証拠が得られた．

　4.3.9 節で触れたゆらぎのガウス分布も，高精度で確認された．バイスペクトルを用いた解析により，WMAP の 9 年目のデータから得られた非ガウス成分の 95%の信頼領域の上限値はガウス成分の 0.2%，Planck から得られた上限値は 0.03% であり，これらも $n < 1$ と合わせてインフレーション理論の強力な証拠とされる．残るは，インフレーション中に生成されたと考えられている重力波（初期重力波）の発見であり，これは 4.4.4 節で述べる．

　図 4.8 が示すように，宇宙の再電離によって温度ゆらぎのパワースペクトルは大きな ℓ で $C_\ell^{TT} \to C_\ell^{TT} e^{-2\tau_e}$ のように減衰する．このため，温度ゆらぎだけでは A_s と τ_e は独立に求まらず，組み合わせ $A_s e^{-2\tau_e}$ のみが求まる．この組み合わせは WMAP より 1.7%，Planck より 0.6%の精度で決まっている（表を参照）．A_s を決めるには τ_e を決めねばならない．そのためには，ガスが再電離によって宇宙マイクロ波背景放射の光子を散乱し，その結果 $\ell \lesssim 10$ で偏光が生じ（図 4.10），偏光のパワースペクトルは $A_s \tau^2$ に比例することを用いる．WMAP の 9 年目の偏光データからは $\tau_e = 0.089 \pm 0.014$ が得られた．ベストフィットの値は 3 年目の結果（4.3.7 節）と同じであるが，誤差は半分である．

　その後，Planck チームにより 2015 年に $\tau_e = 0.066 \pm 0.016$，2018 年に $\tau_e = 0.0544 \pm 0.0073$ が報告された．前者は Planck に搭載された 2 つの装置（低周波検出器 LFI と高周波検出器 HFI）のうち，雑音は大きいが偏光測定の系統誤差は少ない LFI を用いて得られた値で，後者は雑音は小さいが系統誤差は大きい HFI を用いて得られた値である．

　WMAP の値から小さくなっている理由は 2 つある．一つは WMAP が測定した偏光の一部は銀河系の星間塵からの寄与である可能性があるためで，もう一つは Planck が測定した重力レンズ効果（後述）が少し小さな A_s を与えるため

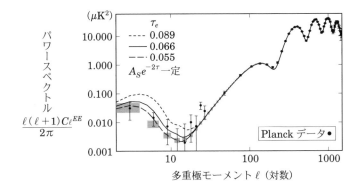

図 4.21 ℓ が小さいところの E モード偏光のパワースペクトル C_ℓ^{EE}. 誤差棒付きの点は Planck 衛星から得られたデータを，点線，実線，破線は $\tau_e = 0.089, 0.066, 0.055$ の理論曲線を示す．ただし，ℓ が大きなところのパワースペクトルを不変に保つため，$A_s e^{-2\tau}$ が一定となるように A_s を選んだ．四角形は，将来的に，偏光に特化した衛星観測によって得られるであろうデータ点と 68%の信頼領域を示す．ただし，$\Delta\ell = 3$ で平均化した．

である（$A_s e^{-2\tau_e}$ を固定すると，小さな A_s は小さな τ_e を与える）．

星間塵の偏光の寄与は周波数が高いほど大きくなるため，高周波の測定を用いれば星間塵の偏光を直接測定して差し引くことができる．Planck が偏光を測定した最高周波数は 353 GHz で，これは WMAP の最高周波数 94 GHz よりもずっと高く，星間塵の偏光の差し引きは Planck の方が信頼できると考えられている．しかし，それで説明できるのは $\tau_e = 0.089 \to 0.075$ くらいであり，残りの変化は星間塵だけでは説明できない．$0.075 \to 0.066$ は上述の重力レンズ効果の影響でほぼ説明できるが，HFI から得られた 0.0544 は説明がつかない．HFI の雑音は小さいが，偏光測定の系統誤差は大きいため，高精度であるが不正確である可能性が残されている．将来的には，偏光測定に特化した衛星による全天観測が望まれる．図 4.21 に現状を示す．

残りの宇宙論パラメータの変化は小さいが，よく見ると Ω_Λ の値は小さく（すなわち Ω_{m} は大きく）なり，H_0 の値は小さくなっている．取るに足らない小さな変化にも見えるが，2.2 節で学んだ Ia 型超新星の距離–赤方偏移関係から直接求めた H_0 の最新の結果は $H_0 = 73.5 \pm 1.6 \,\mathrm{km\,s^{-1}\,Mpc^{-1}}$ で，Planck が得た

244 第 4 章 宇宙マイクロ波背景放射の温度ゆらぎ

値よりも統計的に有意に大きい．これら 2 つの値の食い違いの起源は不明である．距離–赤方偏移関係の測定や Planck のデータに何か系統誤差がある可能性もあるが，平坦な ΛCDM モデルのほころびを示している可能性もある．

4.4.3 重力レンズ効果

宇宙マイクロ波背景放射の光子は，宇宙が晴れ上がった時刻から地球に届くまでに，138 億年という長い時間を旅してきた．その間，光子の運動量は測地線の方程式（4.21）に従って変化した．4.1.3 節では，光子のエネルギー変化に注目してボルツマン方程式を書き下したが，光子の運動量ベクトルの方向の変化，すなわち，重力場による光子の重力レンズ効果（式（4.22）の $(\partial f/\partial \gamma^i)(d\gamma^i/dt)$）は無視した．しかし，初版が出版されて 12 年経った今，宇宙マイクロ波背景放射の重力レンズ効果は脚光を浴びている．

重力レンズ効果の物理は 2.3 節で述べた．宇宙マイクロ波背景放射の重力レンズ効果で重要になるのは「弱い」重力レンズ効果である（2.3.4 節）．視線方向ベクトルを地球を中心とする極座標で $\hat{n} = (\sin\theta\cos\phi, \sin\theta\sin\phi, \cos\theta)$ と書き，光の曲がり角度ベクトル $\boldsymbol{\alpha}$（式（2.94））は十分小さいとすれば，観測される温度ゆらぎと，偏光を表すストークスパラメータは

$$\Theta(\hat{n}) \;\to\; \tilde{\Theta}(\hat{n}) = \Theta(\hat{n} + \boldsymbol{\alpha}), \tag{4.70}$$

$$Q(\hat{n}) \;\to\; \tilde{Q}(\hat{n}) = Q(\hat{n} + \boldsymbol{\alpha}), \tag{4.71}$$

$$U(\hat{n}) \;\to\; \tilde{U}(\hat{n}) = U(\hat{n} + \boldsymbol{\alpha}), \tag{4.72}$$

となる．˜ のついた量は重力レンズ効果を受けた観測量で，˜ のない量は重力レンズ効果を受ける前の，晴れ上がり時刻での量である．これらを球面調和関数で展開すれば，重力レンズ効果を受けた温度ゆらぎや偏光のパワースペクトルがどのように変化するのかを知ることができる．しかし，球面調和関数は計算が煩雑であるから，フーリエ変換で代用しよう．

まず，視線方向を天頂付近 $\theta \ll 1$ の天域に限れば，視線方向ベクトルは $\hat{n} \to (\theta\cos\phi, \theta\sin\phi, 1)$ と近似できる．これを $\hat{n} = (\boldsymbol{\theta}, 1)$ と書こう．次に，曲がり角ベクトルを重力レンズポテンシャルを用いて $\boldsymbol{\alpha} = \nabla\psi$ と書く（式（2.51））．∇ は視線方向に垂直な方向への勾配ベクトルである．すると $(\tilde{\Theta}, \tilde{Q}, \tilde{U})(\boldsymbol{\theta}) = (\Theta, Q, U)(\boldsymbol{\theta} + \nabla\psi)$ と書ける．右辺を重力レンズポテンシャルに関してテイラー

展開すれば,

$$(\tilde{\Theta}, \tilde{Q}, \tilde{U})(\boldsymbol{\theta}) = (\Theta, Q, U)(\boldsymbol{\theta}) + \nabla(\Theta, Q, U) \cdot \nabla\psi + \cdots, \qquad (4.73)$$

を得る. 両辺を 2 次元フーリエ変換し, E モードと B モード偏光の定義式 (4.61), (4.62) を用いれば

$$\tilde{a}(\boldsymbol{\ell}) = a(\boldsymbol{\ell}) + \int \frac{d^2\ell'}{(2\pi)^2} \, \boldsymbol{\ell}' \cdot (\boldsymbol{\ell}' - \boldsymbol{\ell})\psi(\boldsymbol{\ell} - \boldsymbol{\ell}')a(\boldsymbol{\ell}'), \qquad (4.74)$$

$$\tilde{E}(\boldsymbol{\ell}) = E(\boldsymbol{\ell}) + \int \frac{d^2\ell'}{(2\pi)^2} \, \boldsymbol{\ell}' \cdot (\boldsymbol{\ell}' - \boldsymbol{\ell})\psi(\boldsymbol{\ell} - \boldsymbol{\ell}')$$
$$\times \{E(\boldsymbol{\ell}') \cos[2(\phi_{\ell'} - \phi_\ell)] - B(\boldsymbol{\ell}') \sin[2(\phi_{\ell'} - \phi_\ell)]\}, \qquad (4.75)$$

$$\tilde{B}(\boldsymbol{\ell}) = B(\boldsymbol{\ell}) + \int \frac{d^2\ell'}{(2\pi)^2} \, \boldsymbol{\ell}' \cdot (\boldsymbol{\ell}' - \boldsymbol{\ell})\psi(\boldsymbol{\ell} - \boldsymbol{\ell}')$$
$$\times \{B(\boldsymbol{\ell}') \cos[2(\phi_{\ell'} - \phi_\ell)] + E(\boldsymbol{\ell}') \sin[2(\phi_{\ell'} - \phi_\ell)]\}, \qquad (4.76)$$

を得る. $a(\boldsymbol{\ell})$ は $\Theta(\boldsymbol{\theta})$ のフーリエ変換の係数である. この結果には, 2 つの重要な点がある. 一つは, 重力レンズ効果によって異なるフーリエ成分が混ざることである. すなわち, ある $\boldsymbol{\ell}$ で観測された温度ゆらぎや偏光は, 異なる $\boldsymbol{\ell}'$ の, 重力レンズ効果を受けていない温度ゆらぎや偏光と重力レンズポテンシャルの畳み込み積分で与えられる. このため, 温度ゆらぎや E モード偏光のパワースペクトルに見られる音波の振動はならされ, 振動の振幅は小さくなる. もう一つは, E モードと B モードが混ざることである. すなわち, 宇宙の晴れ上がり時に B モード偏光がゼロであっても, 観測される偏光はゼロでない B モードを含むのである. これら 2 つの効果は, この 10 年の間に測定された.

図 4.22 (246 ページ) に, 重力レンズ効果によって温度ゆらぎのパワースペクトルの音波振動がなめらかになる様子を示す. これは物理的に理解できる. 重力レンズ効果により, 密度の高い領域を通ってきた光の像は大きく見え, 密度の低い領域を通ってきた光の像は小さく見える. すると, 異なる視線方向に観測される音波振動は小さい $\boldsymbol{\ell}$ の方向にずれたり大きな $\boldsymbol{\ell}$ の方向にずれたりするから, それらの重ね合わせで振動はなめらかになるのである. これは式 (4.74) において, 観測される温度ゆらぎのフーリエ成分 $\boldsymbol{\ell}$ は他のフーリエ成分の重ね合わせで与えられることに対応する. 効果の大きさは重力レンズポテンシャルで与えられ

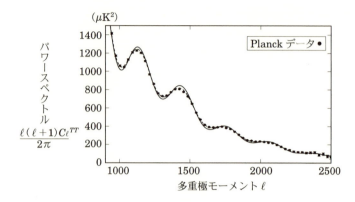

図 **4.22** 宇宙マイクロ波背景放射の光子が受ける重力レンズ効果を含めた場合（破線）と含めなかった場合（実線）の温度ゆらぎのパワースペクトル C_ℓ^{TT} の理論曲線と，Planck のデータとの比較．

るために小さく，WMAP では測定できなかったが，Planck では測定できた．Planck の温度ゆらぎのパワースペクトルは，重力レンズ効果を受けた，なめらかな理論曲線と整合する．

　式 (4.76) によれば，重力レンズ効果を受ける前の，晴れ上がり時の偏光が B モードを含まなかったとしても，E モード偏光が重力レンズ効果を受けることでゼロでない B モード偏光が生成される．より詳しくいえば，あるフーリエ成分 ℓ を持つ B モード偏光は，異なるフーリエ成分 ℓ' を持つ E モード偏光と重力レンズポテンシャルとの畳み込み積分で与えられる．そのため，B モード偏光のパワースペクトルの形は E モード偏光のものと似ているが，音波振動はならされてなめらかになる．図 4.23 に，チリに設置された日米共同の地上望遠鏡 POLARBEAR と，南極に設置された望遠鏡 SPT，および BICEP2/Keck Array（ともに米国の大学が運用）によって測定された B モード偏光を，ΛCDM モデルの理論曲線と比較する．両者の一致は驚くべきものである．

　それだけではない．重力レンズ効果を受けた，異なる視線方向のパワースペクトルは異なるため，観測される温度ゆらぎや偏光の統計的性質は，2 次元平面の並進変換に関して不変ではない．すなわち，パワースペクトルの分布は一様でなくなる．このとき，異なる ℓ を持つフーリエ係数の 2 点相関関数はゼロにならず，

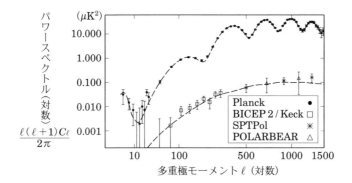

図 4.23 音波による E モード偏光のパワースペクトル C_ℓ^{EE} （図 4.21 と同じ）と，重力レンズ効果による B モード偏光のパワースペクトル C_ℓ^{BB}．破線は理論曲線で，宇宙論パラメータは図 4.17 と同じ．

$$\langle \tilde{a}(\boldsymbol{\ell})\tilde{a}^*(\boldsymbol{\ell}')\rangle = (2\pi)^2 \delta_D^{(2)}(\boldsymbol{\ell}-\boldsymbol{\ell}')\tilde{C}_\ell + (\tilde{C}_\ell\boldsymbol{\ell} - \tilde{C}_{\ell'}\boldsymbol{\ell}')\cdot(\boldsymbol{\ell}-\boldsymbol{\ell}')\psi(\boldsymbol{\ell}-\boldsymbol{\ell}') \quad (4.77)$$

となる．右辺の初項は 2 次元のデルタ関数によって $\boldsymbol{\ell} \neq \boldsymbol{\ell}'$ でゼロとなるが，2 項目はゼロとならない．この性質を用いれば，2 点相関関数の非対角成分 $\boldsymbol{\ell} \neq \boldsymbol{\ell}'$ を測定することで重力レンズポテンシャル $\psi(\boldsymbol{\ell}-\boldsymbol{\ell}')$ を得られる．偏光についても同様の結果があてはまり，$\langle \tilde{a}(\boldsymbol{\ell})\tilde{E}^*(\boldsymbol{\ell}')\rangle$，$\langle \tilde{a}(\boldsymbol{\ell})\tilde{B}^*(\boldsymbol{\ell}')\rangle$，$\langle \tilde{E}(\boldsymbol{\ell})\tilde{E}^*(\boldsymbol{\ell}')\rangle$，$\langle \tilde{E}(\boldsymbol{\ell})\tilde{B}^*(\boldsymbol{\ell}')\rangle$ から重力レンズポテンシャルを得られる．

これらの結果を小さな天域に限らず，全天の天球上に一般化するには，2 次元フーリエ変換ではなく球面調和関数を用いる．このとき，式 (4.77) の右辺初項は式 (4.45) に対応し，非対角成分である $\ell \neq \ell'$，$m \neq m'$ を測定すれば，全天の重力レンズポテンシャルを得られる．具体的には，重力ポテンシャルの球面調和関数の展開係数を ψ_{LM} と書けば，$M = m - m'$ で，L は L, ℓ, ℓ' が三角形をなすように決まる．これを 2 乗して M に関して平均すれば，パワースペクトル $C_L^\psi = (2L+1)^{-1} \sum_{M=-L}^{L} |\psi_{LM}|^2$ を得る．図 4.24（248 ページ）は，Planck の温度ゆらぎと偏光のデータから得られた重力レンズポテンシャルのパワースペクトルである．このデータも，表 4.1 に示す宇宙論パラメータの制限を求めるのに使用された．

現在の重力レンズポテンシャルの測定データはまだ雑音が大きいが，本書の初

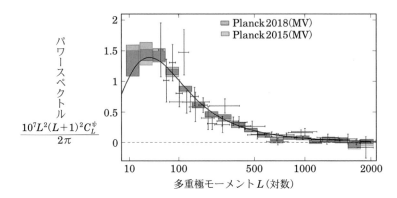

図 4.24 Planck から得られた重力レンズポテンシャル ψ のパワースペクトルとその 68%の信頼領域（四角形）．$L^2(L+1)^2 C_L^\psi/(2\pi)$ を L の関数として示す．単位は無次元である．誤差棒は ACT や SPT のデータを示す．Planck Collaboration, "Planck 2018 results. VIII. Gravitational lensing", arXiv:1807.06210 より抜粋．実線は ΛCDM モデルの理論曲線で，宇宙論パラメータは図 4.17 と同じ．

版が出版されてから 12 年の間に温度ゆらぎと偏光の測定に劇的な進展があったように，今後 10 年間で重力レンズポテンシャルの測定データも大幅に改善されるものと期待されている．温度ゆらぎや E モード偏光のパワースペクトルは宇宙の晴れ上がり時の情報を与えるが，重力レンズ効果のパワースペクトルはより後期の宇宙の物質分布の情報を与える．これらを組み合わせることで，宇宙初期から現在に近い時刻までの宇宙の物質密度ゆらぎの進化を調べることができる．この進化はダークエネルギーの性質やニュートリノの質量によって影響を受けるので，将来的にはこれらの量を決定できる可能性がある．

4.4.4 初期重力波

図 4.25 に，温度ゆらぎと偏光のパワースペクトルの測定データと理論曲線をまとめた．1992 年に，COBE によって初めて温度ゆらぎのパワースペクトルが測定（4.3.1 節）されてから，「わずか」26 年間でパワースペクトルの測定精度は 7 桁も向上した．これは驚くべきことである．図 4.16（226 ページ）と比べれば，本書の初版が出版されてからの 12 年間で，加速度的に測定精度が向上し

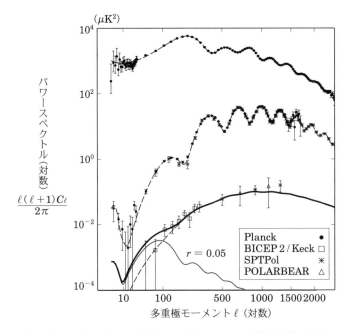

図 4.25 2018 年 11 月時点の，宇宙マイクロ波背景放射の温度ゆらぎ（C_ℓ^{TT}）と偏光（C_ℓ^{EE}, C_ℓ^{BB}）のパワースペクトルの測定データ．一番下の線は，スケールフリーで $r = 0.05$ を持つ，時空の量子ゆらぎ起源の初期重力波の理論曲線である．図が煩雑にならないよう，温度ゆらぎと E モード偏光の相互相関パワースペクトル（図 4.18）は含めなかった．

たことも明らかであろう．今や，日米欧を中心として，世界中の研究グループがしのぎを削って宇宙マイクロ波背景放射の偏光の測定を行っている．

宇宙初期の音波の存在は 1970 年に理論的に予測されていたが，理論の提唱者を含めて誰一人として，これを実際に測定できると考えた研究者はいなかった．しかし，ひとたびその重要性が認識されれば，小さな信号でも測定は可能なのである．これは，歴史的教訓として覚えておくべきだろう．

密度ゆらぎ（スカラーモード）に関係する宇宙マイクロ波背景放射のパワースペクトル，すなわち，音波による温度ゆらぎと E モード偏光，および重力レンズ効果による B モード偏光は，すべて測定された．それらすべてが ΛCDM モデルとインフレーション理論から導かれる理論曲線で説明できる．あとは，インフ

レーション中に時空の量子ゆらぎとして生成されたと考えられている重力波（テンソルモード）を発見するのみである．重力波は E モード偏光と B モード偏光をほぼ等量生成するが（図 4.12，215 ページ），E モード偏光は音波起源のものが支配的なため，B モード偏光を用いねばならない．重力波起源の B モード偏光はまだ発見されておらず，「テンソル–スカラー比」と呼ばれるテンソルモードとスカラーモードのパワースペクトルの比を表すパラメータ r の上限値は，95%の信頼領域で $r < 0.06$（2018 年 11 月時点）である．将来的には，$r = 0.001$ あたりまで探索されると期待されている．そのような小さな r を測定するには，銀河系内の星間塵放射やシンクロトロン放射の偏光を 99%以上除く必要があり，簡単ではない．しかし，研究者は十分可能だと考えている．宇宙マイクロ波背景放射の研究からは，今後も驚くべき結果が得られるに違いない．

第 **5** 章

銀河形成理論

これまでの章で，ビックバンから始まる膨張宇宙のダイナミクスと幾何，さらに非一様性の重力不安定による構造形成について論じてきた．この章では，こういった宇宙の膨張を振り切って重力収縮する物質から，どのようにして光り輝く銀河が生まれるのか，銀河形成の過程に伴って銀河間物質はどのように進化するのか，といったバリオンの物理過程について説明しよう．最後に，現在の銀河形成理論における未解決問題を述べる．

5.1 銀河形成の条件

我々の宇宙にある銀河または現在の銀河以前に形成され，銀河のもとになったと考えられるより小さな前銀河天体が形成されるための条件を考えよう．我々の銀河系（天の川銀河）をはじめとする銀河（今後は前銀河天体を含めて銀河と呼ぶ）は，非常に多くの恒星の集団として考えられる．膨張宇宙の中で原始銀河雲が形成され，その中で多数の恒星が形成されたときに銀河が形成されたと考えることができる．

ところで，宇宙が中性化する以前においては放射とガスの相互作用が強い．そのためガスは放射の強い圧力を受けるために，収縮して原始銀河雲を作ることがほとんど不可能である．宇宙が中性化して宇宙マイクロ波背景放射（CMB）が

形成されると同時にガスは放射圧から開放され，そのときから天体形成が始まるのである．このことは，自己重力的な収縮が可能かどうかを表すジーンズ質量（122 ページ参照）の変化によって明確に見ることができる．宇宙中性化前のジーンズ質量は $10^{14} M_\odot$ 程度であり，その時代の地平線内の質量と同じオーダーであって銀河質量を大きく上回る．それが，宇宙中性化以後は $10^6 M_\odot$ 程度に大幅に減少する．その結果，それ以上の質量を持ったガス雲の収縮が可能になるので原始銀河雲の形成が始まると考えられる．

　ここで原始銀河雲の構成要素を考えよう．現在の宇宙のエネルギー密度の多くを占めているのはダークエネルギーと呼ばれる真空のエネルギーであると考えられている．しかし，真空のエネルギーは一様に存在するものであり特定の場所に集中することはないので天体形成に直接関わることはない．また，真空のエネルギー密度は宇宙膨張によって変化しないのに対して，物質の密度は宇宙膨張によって減少する．つまり宇宙初期では現在よりもはるかに高密度になるために，最初の銀河形成期においては物質の方がエネルギー密度が高くなる．そこで，原始銀河雲の重力源として重要になるのは物質の中でもっとも多量に存在すると考えられているダークマターということになる．

　また，ダークマターは銀河を形成するゆらぎの起源としても重要である．星などの形成原料であるバリオン（通常の物質）は放射圧を受けるために，宇宙が中性化するまではゆらぎが成長できないし，また宇宙中性化の直前にゆらぎの減衰も起きる．それに対して，ダークマターは放射圧を受けないため宇宙中性化以前からゆらぎが成長できる．そのため宇宙中性化の後で起きる銀河などの天体形成の種になるゆらぎは，ダークマターが作ったものになるわけである（3 章参照）．しかし，ダークマターは重力以外の相互作用をほとんどしないので，冷却できないために収縮できず星の材料とはなりえない．そこで，原始銀河雲中で星が形成されて銀河に進化するためには冷却が効き星の原料となることができるバリオンが重要になる．原始銀河雲が形成されたときには，バリオンとして存在するのはビッグバン宇宙で形成されたほとんど水素とヘリウムのみで構成された始原ガスであると考えられる．

5.2 バリオンの冷却過程

銀河形成のためには十分な星形成が起きることが必要である．ここでは，原始銀河雲中の始原ガスから最初に星が形成されるための条件を考える．これを決定するためには，ガスの冷却過程を調べる必要がある．以下で説明するように，冷却が効かないガスはあまり収縮することができず，星まで進化することができないためである．

5.2.1 冷却の重要性

銀河や星などの天体形成においては，まず重要なのは自己重力である．しかし，自己重力で収縮を始めたら必ず天体形成につながるわけではない．重力は距離の2乗に反比例する力であるため，収縮すれば重力は強まる．しかし，それだけでは収縮する条件として十分ではない．重力に対抗して収縮を妨げる力である圧力がどう変化するかを考える必要がある．質量 M で半径 R のガス雲を考える．重力エネルギー E_G は

$$E_G = -a\frac{GM^2}{R} \tag{5.1}$$

となる．ここで a は1程度の係数でガスの密度分布によって決まる．圧力のエネルギー E_P は

$$E_P = bR^3\overline{P} \tag{5.2}$$

である．ここで，$\overline{P}$ は平均圧力であり，b は形状などによるオーダー1の係数である．このガス雲が収縮したときの重力エネルギーの変化は，平均密度 $\overline{\rho}$ は $\overline{\rho} \propto R^{-3}$ であるから，

$$E_G \propto R^{-1} \propto \overline{\rho}^{1/3} \tag{5.3}$$

となる．それに対して，収縮が断熱的に起きたとすると，断熱指数 γ を用いて，$P \propto \rho^\gamma$ となることから，圧力エネルギーの変化は

$$E_P \propto R^3\overline{\rho}^\gamma \propto R^{3-3\gamma} \propto \overline{\rho}^{\gamma-1} \tag{5.4}$$

となる．断熱指数 γ は単原子分子やイオンの場合には $\gamma = 5/3$ となるから，断熱的な重力収縮では E_G の変化率よりも E_P の変化率の方が大きいことが分か

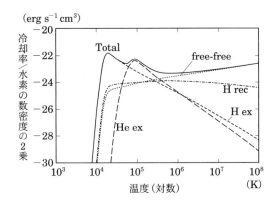

図 5.1 始原ガスの水素およびヘリウムの原子やイオンによる単位体積当たりの冷却率を水素の数密度の 2 乗で割ったもの ($\Lambda(T)/n_H^2$) を示す。原始銀河雲においては，非常にガス密度が低く，冷却率は粒子数密度の 2 乗に比例するため，$\Lambda(T)/n_H^2$ は密度によらずに描くことができる。ここで，電離度は温度だけで決まる化学平衡状態になると仮定して決めている。合計の冷却率（実線，Total）と主要な冷却過程による冷却率を描いている。主要な冷却過程としては，10^4 K 付近で重要な水素原子の衝突励起による放射冷却（短い破線，H ex），10^5 K 付近で重要なヘリウム原子の衝突励起による放射冷却（長い破線，He ex），10^6 K 以上の高温で重要な熱制動放射（点線，free-free）および全温度範囲にわたって多少の寄与がある水素原子の再結合による冷却（一点鎖線，H rec）がある（Nishi 2002, *Prog. Theor. Phys. Suppl.*, 147, 1）．

る．つまり，断熱的な場合では，重力収縮が起きてもすぐに圧力勾配が重力を上回り収縮がとめられてしまうのである．そのため，自己重力による銀河や星などの天体形成のためには，冷却が十分効くことによって圧力上昇を抑えることが必要となるのである．

5.2.2 冷却過程について

始原ガスには重元素が含まれていないため，水素やヘリウムによる冷却過程を考える必要がある．この点が，現在の星形成過程と大きく異なる点である．水素およびヘリウムの原子やイオンによるガスの冷却率を図 5.1 に示す．図中で，H ex および He ex は水素原子およびヘリウム原子の励起による放射冷却を示し，

free-free はイオンによって電子が加速度運動をすることによって起きる熱制動放射（自由–自由遷移による放射）を表す．この図から明らかなように，始原ガス中では原子やイオンによる冷却過程では温度が 10^4 K を下回ると冷却率が急速に低下する．

しかし，星形成のためには 10^4 K 以下においても冷却が必要である．というのは，原始銀河の温度が 10^4 K にとどまったとすると，銀河の典型的な密度におけるジーンズ質量は太陽質量の 10^7–10^8 倍にもなって星の質量スケールよりはるかに大きくなるため，そのままでは星形成は困難と考えられるからである．そこで，重要となるのが水素分子の振動・回転準位の励起による放射冷却である．ところで，原始銀河雲の構成材料である始原ガス中にはもともと水素分子はほとんど存在していない．そのため，水素分子の生成過程（および解離過程）をきちんと考察し，水素分子の形成量を評価する必要がある．

5.2.3 水素分子の形成

水素分子は同じ原子が結合した等核 2 原子分子であり電気双極子モーメントを持たないため，気相での水素原子同士の衝突ではほとんど形成されない．その理由は以下の通りである．ガス中で水素原子同士が衝突して水素分子の励起状態といえる状態を作ったとしても，電気双極子放射ができないために余分なエネルギーをなかなか捨てることができずに安定な結合状態になれない．そうしてまた 2 個の原子に戻ってしまうのである．そのため，現在の星間空間では固体の星間微粒子上での形成過程が重要になる．つまり余分なエネルギーを星間微粒子に与えることで水素分子形成が可能になるのである．しかし，ここで考えている始原ガス中には水素およびヘリウム以外の元素はほとんど存在しない．つまり星間微粒子は存在し得ないのである．そこで電子や水素イオン（陽子）を触媒として水素分子を形成する以下の H^- 過程および H_2^+ 過程が重要になってくる．

H^- 過程：

$$H + e^- \longrightarrow H^- + \gamma \tag{5.5}$$

$$H^- + H \longrightarrow H_2 + e^- \tag{5.6}$$

H_2^+ 過程:

$$H + H^+ \longrightarrow H_2^+ + \gamma \tag{5.7}$$

$$H_2^+ + H \longrightarrow H_2 + H^+ \tag{5.8}$$

ここで γ は余分なエネルギーを放射の形で放出していることを示す．温度が 10^4 K に近いような高温の場合には H_2^+ 過程の方が効率が高いが，それ以外の場合には H^- 過程の方が重要である．

始原ガス中における水素分子形成としては，粒子数密度が 10^8 cm^{-3} 以上の高密度で重要になる 3 体反応もあり，星形成の後期段階では重要になる（詳しくは第 6 巻を参照）が，ここでは星形成が可能になる条件を考えているので無視することができる．

つまり，水素分子形成には適当に電子や水素イオンが存在することが必要なのである．となると問題になるのは電離度である．水素分子による冷却が重要になるのは温度が 10^4 K 程度より下がったときである．しかし，電離度が化学平衡によって決まっているとすると，10^4 K 以下では電離度は急速に低下し，ほとんど電子や水素イオンは存在しないことになる．また水素分子は 2000 K 程度以上の温度では，他の粒子との衝突によって解離するために，10^4 K 以上の高温で作って後で利用するというわけにもいかない．

しかし，実際には原始銀河雲が進化するときには，収縮による密度変化や冷却による温度変化が速いために電離度は非化学平衡状態になり，10^4 K 以下の温度においても適当な電離度を期待することは可能なのである．ただ，最初の星形成が起きると期待されるのは比較的小質量のガス雲であり，形成時に期待される衝撃波加熱が弱く，あまり高温にならないためにそもそも電離が期待できない．そのため，触媒になる電子や水素イオンを供給するのは，宇宙の中性化が起きたときに宇宙膨張のため電離度が有限にとどまったことによるのである．つまり，宇宙の中性化が進行するときに電離度が低下すると，水素イオンや電子は結合する相手が減少するために反応率が落ちてくる．その上，宇宙膨張によって全体の密度が減少するため，途中で中性化反応が凍結してしまい，有限の電離度が残ってしまうのである．その結果，電離度は $10^{-3.5}$ 程度になる．

宇宙膨張から原始銀河雲が切り離されて収縮すると，ガス雲の密度が上昇しい

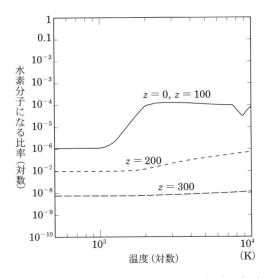

図 5.2 水素全体の中で水素分子になる比率 (y_{H_2}) をビリアル温度の関数として描いたグラフ. 原始銀河雲の形成時期を $z = 300, 200, 100, 0$ のそれぞれの場合に調べた (Nishi & Susa 1999, *ApJL*, 523, 103; Susa 2002, *Prog. Theor. Phys. Suppl.*, 147, 11 も参照).

ろいろな反応が起きるようになる．つまり，水素分子形成反応が始まると同時に再結合による電離度の低下も進むのである．中性化反応が速い場合には触媒がなくなるために十分な水素分子を形成することができなくなる．また，形成された水素分子によって冷却が進むとガス雲自体の物理量が変化するので，そのことも考慮する必要がある．この過程は非化学平衡過程であるが，水素分子形成，解離のタイムスケール，電子の再結合のタイムスケールおよび冷却のタイムスケールを比較することによって形成される水素分子の量の推定は可能である．ここでは，$10^{-3.5}$ の初期電離度の場合に形成される水素分子の量をガス雲のビリアル温度（ガス雲が重力と圧力勾配の平衡状態になったと考えたときに期待される温度．原始銀河雲の場合には主としてダークマターの作る重力ポテンシャルの深さを反映する）に対して示した（図 5.2）．

赤方偏移 z が 100 以下で形成された原始銀河雲では z 依存性はほとんどない．この段階で形成される水素分子の比率は最大で 10^{-4} 程度である．ただ，こ

の計算ではガス雲の密度を固定しているが，冷却によって圧力が減少しガス雲が収縮すると水素分子形成が継続して起きて水素分子比率は上昇する．また，ビリアル温度が 10^3 K 以下の原始銀河雲では，再結合反応が速く起きるので触媒の電子や水素イオンがなくなってしまうため，ほとんど水素分子は形成されない．また，ビリアル温度が 10^4 K 近くの原始銀河雲では，水素分子比率は温度と電離度から期待される化学平衡の値となる．ただしこの場合も電離度は化学平衡になるとは限らない．

$100 \lesssim z$ で形成された原始銀河雲の場合には，宇宙背景放射の光子のエネルギーが高いため，中間生成物である H^- が壊されてしまう．そのため，H^- 過程が働かず，水素分子比率は小さくなる．また，$200 \lesssim z$ で形成された場合には，H_2^+ も破壊されるため，水素分子はほとんど形成されない．実は，このことが原始銀河雲の最初の構成材料である始原ガスがほとんど水素分子を含まない理由である．もし，宇宙背景放射の効果がなければ，宇宙が中性化するときに同時にある程度の水素分子（水素分子比率 $y_{H_2} \approx 10^{-3}$）が形成されることが期待され，その後の原始銀河雲の進化に影響を与えることになっただろう．

ところで，ビリアル温度が 10^4 K 程度以上の原始銀河雲（比較的大質量の原始銀河雲）の場合には，状況が異なる．この場合には，原始銀河雲の形成時における比較的強い重力のためにガスが大きな速度を持って落下し，収縮が止まるときの衝撃波加熱の効果が大きくなる．そのため一度電離が起きた後に冷却が起き，非化学平衡過程で水素分子が形成される．この過程も水素分子形成，解離のタイムスケール，電子の再結合のタイムスケールおよび冷却のタイムスケールを比較することで解析可能である（図 5.3）．

まず衝撃波加熱により高温になったガスは電離が進行するために上方に向かう（領域 (a)）．電離がある程度進行すると冷却の方が速くなって温度が下がり左側に向かう（領域 (b)）．そして，温度が 8000 K 程度になると，水素原子による冷却効率が非常に悪くなるために冷却が効かなくなる．このときすでに温度が下がっているためにガスは中性化に向かい電離度が減少し，長破線の境界にそって下方に向かう．電離度がある程度下がると，水素分子の冷却が効きだすために，また冷却されて左側に向かう．このとき，水素分子の存在比率は温度および電離度から決まる化学平衡の値になることがタイムスケールの解析から分かってい

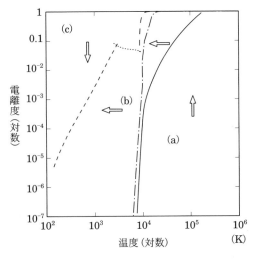

図 5.3 温度–電離度平面における衝撃波によって加熱された始原ガスの進化．領域（a）は電離のタイムスケールがもっとも短くなる領域であり，ガスは温度がほとんど変わらずに電離が進行する．領域（b）は冷却のタイムスケールがもっとも短くなる領域で，ガスは冷却によって温度が下がるが電離度はほとんど変化しない．領域（c）は再結合のタイムスケールがもっとも短くなる領域で，ガスは温度がほとんど変わらずに電離度が低下する．領域（b）と領域（c）の境界はどういう冷却過程が効いているかによって3種類にわけられる．長破線では水素原子の励起による放射冷却が，そして点線と短破線では水素分子の励起による放射冷却が効いている．ただし，点線の領域では水素分子の比率はその点における温度と電離度から決まる化学平衡の値になっており，短破線の領域では水素分子形成はほぼストップし，水素分子比率はおよそ 2×10^{-3} 程度になっている．一点鎖線は，水素原子の電離率と再結合率が等しくなる境界である．一点鎖線より高温側（右側）では電離が優勢であり，電離度は上昇しようとする．反対に低温側（左側）では再結合が優勢であり，電離度は低下しようとする（Yamada 2002, *Prog. Theor. Phys. Suppl.*, 147, 43; Susa *et al.* 1998, *Prog. Theor. Phys.*, 100, 63 も参照）．

る．その後，温度が 2000 K 程度まで下がると水素分子形成のタイムスケールが冷却のタイムスケールより長くなり，水素分子の比率はおよそ 2×10^{-3} 程度で固定されることになる．その水素分子比率を仮定して描いた冷却時間と再結合時

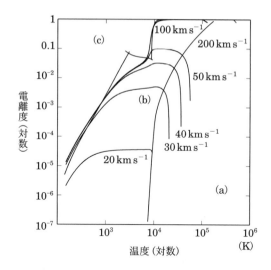

図 5.4 温度–電離度平面における衝撃波によって加熱された始原ガスの進化．図 5.3 の解析と数値計算の結果を比較してほぼ合っていることを示した．また，衝撃波速度がおよそ $50\,{\rm km\,s^{-1}}$ 以上の場合には，進化の線が収束することが分かる（Yamada 2002, *Prog. Theor. Phys. Suppl.*, 147, 43; Susa *et al.* 1998, *Prog. Theor. Phys.*, 100, 63 も参照）．

間が等しくなる線が短破線である（約 2000 K 以下の低温での領域 (b) と (c) の境界線）．最後は，この線に沿ってガスは進化する．

　図 5.4 に，実際に衝撃波加熱を受けたガスの進化を数値的に調べた結果を示した．図 5.3 に示したタイムスケールの比較による議論がほぼ正しかったことが分かる．

　この過程において，電離度はほとんど完全に非化学平衡であり，水素分子についても，化学平衡になっている領域は一部分のみである．しかし，水素分子比率がその点の電離度と温度に対する化学平衡によって決まる領域で，多くの初期条件の場合の進化を表す線が収束することが分かる（図 5.4）．その結果，ビリアル温度が $10^4\,{\rm K}$ 以上の原始銀河雲では，ほとんどビリアル温度によらずに，水素分子比率が 2×10^{-3} 程度になることが分かる．

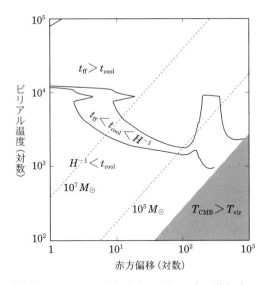

図 5.5 赤方偏移–ビリアル温度平面における冷却可能領域．$t_{\rm ff} > t_{\rm cool}$ の領域では，原始銀河雲の収縮のタイムスケールである自由落下時間（$t_{\rm ff}$）よりも冷却のタイムスケールが短いためにガスは十分冷却できる．水素原子による冷却が効かない温度が約 10^4 K 以下でも，冷却がよく効く領域として広がっていることが分かる．これは，水素分子による冷却の効果である．$t_{\rm ff} < t_{\rm cool} < H^{-1}$ の領域では，自由落下時間内では冷却できないが，宇宙の進化のタイムスケールであるハッブル時間 H^{-1}（ここで H はハッブルパラメータ）よりは短い時間で冷却可能である．$H^{-1} < t_{\rm cool}$ の領域では，ガスの冷却はほとんど効かないといえる．右下の $T_{\rm CMB} > T_{\rm vir}$ の領域では，宇宙背景放射の温度がガスの初期温度より高いために，放射冷却が不可能な領域である．破線はダークマターを含めた原始銀河雲の総質量を表したものである．宇宙最初期天体の母体として期待される $z \sim 20$ 前後に形成される総質量が $10^6 \sim 10^7 M_\odot$ の原始銀河雲においてはビリアル温度が数千度であるため，水素分子による冷却が非常に重要であることが分かる（Susa 2002, *Prog. Theor. Phys. Suppl.*, 147, 11; Nishi & Susa 1999, *ApJL*, 523, 103 も参照）．

5.2.4　冷却可能な原始銀河雲

水素分子がどれだけ形成されるかが分かったので，ある時刻（z）に形成された，あるビリアル温度を持った原始銀河雲に対して冷却時間を計算し，冷却が十分効くかどうかを調べることができる（図 5.5）．ビリアル温度が約 10^4 K 以上

の原始銀河雲では，冷却時間は雲の自由落下時間より短い．この領域では水素原子による冷却が非常に効率が良いためである．また，ビリアル温度が数千度の雲でも形成される時刻の z が数十から 100 程度の場合には，冷却時間は雲の自由落下時間より短くなる．ここでは，水素分子による冷却が有効になっている．低温，低密度（z_{vir} が小さい）の左下の領域ではハッブル時間内（H^{-1}）に冷却できない．この領域の天体では星形成は起きない．それらの領域の間には，自由落下時間では冷却できないが，ハッブル時間内には冷却可能な領域が存在する．

$t_{\mathrm{ff}} > t_{\mathrm{cool}}$ の領域の原始銀河雲においては，重力収縮を表す自由落下時間よりも冷却のタイムスケールが短い．そのため原始銀河雲中の始原ガスは，まず冷却によって温度が下がり圧力が減少する．その後，圧力の影響をほとんど受けずにほぼ自由落下時間で動的に収縮することができると考えられる．その冷却と収縮過程で，ジーンズ質量は非常に減少するので，ガス雲は小さい塊に分裂することが可能になり，多数の星が形成されて，銀河のような天体に進化することが期待される．

それに対し，$t_{\mathrm{ff}} < t_{\mathrm{cool}} < H^{-1}$ の領域の原始銀河雲では，冷却のタイムスケールよりも自由落下時間が短い．そのため，ガス雲はほとんど冷却されずにまず収縮する．すると断熱収縮により圧力が高まり収縮が止められて，力学的平衡状態に近づくと考えられる．その後，宇宙膨張のタイムスケールであるハッブル時間内には冷却が効くので，力学的にはほぼ平衡状態を保ちながらゆっくりと冷却してエネルギーを失った分だけ収縮することになる．つまり準静的収縮が起きる．収縮が進行すると温度が上昇するために，冷却のタイムスケールが短くなり，冷却が効いて圧力が減少して動的収縮に移行することが予想される．この場合も天体形成が期待されるが，多数の星よりも非常に大質量の少数の星が形成されるだろう．$H^{-1} < t_{\mathrm{cool}}$ の領域では，ハッブル時間内には冷却が効かないことから，天体形成は期待できない．

5.3 宇宙暗黒時代と第 1 世代天体

宇宙の晴れ上がり時，すなわち宇宙年齢 37 万年（赤方偏移で 1090）の頃，宇宙はプラズマ状態から中性水素への相転移する．このときに放射された光は，現在，宇宙背景放射として電波やマイクロ波で観測されている（1.1.3 節参照）．宇

5.3 宇宙暗黒時代と第1世代天体　263

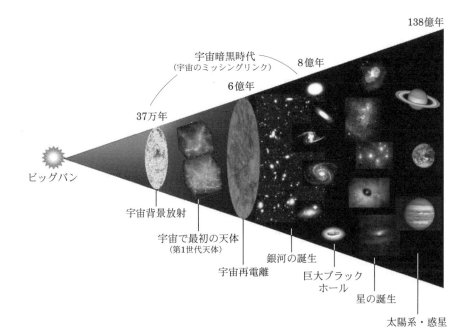

図 **5.6** 宇宙史と宇宙暗黒時代.

宙背景放射の観測から，宇宙晴れ上がり時は，密度の濃淡が10万分の1程度しかなく，星や銀河は誕生していないことがわかっている．一方，大望遠鏡を用いた可視光・赤外線の観測で，宇宙誕生後8–10億年の頃（赤方偏移で6–7）の宇宙に若い銀河が数多く見つかっている．宇宙年齢37万年から8億年の間は"宇宙暗黒時代"と呼ばれ，この時代に，宇宙で最初の天体が誕生したと考えられる．これを"宇宙第1世代天体"という（図5.6）．宇宙第1世代天体の形成は，宇宙晴れ上がり後の熱的歴史と重力不安定性によって決まる．

宇宙晴れ上がり時の中性水素の数密度 $n_{\rm HI}$ は，紫外線による光電離と自由電子の再結合によって決定され，次の式で与えられる．

$$\frac{dn_{\rm HI}}{dt} = -\gamma_{\rm UV} n_{\rm HI} + \alpha_{\rm A} n_e n_{\rm p}. \tag{5.9}$$

ここで，n_e, n_p はそれぞれ電子数密度，陽子数密度，$\gamma_{\rm UV}$ は光電離率である．また，$\alpha_{\rm A}$ は，水素原子のすべての束縛状態に落ちる再結合係数の和であり，次

の式で与えられる.

$$\alpha_{\mathrm{A}} = 2.1 \times 10^{-11} T^{-1/2} \phi(1.6 \times 10^5 / T) \quad [\mathrm{cm}^3\,\mathrm{s}^{-1}] \qquad (5.10)$$

$$\phi(y) = \begin{cases} 0.5(1.7 + \ln y + 1/6y) & y \gtrless 0.5 \qquad (5.11) \\ y(-0.3 - 1.2\ln y) + y^2(0.5 - \ln y) & y < 0.5 \qquad (5.12) \end{cases}$$

ここで, T はガスの温度である. 自由電子が水素の基底状態 (1S 状態) に再結合する際にはライマン端以上のエネルギーの光子を放射する. この光子は再び水素原子を電離することができる. また, 自由電子が水素の 2P 励起状態に再結合する場合には, 電離エネルギー以下の光子と 2P→1S の電気双極子放射[*1]によってライマン α 光子が 1 個放出される. ライマン α の光子はすぐさま中性水素に吸収されて 1S から 2P への励起を引き起こし, 2P への再結合の際生じた光子が 2P からの電離を引き起こす. このような過程が繰り返される場合, 水素原子の中性化は実質的に進行しない.

しかし, 電子が水素の 2S 励起状態に再結合する場合には, 基底状態 (1S 状態) への電気双極子放射が起こらず, 二つの光子の放射によって 2S→1S 遷移が起こる. 2 光子放射は, 二つの光子を合わせてライマン α 光子のエネルギーになるという条件を満たせばよいため, 連続光の放射となる. 2S→1S の遷移確率は 2P→1S 遷移の遷移確率より 8 桁近く小さいが, 放射される連続光は電離にまったく寄与しない光子であり, これにより水素は次第に中性化していく.

しかし, 電子の再結合の時間スケール ($1/n_{\mathrm{e}}\alpha_{\mathrm{A}}$) が宇宙膨張の時間スケールより長くなると, 再結合が起きなくなるため, 中性化は進まなくなる. 中性化が止まったときの宇宙の電離度は,

$$x_{\mathrm{e}} \equiv n_{\mathrm{e}}/n \approx 10^{-4} \qquad (5.13)$$

程度となる. これは "残存電離" と呼ばれる. 宇宙の晴れ上がり以降, 光と中性原子の相互作用はレイリー散乱 (光の波長より小さな粒子による散乱) になるため断面積は極端に小さくなる. しかし, 残存電離の電子は光とコンプトン散乱し, 放射場 (輻射場) からエネルギーをもらうことができる. 宇宙の晴れ上がり

[*1] 軌道角運動量量子数の変化が 1 の遷移を電気双極子遷移と呼び, この遷移で一つの光子が放出される.

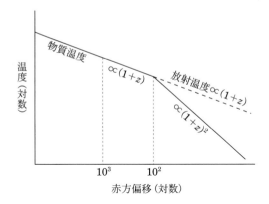

図 **5.7** 宇宙の物質温度と放射温度の変化.

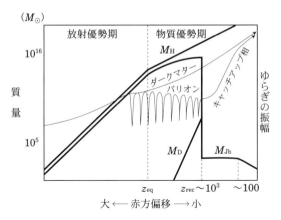

図 **5.8** ゆらぎの成長. M_H は地平線質量, M_D は放射性減衰質量, M_{Jb} はジーンズ質量.

の時点で,放射のエネルギー密度は,物質の熱エネルギー密度に比べて1万倍以上大きいため,わずかな量の電子を通じて放射から物質へ大きなエネルギーの輸送が起こる.これは,赤方偏移100程度まで続き,宇宙の晴れ上がりから赤方偏移100までの物質の温度は放射の温度と同じように変化する(図5.7).

宇宙暗黒時代における天体形成は,バリオン物質(水素,ヘリウムなどの核子物質)が,ダークマターの重力ポテンシャルに落ち込んで,密度ゆらぎの成長を起こすことから始まる(図5.8).ダークマターとバリオンの密度ゆらぎを δ_{DM},

δ_b とすると，その時間発展は次の方程式によって決定される．

$$\ddot{\delta}_\mathrm{DM} + 2\frac{\dot{a}(t)}{a(t)}\dot{\delta}_\mathrm{DM} = 4\pi G \left(\rho_\mathrm{DM}\delta_\mathrm{DM} + \rho_\mathrm{b}\delta_\mathrm{b}\right) \tag{5.14}$$

$$\ddot{\delta}_\mathrm{b} + 2\frac{\dot{a}(t)}{a(t)}\dot{\delta}_\mathrm{b} = 4\pi G \left(\rho_\mathrm{DM}\delta_\mathrm{DM} + \rho_\mathrm{b}\delta_\mathrm{b}\right). \tag{5.15}$$

ここで $a(t)$ は宇宙のスケール因子である．この2式を引き算すると，

$$(\ddot{\delta}_\mathrm{DM} - \ddot{\delta}_\mathrm{b}) + 2\frac{\dot{a}(t)}{a(t)}(\dot{\delta}_\mathrm{DM} - \dot{\delta}_\mathrm{b}) = 0 \tag{5.16}$$

となる．$\dot{a}/a = 2/3t$ の関係を使い，晴れ上がり時刻 t_rec に $\dot{\delta}_\mathrm{b}(t_\mathrm{rec}) = 0$ である として解くと

$$\delta_\mathrm{b}(t) = \delta_\mathrm{b}(t_\mathrm{rec}) + \delta_\mathrm{DM}(t) - 3\delta_\mathrm{DM}(t_\mathrm{rec}) + 2\delta_\mathrm{DM}(t_\mathrm{rec})\left(\frac{t}{t_\mathrm{rec}}\right)^{-1/3} \tag{5.17}$$

が得られる．密度ゆらぎの振幅が小さい線形成長段階では，$\delta_\mathrm{DM}(t) = \delta_\mathrm{DM}(t_\mathrm{rec})(t/t_\mathrm{rec})^{2/3}$ であるから，t_rec の数倍の時間でバリオンの密度ゆらぎは ダークマターの密度ゆらぎに近づくことが分かる．これを，キャッチアップ相と 呼ぶ．これ以降，バリオンとダークマターは同じようにふるまい，やがて重力的 に潰れてしまう（重力コラプス）．

重力コラプス以降，冷却過程がなければ，断熱的に温度が上昇し，これによる 圧力上昇で重力不安定はどこかで止まる．よって，重力不安定による天体形成の ためには，有効な冷却過程が必要である．宇宙の晴れ上がり後にできる中性水素 は有効な冷却剤となり，これにより温度は1万度（10^4 K）付近まで低下する． 温度が1万度以下に下がるためには，水素原子ではなく水素分子の形成が必要と なる．水素分子は，等核で中性の二つの原子からなるため，電気双極子モーメン トをもたない．よって，水素原子二つが光子を放出して結合するという過程によ る水素分子形成は起こらない．

水素分子を作る一つの過程は，3体反応

$$3\mathrm{H} \longrightarrow \mathrm{H}_2 + \mathrm{H}$$
$$2\mathrm{H} + \mathrm{H}_2 \longrightarrow 2\mathrm{H}_2$$

であり，数密度が $10^8\,\mathrm{cm}^{-3}$ を超えるような場合に有効となる．しかし，第1世

代天体形成時においてはガス密度がこれより低いため，3 体反応による分子形成は有効ではない．低密度の場合には，前節で見たように，陽子または電子の触媒反応によって水素分子形成が可能となる．そこで重要な役割を果たすのが (5.13) の残存電離である．水素分子形成は，形成過程と解離過程が拮抗しながら非平衡に進行する．結果として，宇宙残存電離により形成される水素分子の割合は $x_{\mathrm{H_2}} \simeq 10^{-6}$ 程度となる．量はわずかであるが，形成された水素分子は，温度を 1 万度以下に下げるのに有効に働く．重力不安定に伴い密度が上昇していく場合には，最終的な水素分子の量は，$x_{\mathrm{H_2}} \simeq 10^{-4}$–$10^{-3}$ まで増加する．さらに，衝撃波による電離が起こる場合や，紫外線で光電離される場合には，$x_{\mathrm{H_2}} \simeq 10^{-3}$–$10^{-2}$ まで水素分子の量が増大する．

　水素分子は，回転・振動準位間の遷移によって光を放射する．水素分子の i 番目の励起準位は，次式で決定される．

$$\sum_{j<i} n_i A_{ij} + \sum_{j \neq i} n_i B_{ij} u(\nu_{ij}) + \sum_{j \neq i} n_i n_{\mathrm{e}} C_{ij}$$
$$= \sum_{j>i} n_j A_{ji} + \sum_{j \neq i} n_j B_{ji} u(\nu_{ij}) + \sum_{j \neq i} n_j n_{\mathrm{e}} C_{ji}. \tag{5.18}$$

ここで，A は自発放射係数，B は誘発放射係数，C は衝突性遷移係数である．$u(\nu_{ij})$ は振動数 ν_{ij} の光子のエネルギー密度である．密度がある密度 n_{cr} よりも低いと，準位間の下向きの遷移は自発放射（A 係数）で支配され，上向きの遷移はおもに衝突（C 係数）で支配される．この場合，$n_i A_{ij} \approx n_{\mathrm{e}} n_j C_{ji}$ となるので，輝線放射による冷却率は

$$\Lambda_{H_2} = \sum_{i \geq 2} \sum_{j<i} n_i A_{ij} h\nu_{ij} = \sum_{i \geq 2} \sum_{j<i} n_{\mathrm{e}} n_j C_{ji} h\nu_{ij} \tag{5.19}$$

となり，n^2 に比例するようになる．n_{cr} よりも密度が高い場合には，上下の遷移とも衝突係数 C によって支配される．このとき，準位分布はボルツマン分布

$$\frac{n_j}{n_i} = \frac{g_j}{g_i} \exp(-h\nu_{ij}/kT) \quad j > i \tag{5.20}$$

となるため，冷却率は

$$\Lambda_{\mathrm{H_2}} = \sum_{i \geq 2} \sum_{j<i} n_i A_{ij} h\nu_{ij} \tag{5.21}$$

となり，n に比例する．すなわち，密度が n_{cr} を超えると冷却率の密度依存性が

弱くなり，冷却効率が落ちる．n_{cr} は，"臨界密度" と呼ばれ，A 係数や C 係数の値によって決まる．水素分子の場合には，$n_{cr} \simeq 10^4\,\mathrm{cm}^{-3}$ である．

水素分子の他に重要な分子として，重水素化水素分子（HD）がある．重水素（D）はビッグバン元素合成によって，わずかに $n_D/n \simeq 10^{-5}$ 程度作られるだけである．しかし，HD は電気双極子モーメントを持つため，水素分子より A 係数が大きい．このため，わずかな量でも放射冷却に寄与することができる．HD は，水素分子より励起エネルギーが小さいため，温度が 100 K 近くまで下がってきたときに有効になる．HD 形成は，水素分子を介して次のような反応で進行する．

$$
\begin{aligned}
&\mathrm{D^+ + H_2 \longrightarrow H^+ + HD} &:\text{低密度}\\
&\mathrm{D + H_2 \longrightarrow H + HD} &:\text{高密度}
\end{aligned}
\tag{5.22}
$$

また，HD の臨界密度は $n_{cr} \simeq 10^7\,\mathrm{cm}^{-3}$ であり，水素分子の場合より高密度まで冷却が有効に働く．

水素分子や HD 分子の冷却により，密度ゆらぎがジーンズ質量を上回れば，重力不安定が進行する．3.1.2 節で求められたジーンズ質量を，密度を nm_p（m_p は陽子質量），音速を $(kT/m_p)^{1/2}$ として表すと

$$
M_J = \left(\frac{kT}{G}\right)^{3/2} m_p^{-2} n^{-1/2}
\tag{5.23}
$$

となる．重力不安定が加速する条件は，重力が圧力勾配による力を上回ることであり，その条件は次式で与えられる．

$$
\frac{GM(<r)\rho}{r^2} > \frac{P}{r}.
\tag{5.24}
$$

ここで P はバリオンガスの圧力，ρ は密度，r は系のスケール，$M(<r)$ は r 内に含まれる質量である．ここで，圧力と密度の間の関係として，次の形を考える．

$$
P \propto \rho^\Gamma.
\tag{5.25}
$$

このような関係はポリトロープ関係と呼ばれる．断熱過程の場合は，定圧比熱を c_p，定積比熱を c_v として，$\Gamma = c_p/c_v$ である．単原子分子の場合には $c_p/c_v = 5/3$，2 原子分子の場合には $c_p/c_v = 7/5$ となる．また，等温的変化は $\Gamma = 1$ とみなすことができる．

（5.24）式を満たせば，重力不安定が加速するが，そのための Γ の条件は，幾

何学形状によって異なる．球対称の場合は，$M = $ 一定で収縮するから，$r = (3M/4\pi\rho)^{1/3}$ であり，(5.24) は $P < G(4\pi/3)^{1/3}M^{2/3}\rho^{4/3}$ となる．すなわち $\Gamma \leqq 4/3$ であれば重力不安定は加速する．平板の場合は，表面密度一定で収縮するから $M/r^2 \sim \rho r = $ 一定であり，(5.24) は $P < G(M/r^2)^2$ となる．このとき右辺は密度に依存しない（ρ^0）から，重力不安定が加速するのは $\Gamma \leqq 0$ のときである．円筒の場合は，$M/r = $ 一定で収縮するから，$\Gamma \leqq 1$ であれば重力不安定は止まらない．

まとめると，重力不安定が加速するための臨界的 Γ の値は，

$$\Gamma_{\mathrm{crit}} = \begin{cases} 4/3 & \text{球} \\ 0 & \text{平板} \\ 1 & \text{円筒} \end{cases} \tag{5.26}$$

となる．

重力不安定性は，非等方性を増大させる効果があるため，初期に球対称に近い分布であっても，重力コラプスにより平板に近い分布になる．(5.26) から分かるとおり，冷却が効いて等温的に変化した場合であっても，平板の重力収縮は必ず止まる．平板の中では，さらに非等方性が増大するので，円筒状ガス雲に分裂する．円筒状ガス雲は $\Gamma_{\mathrm{crit}} = 1$ なので，等温的な状態でぎりぎり収縮が可能である．すなわち等温性が少しでも破れれば，円筒状ガス雲の重力収縮は止まる．このとき，円筒状ガス雲の中で非等方性が増大し，塊に分裂する．

第 1 世代天体の形成は，初期にはダークマターの重力によってバリオンガスが重力不安定を起こすことから始まる．この際，水素分子による冷却で最初に重力コラプスを起こす天体の質量は，ダークマター込みの全質量で $10^6 M_\odot$（バリオン質量で $10^5 M_\odot$）程度であり，その形成時期は，赤方偏移 $z = 15\text{--}20$ である．初期に球対称に近い分布であっても，冷却が効いているうちは重力不安定により平板に近い分布になる．平板はさらに円筒状ガス雲に分裂する．円筒は重力不安定で収縮するが，収縮を続けているうちは分裂は起こらない．円筒は等温性が破れたとき，収縮が止まり，そこで分裂が起こることになる．

上に述べたように，臨界密度を超えたところで，水素分子による冷却の効率が急激に弱まるため，円筒の収縮が止まる．このときの円筒状ガス雲の線密度

は，およそ静水圧平衡にあるガス雲の線密度で与えられる．それは，音速 $c_\mathrm{s} = (kT/\mu)^{1/2}$（$\mu$ は分子量）のみで与えられ，$l = 2c_\mathrm{s}^2/G$ である．また，円筒状ガス雲の分裂の最大成長率は

$$\lambda_\mathrm{m} = 22.1 \frac{c_\mathrm{s}}{[4\pi G\rho(0)]^{1/2}} \tag{5.27}$$

で与えられる．よって，臨界密度で分裂が起こるとすると，分裂体の大きさは，

$$M_\mathrm{frag} = l\lambda_\mathrm{m} = 2.8 \times 10^3 M_\odot \left(\frac{T}{300\,\mathrm{K}}\right)^{3/2} \left(\frac{n}{10^4\,\mathrm{cm}^{-3}}\right)^{-1/2} \tag{5.28}$$

と評価される．これが，第 1 世代星（"種族 III 星" とも呼ばれる）の典型的な質量の一つと考えられる．冷却が HD で支配される場合には，臨界密度が高いため

$$M_\mathrm{frag} = l\lambda_\mathrm{m} = 17 M_\odot \left(\frac{T}{100\,\mathrm{K}}\right)^{3/2} \left(\frac{n}{10^7\,\mathrm{cm}^{-3}}\right)^{-1/2} \tag{5.29}$$

となる．

　一方，初期に臨界密度を超えたガス雲から星が誕生する場合には，3 体反応で有効に水素分子が形成されるため，冷却効率は落ちることなく円筒状ガス雲の収縮が続く．最終的には，水素分子の輝線放射に対して，円筒が光学的に厚くなったところで，冷却が弱まって分裂を起こす．この場合，第 1 世代星の大きさは

$$m_\mathrm{min} = \alpha_\mathrm{F}^{-1/2} \mu^{9/4} (M_\mathrm{P}^3/m_\mathrm{p}^2) \approx 0.5 M_\odot \tag{5.30}$$

で与えられる．ここで，α_F は微細構造定数（$\alpha_\mathrm{F} = 2\pi e^2/hc = 1/137$），$M_\mathrm{P} = (hc/G)^{1/2}$ はプランク質量である．

　分裂体が重力収縮すると，中心に密度の高いコアが発生し，コアに対する質量降着によって，星の質量が増大していく．最初にできるコアの質量は，$10^{-3} M_\odot$ 程度である．このコアに対する質量降着率は，

$$\dot{M} \propto c_\mathrm{s}^3/G \tag{5.31}$$

で与えられる．水素分子冷却による第 1 世代星形成の場合には，温度が 300 K 程度で質量降着が起こる．このとき，質量降着率は

$$\dot{M} \approx 10^{-3} \left(\frac{T}{300\,\mathrm{K}}\right)^{3/2} M_\odot \quad [\mathrm{yr}^{-1}] \tag{5.32}$$

となる．よって，$10^3 M_\odot$ の大質量星であっても，10^6 年程度でできることになる．

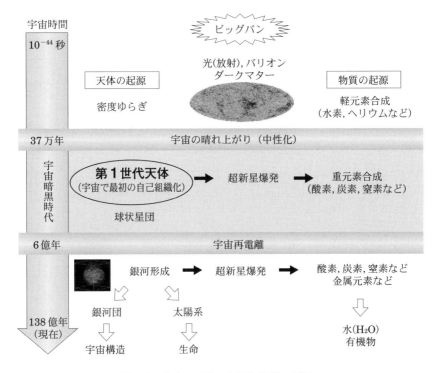

図 5.9 宇宙の天体の起源と物質の起源.

第1世代天体の中で大質量の超新星爆発が起こると，重元素が放出される．これは，宇宙で初めての重元素放出となり，その後の物質進化，銀河形成に大きな影響を与えることになる（図5.9）．

5.4 宇宙再電離と銀河間物質の進化

宇宙に天体が形成されるとさまざまな波長帯の電磁波を放射し，これが宇宙空間の物理状態を変化させていく．なかでも紫外線は，水素原子の電離や水素分子の解離などによって，宇宙空間の物質状態に大きな変化をもたらす．宇宙空間ガスの物質状態を調べるのによく用いられるのは，遠方天体のスペクトルに見られる吸収線である．遠くに明るい天体があると，その天体と我々との間の宇宙空間にある物質によって光の吸収が起こる．一般に，宇宙空間ガス自身から

の放射は非常に弱く検出が難しいのに対し，光の吸収の観測は比較的容易である．遠くの宇宙の情報を得るためにクェーサーが利用されている．クェーサーは 10^{11}–$10^{14} L_\odot$（$L_\odot$ は太陽光度）の光度をもち，宇宙でもっとも明るい天体であるため，その吸収線を用いることで，現在赤方偏移 (z) 7.5 までの宇宙空間の情報を得ることができている．

クェーサー吸収線を用いると，宇宙空間の水素原子の電離状態についての詳しい情報を得ることができる．水素原子がエネルギー準位 n と m の間の遷移で出す光の波長は，次の式で与えられる．

$$\begin{aligned}\lambda_{nm} &= \frac{ch^3}{2\pi^2 m_e e^4}\left(1+\frac{m_e}{m_p}\right)\left(\frac{1}{n^2}-\frac{1}{m^2}\right)^{-1} \\ &= 912\,\text{Å}\left(\frac{1}{n^2}-\frac{1}{m^2}\right)^{-1}.\end{aligned} \tag{5.33}$$

特に，$n=1$（基底状態）への遷移はライマン系列と呼ばれる．ライマン系列のスペクトルは，波長の長い方から，$\alpha, \beta, \gamma, \cdots$ と呼ばれる．たとえば，ライマン α ($n=1, m=2$) は $\lambda_{\text{Ly}\alpha}=1216\,\text{Å}$，ライマン β ($n=1, m=3$) は $\lambda_{\text{Ly}\beta}=1026\,\text{Å}$，ライマン端 ($n=1, m=\infty$) は $\lambda_{\text{Ly limit}}=912\,\text{Å}$ である．我々とクェーサーの間に中性水素ガスがあると，それはクェーサーのスペクトルでライマン α 輝線より短い波長の吸収線として見える（図 5.10 参照）．

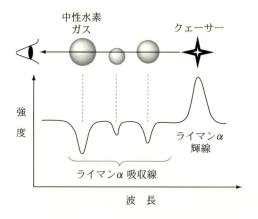

図 **5.10** クェーサー吸収線の概念図．

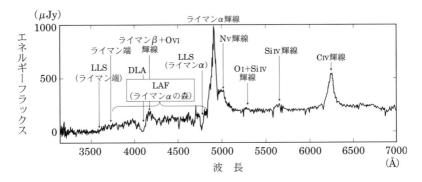

図 **5.11** クェーサー Q 0102 − 190（$z = 3.035$）のスペクトル．縦軸は，単位波長当たりの放射のエネルギーフラックス．LLS はライマン端吸収線，DLA は減衰ライマン α 吸収線．

図 5.11 に，赤方偏移 $z = 3.035$ にあるクェーサー Q 0102 − 190 のスペクトルを示す．ライマン α 輝線の短波長側には多数の吸収線が見られる．通常，ライマン α 吸収線は，クェーサー 1 個当たり数 10 から 100 本近く見られ，"ライマン α の森" と呼ばれている．吸収線 1 本の中性水素柱密度は，10^{12}–10^{17} cm^{-2} である．この吸収線の 2 点相関関数

$$\xi(r) \equiv \frac{\langle n(\boldsymbol{x}) n(\boldsymbol{x}+\boldsymbol{r}) \rangle}{\langle n \rangle^2} - 1 \tag{5.34}$$

（n は吸収体の個数密度）を調べると，相関はきわめて弱く（$\xi \ll 1$），宇宙空間の中でほぼ一様に分布していることが分かる．ライマン α の森の成因としては，宇宙空間の密度の濃淡によって引き起こされた中性水素量の空間変化が原因であると考えられている．

ライマン α 吸収線の中には，中性水素柱密度が 10^{17}–10^{20} cm^{-2} ほどあり，ライマン端の吸収も引き起こすものもある．これはライマン端吸収線系（LLS）と呼ばれる．LLS は，遠方にある銀河円盤内のガスや銀河を取り巻くガスハローが引き起こしている吸収であると考えられている．また，中性水素柱密度が 10^{20}–10^{22} cm^{-2} と非常に高く，吸収線に減衰ウィングとよばれる輪郭が見られるものもある．これは減衰ライマン α 吸収線系（DLA）と呼ばれる．この吸収は，大質量の原始銀河や銀河円盤が引き起こしていると考えられている．

第 5 章　銀河形成理論

表 5.1　クェーサー吸収線系の性質.

吸収線	中性水素柱密度 (cm^{-2})	クェーサー 当たりの数	2 点相関 ξ	重元素量 $(Z_\odot)$	吸収体
LAF	10^{12-17}	数 10–100	$\xi \ll 1$	10^{-3}–10^{-4}	銀河間 中性水素
LLS	10^{17-20}	2–3	—	0.01–0.1	銀河円盤 銀河ハロー
DLA	10^{20-22}	$\leqq 1$	—	0.01–1	原始銀河 銀河円盤
MAL	10^{16-22}	2–3	$\xi > 1$	0.1–1	銀河円盤 銀河ハロー

LAF はライマン α の森, LLS はライマン端吸収線系, DLA は減衰ライマン α 吸収線系, MAL は重元素吸収線系. $Z_\odot$ は太陽の重元素量.

図 5.11 のスペクトルには, ライマン α 輝線の短波長側だけでなく, C IV (3 階電離炭素) や Si IV (3 階電離珪素) の短波長側にも吸収線が見られる. これらは, クェーサーと我々の間にある C IV や Si IV が吸収を起こしているもので, 重元素吸収線系 (MAL) と呼ばれる. 重元素吸収線は, LLS や DLA を作っている天体の中の重元素によって引き起こされていることもあれば, 特に対応する水素の吸収が見つからない場合もある. 重元素吸収線系における重元素の量は, 太陽組成程度からその 1/10 程度である.

また, ライマン α の森に対応した波長で, 太陽組成の 10^{-3}–10^{-4} 程度ときわめて低い重元素吸収が見つかってきている. これは, 銀河間空間が微量ながら重元素を含んでおり, 完全な原始組成ガスでないことを意味している. その重元素の起源については, 銀河から噴出したガス流 (銀河風と呼ばれる) や第 1 世代天体の超新星爆発の可能性などが考えられている. クェーサー α 吸収線系の性質を, 表 5.1 にまとめておく.

ライマン α の森は, 宇宙の高密度領域の中性水素によって引き起こされるが, その領域が完全に中性になっているわけではなく, クェーサーからの強い紫外線によって, 光電離が起こっている. いま, 簡単のために水素原子だけからなるガスを考えることにする. 紫外線強度を $I_\nu [\mathrm{erg\,s^{-1}\,cm^{-2}\,Hz^{-1}\,Str^{-1}}]$ とすると, 紫外線による電離率は,

$$\gamma_{\rm UV} = \int_{\nu_{\rm L}}^{\infty} d\nu \int_0^{4\pi} \frac{I_\nu}{h\nu} a_\nu \, d\Omega \tag{5.35}$$

で与えられる．ここで，$\nu_{\rm L}$ はライマン端の振動数，Ω は立体角である．a_ν は光電離の断面積であり，

$$a_\nu = a_{\nu_{\rm L}} (\nu/\nu_{\rm L})^{-3} = 6.3 \times 10^{-18} \, {\rm cm}^2 \, (\nu/\nu_{\rm L})^{-3} \tag{5.36}$$

で与えられる．これらを用いて，紫外線のスペクトルが

$$I_\nu = I_{\nu_{\rm L}} (\nu/\nu_{\rm L})^{-\alpha} \tag{5.37}$$

の形の場合に，電離率を計算すると

$$\gamma_{\rm UV} = 4\pi(\alpha+3)^{-1} I_{\nu_{\rm L}} a_{\nu_{\rm L}}/h = 1.18 \times 10^{-11} (\alpha+3)^{-1} I_{21} \, [{\rm s}^{-1}] \tag{5.38}$$

となる．ここで，$I_{21} = I_{\nu_{\rm L}}/10^{-21} \, [{\rm erg \, s^{-1} \, cm^{-2} \, Hz^{-1} \, Str^{-1}}]$ である．ライマン α の森の観測から，赤方偏移 $z = 2$–4 では，$I_{21} = 0.1$–1 であることが分かっている．水素ガスが電離平衡状態にあるとすれば，式（5.9）より電離度は

$$\gamma_{\rm UV} n_{\rm HI} = \alpha_{\rm A} n_{\rm e} n_{\rm p} \tag{5.39}$$

によって決定される．ここで，$\alpha_{\rm A}$ はすべての束縛準位への再結合係数であり，式（5.10）で与えられる．電離度が高い場合には，$n = n_{\rm e} = n_{\rm p}$ であるから，中性水素の割合は

$$x_{\rm HI} = \frac{n\alpha_{\rm A}}{\gamma_{\rm UV}} \tag{5.40}$$

で決定される．

いま，宇宙空間が密度一定の水素ガスからなるとして，電離度が（5.40）で与えられる場合のライマン α 吸収の強さを見てみよう．ライマン α 線に対する吸収断面積は

$$\sigma(\nu) = \frac{\pi e^2}{m_{\rm e} c} f_{\nu_\alpha} \phi(\nu - \nu_\alpha) \tag{5.41}$$

という形で表される．ここで ν_α はライマン α の振動数で，$\phi(\nu - \nu_\alpha)$ は線輪郭（吸収係数の波長依存性）である．また，f_{ν_α} はライマン α の振動子強度である．観測波長を ν_0 とすると，赤方偏移 z での吸収断面積は $\sigma(\nu_0(1+z))$ であるから，吸収の光学的厚さは

$$\tau_{\nu_\alpha}(z) = \int_0^z n_{\rm HI}(z)\sigma\left(\nu_0(1+z)\right)c\left(\frac{dz}{dt}\right)^{-1}dz \qquad (5.42)$$

で与えられる．これは，ガン–ピーターソンの光学的厚みと呼ばれ，ライマン α 輝線の短波長側では $e^{-\tau_{\nu_\alpha}}$ の吸収を受けることになる．

赤方偏移 z と時間 t との関係は，ハッブル定数 H_0，宇宙密度パラメータ $\Omega_{\rm m}$，宇宙定数パラメータ Ω_Λ によって

$$\frac{dz}{dt} = -H_0(1+z)\left[\Omega_{\rm m}(1+z)^3 - (\Omega_{\rm m}+\Omega_\Lambda-1)(1+z)^2+\Omega_\Lambda\right]^{1/2} \quad (5.43)$$

で与えられる．いま，線輪郭 $\phi(\nu-\nu_\alpha)$ をデルタ関数 $\delta(\nu-\nu_\alpha)$ で近似できるとすると，上記の積分 (5.42) は，

$$\tau_{\nu_\alpha}(z) = \frac{c}{H_0}\frac{\pi e^2}{m_e c\nu_\alpha}n_{\rm HI}(z)\left[\Omega_{\rm m}(1+z)^3-(\Omega_{\rm m}+\Omega_\Lambda-1)(1+z)^2+\Omega_\Lambda\right]^{-1/2}$$
$$(5.44)$$

となる．$\Omega_{\rm m}=0.3, \Omega_\Lambda=0.7, H_0=70\,{\rm km\,s^{-1}\,Mpc^{-1}}$ の宇宙を考え，$n_{\rm HI}(z)=x_{\rm HI}\Omega_{\rm b}\rho_c/m_{\rm p}$ を用いると，

$$\tau_{\nu_\alpha}(z) = 1.3\times10^4 x_{\rm HI}\left(\frac{\Omega_{\rm b}}{0.04}\right)h_{70}(1+z)^3\left[0.3(1+z)^3-0.7\right]^{-1/2} \qquad (5.45)$$

となる．よって，もし宇宙空間が完全に中性のガス（$x_{\rm HI}=1$）ならば，ライマン α 輝線の短波長側で，連続光がきわめて強い吸収を受けることになる．しかしながら，図 5.11 のスペクトルでは，連続光の強い吸収は起きていない．これは，銀河間空間が中性でなく電離されていることを意味している．宇宙は晴れ上がりの時点で，中性化したことを考えると，宇宙がどこかで再び電離されたことになる．これを"宇宙再電離"と呼ぶ．

中性水素の割合が $10^4\,{\rm K}$ のガスの電離平衡で決まっているとすると，(5.40) から

$$x_{\rm HI} = 8.4\times10^{-9}(\alpha+3)I_{21}^{-1}\left(\frac{\Omega_{\rm b}}{0.04}\right)h_{70}^2(1+z)^3 \qquad (5.46)$$

となるので，

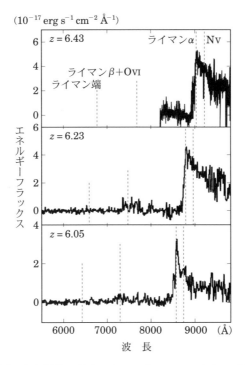

図 **5.12** 赤方偏移 6 以上のクェーサーのスペクトル（Fan *et al.* 2003, *AJ*, 125, 1649）．横軸は波長（Å），縦軸は，単位波長当たりの放射のエネルギーフラックス．

$$\tau_{\nu_\alpha}(z) = 1.1 \times 10^{-4}(\alpha+3)I_{21}^{-1}\left(\frac{\Omega_{\rm b}}{0.04}\right)^2 h_{70}^3(1+z)^6\left[0.3(1+z)^3-0.7\right]^{-1/2} \tag{5.47}$$

という値が得られる．赤方偏移 $z = 2$–4 で $I_{21} = 0.1$–1 であることを考えると，$\tau_{\nu_\alpha} = 0.01$–1 であり，強い吸収を受けることはない．しかし，図 5.12 に示したように，$z > 6$ のクェーサースペクトルを見ると，ライマン α 輝線の短波長側で，連続光がきわめて強い吸収を受けている．これは，銀河間物質が中性状態にあることを意味しているように見えるが，実際には（5.45）と（5.46）から分かるように，$z > 6$ では，$I_{21} \approx 0.1$ 程度の紫外線放射場により高電離状態が実現していても，$\tau_{\nu_\alpha} > 1$ となってしまい，ライマン α 輝線の短波長側で強い吸収を

受ける.

　クェーサースペクトルが，実際にどのような電離状態に対応するのかを見るためには，宇宙の電離史をシミュレーションし，そこから得られる吸収線の強度と観測を比較する必要がある．宇宙空間の中で，密度が非常に高い領域では，外側の水素が紫外線を遮蔽して，中心に中性の領域が形成されることがある．これを，自己遮蔽効果と呼ぶ．自己遮蔽が起こる条件は，ガス雲内部で再結合する電子の数が単位時間当たりに外からガス雲に入ってくる電離光子の数を上回ることである．一様密度のガス雲の場合には，自己遮蔽が起こる臨界的密度は

$$n_{\mathrm{shield}} = 2.3 \times 10^{-2} \left(\frac{M}{10^8 M_\odot} \right)^{-1/5} \left(\frac{I_{21}}{\alpha} \right)^{3/5} \quad [\mathrm{cm}^{-3}] \qquad (5.48)$$

で与えられる（ここで，$M_\odot$ は太陽質量）．また，近くに自己遮蔽された領域があると，その日陰となる効果によって電離が起こらない領域も出てくる.

　実際の非一様な宇宙で，自己遮蔽や日陰効果を計算するためには，光の伝播を正しく解かなければならない．光の伝播を決めるのは放射（輻射）輸送方程式と呼ばれる方程式で

$$\frac{1}{c} \frac{\partial I_\nu}{\partial t} + \boldsymbol{n} \cdot \nabla I_\nu = \chi_\nu (S_\nu - I_\nu) \qquad (5.49)$$

で与えられる．ここで，χ_ν は減光係数，S_ν は光源関数である．これは 6 次元の方程式であり，また電離過程のように散乱過程を伴う場合には S_ν が I_ν によるため，微分積分方程式になる．このため反復解法による解の決定が必要となる．図 5.13 に 6 次元放射輸送を解くことにより得られた宇宙の電離史の結果を示す.

　この結果を使って，図 5.14（280 ページ）に示すようにクェーサー吸収線系スペクトルを再現することができる．そして吸収線系スペクトルから，各赤方偏移で電離度の平均値（$\bar{x}_{\mathrm{HI}}$）と連続光の吸収割合（D_{A}）が求まる．図 5.14 を見て分かるように，$z = 5$ では，高い電離度であっても $D_{\mathrm{A}} = 0.90$ となり，連続光の 90% は吸収されてしまうことを示している．このシミュレーションを観測されているクェーサースペクトルから得られた連続光の吸収割合と比較することで，電離史についての情報が得られる.

　図 5.15（280 ページ）に，赤方偏移 $z = 6$ までの連続光の吸収割合（D_{A}）の観測値を示す．赤方偏移が 4 の時代では，D_{A} はまだ小さな値であるが，赤方偏

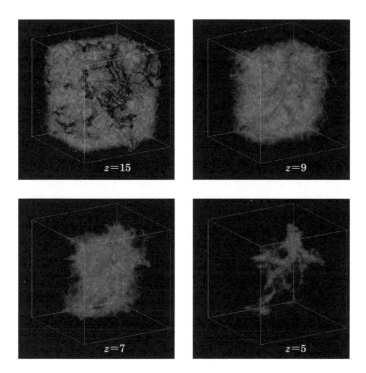

図 **5.13** 宇宙再電離の 6 次元放射輸送シミュレーション（口絵 9 参照．Nakamoto *et al.* 2001, *MNRAS*, 321, 593）．赤方偏移 $z = 15$ から $z = 5$ までの時間変化が示されている．

移 6 で急速に 1 に近づき，90%以上の吸収を示している．クェーサー吸収線系のシミュレーションと観測とを比較すると，赤方偏移 6 の宇宙は，強い連続光吸収を示してはいるものの，それは宇宙空間の 1%程度の中性水素によって起きているもので，99%は電離していることが分かる．つまり，宇宙再電離の時期は，D_A の急激な増加の時期よりさらに昔で，$z = 7$–10 と結論される．最近になって，Planck 衛星は，宇宙背景放射の精密観測を行い，そのデータから宇宙再電離時期を，$z = 7.4$–10.5 と推定している．これは，クェーサースペクトルデータから得られた結論と整合している（4.3.7 節参照）．

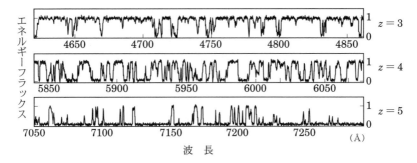

図 5.14 宇宙再電離シミュレーションから再現されたクェーサー吸収線系スペクトル.電離度の平均値（$\bar{x}_{\rm HI}$）と連続光の吸収割合（$D_{\rm A}$）は，$z = 3$ で $\bar{x}_{\rm HI} = 1.5 \times 10^{-6}$, $D_{\rm A} = 0.163$, $z = 4$ で $\bar{x}_{\rm HI} = 2.8 \times 10^{-5}$, $D_{\rm A} = 0.515$, $z = 5$ で $\bar{x}_{\rm HI} = 1.5 \times 10^{-3}$, $D_{\rm A} = 0.90$ である.

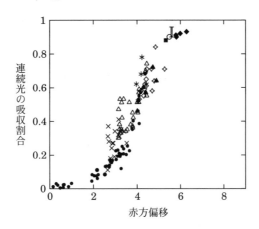

図 5.15 クェーサースペクトルに見られる連続光の吸収割合の赤方偏移依存性.

5.5 冷たいダークマターと銀河形成論の諸問題

冷たいダークマター（CDM; Cold Dark Matter）に基づく構造形成論・銀河形成論は，宇宙におけるさまざまな大構造の様子をよく説明でき，現在の理論的パラダイムとなっている．図 5.16 には，冷たいダークマターの階層的合体によって，重力的に束縛された系であるダークハローが形成される様子が示されて

5.5 冷たいダークマターと銀河形成論の諸問題 | 281

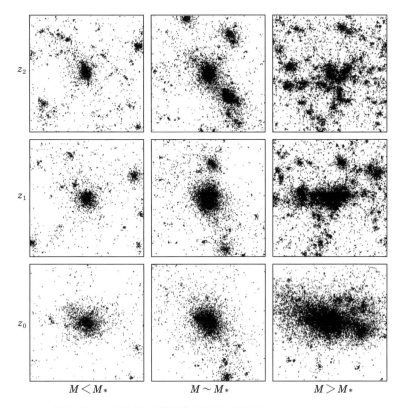

図 5.16 宇宙論的 N 体数値実験から得られたダークハローの階層的合体過程.ある基準となる質量スケール M_*(現在非線形段階になる質量)と比較して,三つの異なる質量 M ($M < M_*$, $M \sim M_*$, $M > M_*$)のダークハローの時間発展を,それぞれ上から下のパネルの赤方偏移($z_2 > z_1 > z_0$)にかけて合体過程で成長する様子が示されている(Navarro *et al.* 1997, *ApJ*, 490, 493).

いる.個々のハローごとにその形成史は異なり,初期にその骨格ができてそのあと小質量ハローが降着して成長する場合(左の図)や,同程度の質量をもつハローの合体過程が頻繁に起こっている場合(中央と右の図)などがあり,それぞれ異なった合体の歴史をもつ.

このようなハローの中に形成される銀河や銀河団といった明るく輝く天体,あ

るいはガスの状態にとどまっている銀河間雲などは，宇宙空間に一様に分布しているのでなく，その重力相互作用によって互いに相関をもった分布をしている．そして，このような冷たいダークマターが予測するような天体の集まり方は，実際に観測される銀河や銀河団の空間分布を大変よく再現していることが明らかになってきた（3章を参照）．さらに，4章にあるように，観測される宇宙背景放射の温度ゆらぎは，（宇宙項入りの膨張宇宙において）冷たいダークマターに基づいて計算した予測とぴたりと一致することも知られている．このように，冷たいダークマターは，空間スケールで1Mpcを超えるような宇宙の大構造をよく説明でき，宇宙全体の密度の約3割を占めることも分かってきた．

　ところが，近年の計算機の発展により，膨張宇宙における冷たいダークマターの階層的合体過程に関して，これまでになく高解像度の N 体数値実験が可能となり，その結果，銀河や銀河団の空間スケールといった1Mpcより小さな空間スケールにおいて，観測と矛盾する問題が判明してきた．そのため，冷たいダークマターの標準理論が実際に正しいかどうかを検討する必要がでてきた．以下では，個々の問題をとりあげる．

5.5.1　角運動量問題

　冷たいダークマターの階層的合体とともに，総質量でおおよそ1割程度のバリオンすなわちガスも重力的な合体・集積過程に組み込まれる．ダークマターの場合は無衝突重力系であるので，合体過程においてそのエネルギーが散逸することはないが，バリオンの場合は放射を出すことによるエネルギー散逸過程を伴う．したがって，ダークマターによって最終的にダークハローが作られるが，バリオンガスの分布はダークハローの空間的な広がりとは異なって，エネルギー散逸によりもっと中心部に集中した構造が作られる．また，バリオンガスの運動状態もダークハローのそれと異なる状態に落ち着く．このバリオンガスから最終的に星が生まれ，円盤銀河や楕円銀河が形づくられると期待される．

　ところが，実際にこのような過程を3次元のガス力学を考慮した数値実験によって追跡すると，観測されるような角運動量をもつ円盤銀河が再現できず，角運動量が1桁小さくなりすぎるという問題が判明した．図5.17には，力学平衡に落ち着いた最終的なガス系の角運動量を示したものである．実線で囲んだ領域

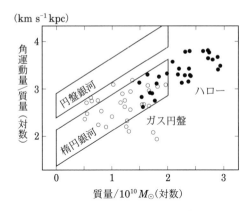

図 5.17 数値実験から得られた銀河の角運動量と観測との比較（Navarro et al. 1995, MNRAS, 275, 56）．実線で囲まれた領域は実際の銀河がもつ角運動量，丸は数値実験で得られたものを示す．

は，実際に観測される円盤銀河と楕円銀河がもつ角運動量の範囲を表す．数値実験の結果は，ガス円盤状の構造が作られるにもかかわらず，その角運動量は円盤銀河のそれと違って楕円銀河のような一桁小さい値になっているのが分かる．さらに，この問題と関係して，数値実験で得られるガス円盤は実際の銀河円盤に比べて系統的に小さな半径をもつ．これが角運動量問題である．

角運動量問題の原因は，階層的な合体過程のなかで，ダークマターとガスでできた塊が，最初に持っていた角運動量を失う効果，すなわち，塊同士の重力トルクや合体過程によって角運動量がハロー内部から外側へ再分配される過程が働くからである．この結果，ダークハローはスピンをほとんど持たない広がった状態になり，一方，ガスは角運動量を失うことから中心に落ち込みコンパクトな状態になる．そこで，観測されるような角運動量をもつガス円盤を再現するためには，ガスは温度が高くてダークマターの塊よりも広がった空間分布をしていればよい．なぜなら，このような広がったガスでは強い重力トルクなどの効果を受けないので，最初に持っていた角運動を保持することができ，ゆっくりと円盤を作ることが可能になるからである．すなわち，現存の数値実験では，ガスが過剰にそのエネルギーを散逸して温度が下がり，空間的にコンパクトな状態になってしまうのが，角運動量問題の原因である．

284 第 5 章 銀河形成理論

このようなガスの過冷却を防ぐには，恒星風や超新星爆発に伴うエネルギー解放過程，あるいは生まれたばかりの星から注がれる紫外光や宇宙背景紫外光による光電離過程といった，ガスを加熱する効果を正しく考慮する必要がある．ところが，現存の数値実験ではそのような現実的な物理過程を精度良く計算することが困難であり，今後の課題となっている．

5.5.2 カスプ問題

冷たいダークマターは，その自己重力で合体・集積する結果，一定の力学平衡にあるダークハローが作られる．このような過程を宇宙論的 N 体数値実験によって追跡すると，ダークハローの密度分布 $\rho(r)$ がその中心部でカスプ状 $(\rho(r) \propto r^{\alpha}, \alpha < 0)$ になり，コアを持たないような発散形になることが分かってきた．そして，このようなカスプ状の密度分布は，個々のダークハローの大きさや質量によらず，普遍的な関数形になるであろうことが，詳細な N 体数値実験の結果から明らかになってきた．その代表的なものとして，中心部でつねに $\rho(r) \propto r^{-1}$ となることが，ナバーロ（J.F. Navarro），フレンク（C.S. Frenk），ホワイト（S.D.M. White）の 3 人によって 1996 年に提唱され，頭文字を取って NFW プロファイルとして広く普及されてきた．また，同様な N 体数値実験から，計算精度の向上により $\rho(r) \propto r^{-1.5}$ と主張するものもあり，どのような指数 α が真の値かが検討されてきた．いずれにせよ，数値実験からはカスプ状ダークハローが期待される．

ところが，このようなダークハローの中心密度分布は，実際の銀河では実現されていない可能性が指摘されている．この場合，一般には銀河の回転曲線の観測からその（力学的）質量分布が得られるが，銀河系のような明るい銀河では，その中心部に銀河バルジなどの恒星系に代表されるバリオン成分が多くあるので，ダークハローのみの質量分布を正しく求めるのは困難となる．そこで，恒星の表面密度が大変小さくかつ星間ガスのそれも小さいため，その回転曲線がダークハローからの寄与でほぼ説明されるような矮小銀河が最適となる．そうすると，矮小銀河において得られる中心部の回転曲線は，指数 α が -1 から -1.5 の間にある密度分布から得られるものと比べてゆるやかな関数系をしており，したがってカスプ状ではないことが指摘されてきた．これが，冷たいダークマターに基づく

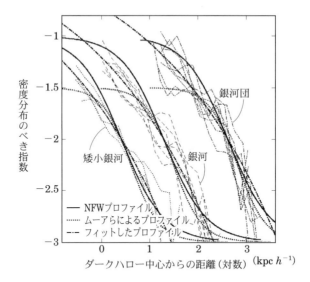

図 5.18 数値実験から得られたダークハロー中心部の密度分布. 矮小銀河, 銀河, 銀河団スケールのさまざまなハローに対して, 密度分布のべき指数がハロー中心からの距離とともにどのように変化するかが示されている. ハローのもっとも内側では, べき指数が -1 と -1.5 との間に分布するのが分かる（Navarro et al. 2004, MNRAS, 349, 1039）.

構造形成シナリオにおけるカスプ問題として取り上げられ, 理論の危機であると考えられてきた.

このカスプ問題にはいくつかの解決につながる糸口がある. まず, 銀河回転曲線の観測では, 実際の測定におけるさまざまな測定誤差, 特に有限な空間分解能に伴って, 銀河中心部の回転曲線形がなめらかになる効果が指摘されている. また, N 体数値実験方法の向上に伴い, ダークハロー中心部における密度分布のふるまいがさらに詳しく調べられ, 指数 α はハローによって -1 から -1.5 の間に分布し, 必ずしも普遍的な値に収束していないが, -1.5 といった急なカスプ状にはならないことが分かってきた（図 5.18）.

その結果, 実際に観測される回転曲線が理論予言と合致するものが多く存在することが分かってきたが, 一方で十分な観測精度でも $\alpha > -1$ となり理論予言と合わないものも存在することが判明してきた. この後者のような場合でも, たと

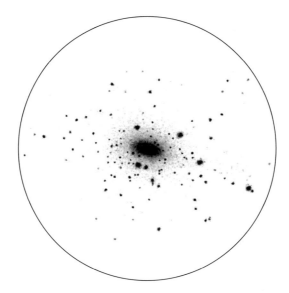

図 5.19 宇宙論的 N 体数値実験から得られた銀河サイズのダークマターとその周辺の分布．半径 $0.5h^{-1}$ Mpc の球の領域におけるダークマター粒子の空間分布を示す（Klypin *et al.* 1999, *ApJ*, 522, 82）．

えば過去に星間ガスが超新星爆発によって加熱され，銀河中心部から流れ出してその結果ダークハローの密度分布にも変化が生じた可能性が論じられている．また，別のダークマター理論に基づいて，カスプ問題が解決される研究も展開されており，今後の課題となっている．

5.5.3 サブハロー問題

　冷たいダークマターに基づいたこれまでになく高解像度の N 体数値実験により，もう一つの困難な問題が判明してきた．冷たいダークマターの標準理論によると，銀河系のような規模の銀河のハロー空間に，数百から千にのぼる数の小さなダークマターハロー（CDM サブハロー）が存在していなければならない．図 5.19 に，銀河系程度の質量をもつダークハローを取り，その周囲 $0.5h^{-1}$ Mpc の領域におけるサブハローの分布を示す．個々のサブハローの質量は数百万から数億倍の太陽質量と考えられ，質量の 2 乗に反比例するような質量関数が期待され

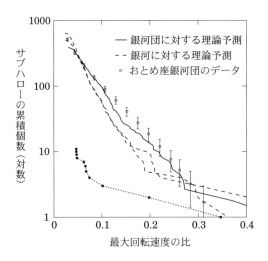

図 **5.20** サブハローの累積個数関数（Moore *et al.* 1999, *ApJL*, 524, 19）．サブハロー内の円軌道回転速度をその質量の指標として示されている．点線は局部銀河群で得られる銀河の累積個数．

ている．

ところが，銀河系の周りやアンドロメダ銀河などを眺めても，そのような数にのぼる銀河は見当たらなく，せいぜい1ダース程度の暗い伴銀河を認めるのみである．この状況を定量的に示したのが，図 5.20 である．サブハローなどの小天体の数が，個々のハローで期待される円軌道回転速度の関数として示されている．破線が銀河スケールにおける数値実験の結果を示し，点線が局部銀河群で得られる銀河の数分布であり，小質量（小回転速度）において両者の値が桁で食い違っているのが分かる．これは，「ミッシングサテライト問題」として知られており，冷たいダークマターの深刻な問題と考えられてきた．

小銀河の数を観測されるような桁まで減らすには，そもそもダークマターサブハローの数を抑えるか，あるいは光を出す銀河はこれらのサブハローの一部のみから生まれる，という考え方ができる．前者の立場では，標準的な冷たいダークマター理論とは異なって，小空間スケールにおいて密度ゆらぎのパワースペクトルが小さなダークマター理論が提唱されている．後者の考え方は，冷たいダークマター理論の枠組みの中で問題を解決しようというものであり，宇宙背景紫外光の照射といった星間ガスの冷却を抑制する効果で，サブハローの一部のみで星が

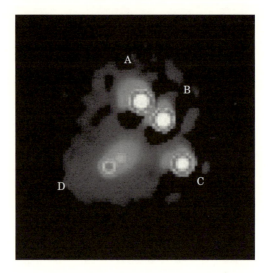

図 **5.21** 4重クェーサー B1422+231. CASTLES ホームページの公開画像（https://www.cfa.harvard.edu/castles/Individual/B1422.html）.

生まれる条件が整うというものがある．どちらの考え方がもっともらしいかを判断するには，小質量のダークマターサブハローが実際に多数あるかどうかが重要な点となる．

　ではどのようにして，銀河系のような明るい銀河の周りに，このような目に見えないダークマターサブハローの存在を確認できるだろうか．有力な方法の一つとして，サブハローが重力レンズ現象に与える影響を見るものがある．背景に光源があり，その手前に銀河などの重力レンズがあると，光源からの光の経路がずれることによって，増光したり像が歪んだりする．そこで，レンズの中にサブハローなどの小さな摂動がたくさんあると，このような重力レンズ現象に影響が出るので，それを確認しようというものである．その例として，図 5.21 に 4 重クェーサーである B1422+231 を示す．このレンズ系では，接近する明るい三つの像 A, B, C において，なめらかな質量分布をもつ重力レンズによって理論的に期待されるフラックス比から大きくかけ離れていることが知られている．このようなフラックス比異常が発生するさまざまな要因のなかで，小質量のサブハローがこれらの像周辺にあって摂動を与えている可能性が高い．また，このよう

5.5 冷たいダークマターと銀河形成論の諸問題 | 289

なフラックス比異常を示すその他多くのレンズを使って統計をとり，銀河の周り
に実際に多数のサブハローが存在している可能性が指摘されている．

このような重力レンズ効果を用いた方法でも，サブハローが具体的にどのよう
な質量分布でどのような空間分布をしているのかはまだはっきりせず今後の課題
となっている．

ミッシングサテライト問題

冷たいダークマターの理論では，すでに1章の図 1.25 に示したように，1 Mpc
を超える大きな宇宙構造を自然に説明することができる．一方，本章で説明した
ように 1 Mpc よりも小さな空間スケールつまり銀河スケールになると，観測さ
れている銀河の性質を単純に説明することができなくなる．このような小スケー
ルになってくると，バリオンが関わる過程（冷却に伴う収縮，星形成など）が無
視できなくなって複雑になるとともに，ダークマターの性質もまだそれほど理解
が進んでいない．特に深刻な問題は，10^7–$10^9 M_\odot$ といった小質量のダークハ
ロー（サブハロー）が，銀河系のようなダークハローの中に多数存在することが
理論から予言されるミッシングサテライト問題である．最新でかつ最大の N 体
数値実験によると，$10^7 M_\odot$ のサブハローが 1000 個ほど存在する必要がある．

この問題解決の可能性の一つとして，実際に観測されている伴銀河（サテライ
ト銀河）が実はまだほんの一部でしかなく，本当は暗くて観測しにくい銀河が無
数に存在しているというものである．実際，SDSS やダークエナジーサーベイ
（DES）さらにすばる望遠鏡の超広視野カメラ Hyper Suprime-Cam を用いた観
測によって，近年ぞくぞくと新しい伴銀河が見つかってきており，2018 年現在
で全部で 56 個ほどが同定されているが今後も増える可能性が高い．その手法と
しては，まず観測された天域から未同定の恒星の集まりを探しだす．ただし，そ
の集まりは単なる統計ゆらぎや視線上にたまたま重なった恒星系の可能性もある
ので，二つの波長で測光して色–等級図を作り，まとまった恒星系に見られる赤
色巨星分枝や水平分枝といった特徴があるかどうかを確認する．さらに，球状星
団の可能性もあるので恒星の集中度の度合いも測る，といったとても根気のいる
解析が必要になる．

また，このような新伴銀河の発見がある一方，必ずしもすべてのサブハローの
中で星が生まれ銀河ができるとは限らず，ガスのままで存在して銀河から銀河群
の空間に分布しているものもあるかもしれない．実際，銀河系のまわりで観測さ

れる高速度 H I 雲（第 5 巻参照）が，サブハローの重力場に捕捉されたガスかもしれず，観測された雲の数は十分に多くあるようだ．しかし，残念ながら高速度 H I 雲までの距離を決める手段がないので，雲の空間分布を知る由もないのが現状である．この問題の謎はまだ解けていない．

参考文献

池内 了著『観測的宇宙論』，東京大学出版会，1997

二間瀬敏史著『なっとくする宇宙論』，講談社，1998

小玉英雄著『相対論的宇宙論』，丸善，パリティ物理学コース，1991

杉山 直著『膨張宇宙とビッグバンの物理』，岩波書店，2001

岡村定矩著『銀河系と銀河宇宙』，東京大学出版会，1999

佐藤文隆著『宇宙物理学』，岩波書店，1995

須藤 靖著『ダークマターと銀河宇宙』，丸善，1993

須藤 靖著『一般相対論入門』，日本評論社，2005

須藤 靖著『ものの大きさ 自然の階層・宇宙の階層』，東大出版会，2006

日本物理学会編『宇宙を見る新しい目』，日本評論社，2004

バーバラ・ライデン著，牧野伸義訳『宇宙論入門』，ピアソンエデュケーション，2003

松原隆彦著『現代宇宙論』，東京大学出版会，2010

松原隆彦著『大規模構造の宇宙論』，共立出版，2014

松原隆彦著『宇宙論の物理（上・下）』，東京大学出版会，2014

小松英一郎著『宇宙マイクロ波背景放射（新天文学ライブラリー第 6 巻)』，日本評論社，近刊予定

P.J.E. Peebles, *The Large-Scale Structure of the Universe*, Princeton University Press, 1980

Scott Dodelson, *Modern Cosmology*, Academic Press, 2003

COBE の公式ウェブサイト，http://lambda.gsfc.nasa.gov/product/cobe/

WMAP の公式ウェブサイト，http://lambda.gsfc.nasa.gov/product/map/

HST の公式ウェブサイト，http://hubblesite.org/

Planck の公式ウェブサイト，https://www.cosmos.esa.int/web/planck

SDSS の公式ウェブサイト，http://www.sdss.org/

すばる望遠鏡の公式ウェブサイト，http://www.naoj.org/

索引

数字・アルファベット

2 重極成分	34
2 点相関関数	24, 165
3 点相関関数	233
4 重極子モーメント	211
B モード	212
CCD	26
CMB	14
COBE	15, 33, 180, 217
DLA	273
DMR	217
early ISW 効果	189
E モード	212
Ia 型超新星	53, 77
ISW 効果	188
L2 点	223
late ISW 効果	189
LLS	273
MACHO	46
MAL	274
NFW プロファイル	284
P³M 法	152
PM 法	152
RW 計量	63, 65
SDSS	21, 92, 163
SIS モデル	85
SW 効果	185
SZ 効果	183
WKB 近似	197
WMAP	36, 223
X 線	42

あ

アインシュタイン	7
アインシュタイン半径	84
アインシュタイン方程式	51, 65
熱いダークマター	48, 127
アフィンパラメータ	190
アンサンブル平均	132
イメージ面	82
色–等級図	104
インフレーション理論	41, 136
ウィンドウ関数	171
渦巻銀河	41, 176
宇宙暗黒時代	263
宇宙項	65
宇宙再電離	32, 276
宇宙定数	51, 65
宇宙年齢	230
宇宙の階層構造	18
宇宙の再電離	212
宇宙膨張	5
宇宙マイクロ波背景放射	14
宇宙論的分散	234
エネルギー運動量テンソル	66
追いつき現象	129
オイラー座標	147
音地平線	185
音響振動	131
温度ゆらぎ	34, 180
音波	185
音波モード	186, 199, 202

か

回転曲線	41
ガウシアンゆらぎ	154
ガウス分布	155
角運動量問題	283
角径距離	70
核融合	9
カスプ	284
加速膨張	55
ガモフ	10
カンパニエーツ方程式	183

ガン–ピーターソン検定	31	**さ**	
ガン–ピーターソン光学的厚み	276	再結合期	180, 184
気球観測	217	ザックス–ヴォルフェ効果	185
球状星団	104	サブハロー	286
球対称モデル	143	残存電離	264
球面調和関数	36	ジーンズ質量	122, 252, 268
共形時間	192	ジーンズ長	122
鏡像変換	214	シェア	83
共動座標	62, 118	時間差	88
距離指数	54, 78	始原ガス	252
距離はしご	89	自己遮蔽効果	278
銀河間物質	277	実空間	165
銀河計数	103	質量–光度比	99
銀河形成	252, 280	質量ゆらぎ	133
銀河サーベイ	19, 160	シミュレーション	149
銀河座標	218	写真乾板	26
銀河団	43, 79, 98	自由運動	126
クェーサー	21, 102	周期–光度関係	73
クェーサー吸収線	278	重水素化水素分子	268
クェーサー吸収線系	30	重力不安定性	116
クォーク	12	重力レンズ	44, 79
系統誤差	5	重力レンズ方程式	82
計量	61	種族 III 星	270
原始銀河雲	252	準単色光	210
減速定数	63	準矮星	105
減速パラメータ	63	状態方程式	53
元素合成	11	初期ゆらぎ	135, 136
光源面	80	シルクダンピング	131, 187
高速フーリエ変換法	152	シンクロトロン放射	189
光度距離	54, 69	水素分子	266
コースティックス	83	水素分子の形成	255
コーン図	162	数値シミュレーション	23
黒体放射	14	スケール因子	62
コスミックシェア	92	スタグスパンション	124
コスミックバリアンス	234	ストークスパラメータ	209
こと座 RR 型変光星	105	スニヤエフ–ゼルドビッチ効果	183
コンバージェンス	82	すばる望遠鏡	28
コンプトン y パラメータ	182	スムージングスケール	159
コンプトン散乱	182	スローンデジタルスカイサーベイ	21

積分ザックス–ヴォルフェ効果	188
赤方偏移	2, 64, 161
赤方偏移空間	165
赤方偏移変形	165
世代	13
接線コースティックス	86
セファイド変光星	73
ゼルドビッチ近似	147
遷移関数	137
選択効果	23
束縛解	144

た

ダークエネルギー	40, 51, 67, 229
ダークバリオン	46
ダークマター	41, 101, 122
第1世代天体	263
第1世代の星	231
大規模構造	19
楕円銀河	42, 176
楕円偏光	208
楕円レンズ	87
多重像	79
畳み込み	171
単色光	209
断熱ゆらぎ	197
地平線	124, 184
超銀河団	127
直線偏光	208
冷たいダークマター	48, 127, 280
ツリー法	152
転回点	144
電波	42
等曲率ゆらぎ	197
動径コースティックス	87
特異運動	76
特異速度	22, 74, 101
トップダウンシナリオ	127
ドップラー効果	2

トムソン散乱	210

な

ニュートリノ	48, 127
ニュートリノの世代数	228

は

バイアス	22, 160, 175
バイアスパラメータ	159
白色矮星	77, 106
ハッブル宇宙望遠鏡	5, 75
ハッブル定数	4, 63
ハッブルの法則	3
ハッブルパラメータ	63
ハッブル流	62
バリオン	12, 122, 128, 252
ハリソン–ゼルドビッチ	136, 201
晴れ上がり	33
パワースペクトル	39, 49, 96, 132, 170
ピークモデル	158
非線形成長	142
非線形領域	142
非束縛解	144
ビッグバン	2
標準光源	75
ビリアル平衡	45, 144
フィラメント	47
フーリエ分解	121, 132
フェルマーの原理	88
物質優勢期	123
プランク分布	14, 180
フリードマン方程式	65
プレス–シェヒター理論	156
ヘリシティ	208
偏光	207
ポアソン方程式	117
ボイド	21, 144
放射性元素	107
放射優勢期	123

放射輸送方程式	278
ボトムアップ	138
ポリトロープ関係	268
ボルツマン方程式	189

ま

マイクロレンズ	46
ミッシングサテライト問題	287
密度パラメータ	12, 67
無衝突粒子	125

ら

ライマン α の森	273
ラグランジュ座標	147
力学時間	19
流体の音速	121
臨界曲線	83
臨界密度	67, 268
レプトン	12
レンズ面	80
ロケット観測	216

わ

矮小銀河	284

日本天文学会第2版化ワーキンググループ

茂山　俊和（代表）　　岡村　定矩　熊谷紫麻見　桜井　隆　松尾　宏

日本天文学会創立100周年記念出版事業編集委員会

岡村　定矩（委員長）

家　　正則　　池内　　了　　井上　　一　　小山　勝二　　桜井　　隆

佐藤　勝彦　　祖父江義明　　野本　憲一　　長谷川哲夫　　福井　康雄

福島登志夫　　二間瀬敏史　　舞原　俊憲　　水本　好彦　　観山　正見

渡部　潤一

3巻編集者　　二間瀬敏史　京都産業大学理学部

　　　　　　池内　　了　総合研究大学院大学

　　　　　　千葉　柾司　東北大学大学院理学研究科（責任者）

執　筆　者　池内　　了　総合研究大学院大学（まえがき）

　　　　　　梅村　雅之　筑波大学大学院数理物質科学研究科（5章）

　　　　　　北山　　哲　東邦大学大学院理学研究科（1章）

　　　　　　小松英一郎　マックスプランク天体物理学研究所（4章）

　　　　　　杉山　　直　名古屋大学大学院理学研究科（4章）

　　　　　　須藤　　靖　東京大学大学院理学系研究科（1章）

　　　　　　千葉　柾司　東北大学大学院理学研究科（2章，5章）

　　　　　　西　　亮一　新潟大学大学院自然科学研究科（5章）

　　　　　　二間瀬敏史　京都産業大学理学部（2章）

　　　　　　松原　隆彦　高エネルギー加速器研究機構素粒子原子核研究所
　　　　　　　　　　　　（3章）

宇宙論II──宇宙の進化［第2版］
シリーズ現代の天文学　第3巻

発行日　2007年9月15日　第1版第1刷発行
　　　　2019年5月25日　第2版第1刷発行

編　者　二間瀬敏史・池内了・千葉柾司
発行所　株式会社 日本評論社
　　　　170-8474 東京都豊島区南大塚 3-12-4
　　　　電話 03-3987-8621（販売）　03-3987-8599（編集）
印　刷　三美印刷株式会社
製　本　牧製本印刷株式会社
装　幀　妹尾浩也

JCOPY　〈（社）出版者著作権管理機構委託出版物〉
本書の無断複写は著作権法上での例外を除き禁じられています．複写される
場合は，そのつど事前に，（社）出版者著作権管理機構（電話03-5244-5088,
FAX03-5244-5089, e-mail: info@jcopy.or.jp）の許諾を得てください．また，
本書を代行業者等の第三者に依頼してスキャニング等の行為によりデジタル
化することは，個人の家庭内の利用であっても，一切認められておりません．

© Masashi Chiba *et al.* 2007, 2019 Printed in Japan
ISBN978-4-535-60753-8

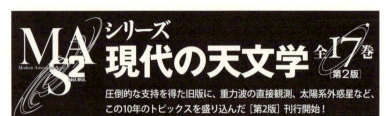

シリーズ 現代の天文学 全17巻 [第2版]

圧倒的な支持を得た旧版に、重力波の直接観測、太陽系外惑星など、この10年のトピックスを盛り込んだ[第2版]刊行開始!

*表示本体価格

- 第1巻 **人類の住む宇宙** [第2版] 岡村定矩／他編 ◆第1回配本／2,700円+税
- 第2巻 **宇宙論I**──宇宙のはじまり[第2版増補版] 佐藤勝彦+二間瀬敏史／編 ◆続刊
- 第3巻 **宇宙論II**──宇宙の進化 [第2版] 二間瀬敏史／他編 ◆第7回配本 2,600円+税
- 第4巻 **銀河I**──銀河と宇宙の階層構造 [第2版] 谷口義明／他編 ◆第5回配本 2,800円+税
- 第5巻 **銀河II**──銀河系 [第2版] 祖父江義明／他編 ◆第4回配本／2,800円+税
- 第6巻 **星間物質と星形成** [第2版] 福井康雄／他編 ◆続刊
- 第7巻 **恒星** [第2版] 野本憲一／他編 ◆続刊
- 第8巻 **ブラックホールと高エネルギー現象** [第2版] 小山勝二+嶺重慎／編 ◆続刊
- 第9巻 **太陽系と惑星** [第2版] 渡部潤一／他編 ◆続刊
- 第10巻 **太陽** [第2版] 桜井隆／他編 ◆第6回配本／2,800円+税
- 第11巻 **天体物理学の基礎I** [第2版] 観山正見／他編 ◆続刊
- 第12巻 **天体物理学の基礎II** [第2版] 観山正見／他編 ◆続刊
- 第13巻 **天体の位置と運動** [第2版] 福島登志夫／編 ◆第2回配本／2,500円+税
- 第14巻 **シミュレーション天文学** [第2版] 富阪幸治／他編 ◆続刊
- 第15巻 **宇宙の観測I**──光・赤外天文学 [第2版] 家正則／他編 ◆第3回配本 2,700円+税
- 第16巻 **宇宙の観測II**──電波天文学 [第2版] 中井直正／他編 ◆続刊
- 第17巻 **宇宙の観測III**──高エネルギー天文学 [第2版] 井上一／他編 ◆第8回配本 (2019年10月予定)
- 別巻 **天文学辞典** 岡村定矩／代表編者 ◆既刊／6,500円+税

日本評論社